Mastercam 数控加工
自动编程入门到精通

葛文军　　主　编

朱兴龙　秦永法　陈荣发　　主　审

机械工业出版社

本书分为两篇共 6 章，第 1 篇（第 1~5 章）为初、中级编程知识及技巧；第 2 篇（第 6 章）为高级编程知识及技巧。全书融合了车削加工和铣削加工的生产实践技术技巧，介绍了典型零件和复杂零件的加工方法，以大量的应用实例为基础，系统地讲解了数控加工自动编程的知识，使读者能深入理解和掌握 Mastercam X 自动编程的操作要点、技术技巧、工艺关键窍门与加工经验；从简单的二维轮廓零件、典型三维零件、复杂双面零件到配合精度要求高的零件以及典型曲面零件的加工；Mastercam X 自动编程刀具路径的编辑技巧，由浅入深、循序渐进，能够让读者很快了解数控编程的工艺和加工的特点，领悟到自动编程操作的精髓，达到事半功倍的效果。随书赠送包含书中所有实例操作的源文件（扫描前言中的二维码下载或联系 QQ296447532 获取），读者可以在学习过程中参考练习。

本书可供从事数控加工的技术人员以及职业院校、培训学校相关专业的师生使用。

图书在版编目（CIP）数据

Mastercam 数控加工自动编程入门到精通/葛文军主编. —北京：机械工业出版社，2015.6（2024.1 重印）

ISBN 978-7-111-50427-6

Ⅰ.①M… Ⅱ.①葛… Ⅲ.①数控机床—加工—计算机辅助设计—应用软件 Ⅳ.①TG659-39

中国版本图书馆 CIP 数据核字（2015）第 120251 号

机械工业出版社（北京市百万庄大街 22 号 邮政编码 100037）
策划编辑：周国萍 责任编辑：周国萍 庞 炜
责任校对：陈 越 封面设计：马精明
责任印制：郜 敏

北京富资园科技发展有限公司印刷

2024 年 1 月第 1 版第 4 次印刷
184mm×260mm·19 印张·470 千字
标准书号：ISBN 978-7-111-50427-6
定价：49.00 元

前　　言

CAD/CAM 技术对工业界的影响有目共睹，它极大地提高了产品质量、生产率，降低了设计制造成本，大大减少了重复和繁琐的简单劳动，使人们最大限度地运用自己的头脑来完成设计和生产工作，使设计和生产成了一种创造艺术品的过程。当前能进行 CAD/CAM 工作的软件已有很多，有不少软件的功能非常强大，Mastercam 即是其中之一，其最高版本为 X 版。在几种当前的热门软件中，Mastercam 因其操作灵活，易学易用，能使企业很快见到效益，是工业界和学校广泛采用的 CAD/CAM 系统，尤其在模具制造业应用最多。

编著者长期从事 CAD/CAM 技术的学习、研究、教学和生产培训工作，对教学资料的优劣有切身的体会。对学员而言，除了需要经验丰富的教师指点，更需要一本实用、够用、好用的参考书更为必要。

本书实用而且耐看，是一本融入大量编著者在学习、教学和生产中的经验，甚至教训形成的实际经验积累。本书内容翔实，实例丰富，书中内容不是简单的罗列，而是以图文并茂、结合实例的方法来介绍，这样能让初学者及 Mastercam 的老用户尽快掌握 Mastercam X 的基本知识并提升的技能。书中介绍了典型零件和复杂零件的加工方法，融合了车削加工和铣削加工的生产实践技术技巧；以典型零件实例展示生产操作要点、技术关键、工艺窍门与加工经验，可指导生产实践操作过程的自动编程，实例介绍由简单到复杂。

第一篇为初、中级编程知识及技巧，介绍基本操作要领，熟悉和提高自动编程技术的基础和必要的积累。

第二篇为高级编程知识及技巧，介绍复杂的二维、三维空间曲面加工，多轴曲面等复杂零件的加工实例。

随书赠送书中所有实例操作的源文件（扫描下面的二维码下载或联系 QQ296447532 获取），读者可以在学习过程中参考练习。

本书由扬州大学机械工程学院葛文军主编并完成第 1 篇的编写，第 2 篇由扬州技师学院陈东林和扬州大学机械工程学院郁斌编写，全书由扬州大学朱兴龙、秦永法、陈荣发主审。

最后，感谢国内外编写 Mastercam 软件相关书籍的同行和前辈的引领。由于编著者时间仓促，水平和经验有限，书中难免有不妥甚至错误之处，敬请读者指正。

编著者

目　录

第1篇 初、中级编程知识及技巧

第1章 Mastercam X 的基础知识

Mastercam 是美国 CNC Software Inc.公司开发的自动编程软件，是基于 PC 平台的 CAD/CAM 一体化软件，是最经济、最有效的全方位软件系统，自 1984 年诞生以来，就以其强大、稳定且快速的加工功能闻名于世。由于较好的性能和性价比（对硬件的要求不高，操作灵活，易学易用，能使企业很快见到效益），该软件成为工业中和学校广泛采用的 CAD/CAM 系统；不论是在 CAD 设计或是 CAM 加工制造中，该软件都能获得最佳的效果。其 CAD 设计模块主要包括二维和三维几何设计功能，方便、直观地提供了设计零件外形时所需的理想环境，造型功能非常强大，可方便地设计出复杂的曲线和曲面零件，并可设计复杂的二维和三维空间曲线，CAD 模块采用 NURBS 数学模型，可生成各种复杂的曲面，同时，对曲线和曲面进行编辑和修改都很方便。

Mastercam X 自问世以来已经过多次改版，在国内应用的有 V3.0、V4.0、V7.0、V8.0、V9.0、V9.1、V10.0、VX2、VX3、VX4 及 VX6 等版本，从 Mastercam V9.0 版本到 Mastercam X 版本是一个质的改变，其工作界面的改变让人耳目一新。Mastercam X 在 Mastercam V9.0 的基础上辅以最新的功能，使用户的操作更加合理、便捷、高效，且支持 2～5 轴加工程序的编制。

Mastercam X 的系列版本继承了 Mastercam X 的一贯风格和绝大多数的传统设置，目前最高版本为 Mastercam VX6，在不断升级的 VX2、VX3、VX4 及 VX6 版本中，功能不断更新，但工作界面没有根本性的改变，其最新版本的风格与其他大型软件（如 UG、Pro/E 等）一样趋于窗口式界面。该公司根据生产应用的实际情况进行多次修整改版，使 Mastercam X 更加贴近生产实际，更加受到编程者的欢迎。

Mastercam X 可用于金属切削加工中的数控铣床、铣削加工中心及数控镗床等进行铣镗削加工，也可用于标准数控车床、斜导轨反刀架数控车床及车削加工中心等进行车削，还可用于特种加工中线切割、雕刻机床的加工。本书主要介绍如何应用 Mastercam X 版本进行金属切削加工实例的实训。

1.1 Mastercam X 的主要用途及功能

1.1.1 Mastercam X 的主要用途

1）Mastercam X 在机械制造行业，模具行业及汽车、摩托车制造行业中得到广泛应用，特别是在珠江三角洲、长江三角洲一带应用最为普遍。一些中、小企业购置十几台微机或十几台加工中心，聘请几名编程设计师、十几名数控工人，应用 Mastercam X 就可以组成一个比较完美的小型加工厂，可以接受各种工件和模具的加工任务，因此可以认为这是一个现代化企业的雏形。

2）Mastercam X 是新型软件，包括 CAD 模块及 CAM 模块，其中 CAD 主要是用于辅助图形设计，包括二维和三维造型技术；CAM 主要是用于辅助制造加工。Mastercam X 的工作流程如图 1-1 所示。

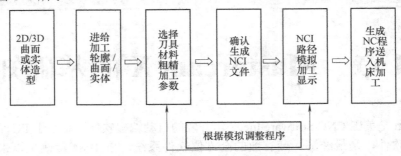

图 1-1　Mastercam X 工作流程

1.1.2　Mastercam X 的功能

1. CAD 部分功能

1）可绘制二维和三维图形，并可进行标注尺寸等各种功能的编辑。

2）提供图层的设定，可隐藏和显示图层，使绘图变得简单，显示更清楚。

3）提供字形的设计，为各种标牌的制作提供了更好的方法。

4）可构建各种曲面，如举升曲面、昆氏曲面、圆角曲面、偏置曲面、修剪曲面、延伸曲面及熔接曲面。

5）图形可导出至 AutoCAD 或其他软件中，相反其他软件也可导入 Mastercam X 中。

2. CAM 部分功能

（1）铣削模块

1）分别提供 2D、3D 模组。

2）提供外形铣削、挖槽及钻孔加工。

3）提供曲面粗加工，粗加工可用七种加工方法：平行式、径向式、投影式、曲面流线式、等高外形式、挖槽式及插入下刀式。

4）提供曲面精加工，精加工可用十种加工方法：平行式、平行陡坡式、径向式、投影式、曲面流线式、等高外形式、浅平面式、交线清角式、残屑清除式及环绕等距式。

5）提供线框模型曲面加工，如直线曲面、旋转曲面、昆氏曲面、扫描曲面及举升曲面的加工。

6）提供多轴加工。

7）提供重绘刀具路径，绘制刀具路径的 NC 程序，可以显示运行情况，估计加工时间。

8）提供实体模型的刀具路径，检验显示实体加工生成产品的刀具路径，避免到达车间加工时发生错误。

9）提供多种后处理程序，以供各种控制器使用。

10）可建立各种管理，如刀具管理、操作管理、串连管理、工作设置和工作报表。

（2）车削模块　Mastercam X 的车床模块专门用于数控车床加工，首先绘制要进行车削加工工件的几何图形，然后定义刀具，进行工件设置，再进入编制车削加工工件的刀具路径；在屏幕上显示刀具路径后，重绘刀具路径和检验刀具路径，将编写完成的后处理程序进行编辑和修改，再将 NC 程序传送给数控车床或数控车削加工中心后，机床就可以按照编制的程序进行加工了。

1.1.3　Mastercam V9.0 和 Mastercam X 的比较

Mastercam 的最新版本是 VX 系列，它的窗口式工作界面让操作者使用时更加新颖、快捷和方便，其区别于以前版本的不同点如下：

1）如图 1-2 所示，Mastercam X 为提供更快、更迅速的操作，采用了窗口化的操作，这样可以在同一界面中了解更多的信息。

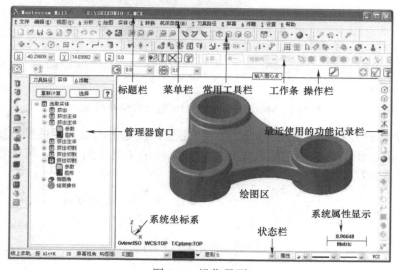

图 1-2　操作界面

2）效能显著提升，但对硬件要求并不高。

3）图形运行效果明显不同，图 1-3、图 1-4 是两种版本的图形运行效果比较情况，可以看出时间明显缩短且效果明显提高。

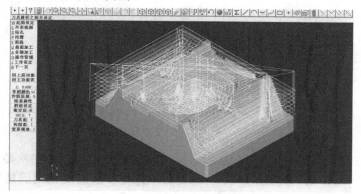

运行时间 1min18s

图 1-3　Mastercam V9.0 图形运行效果及时间

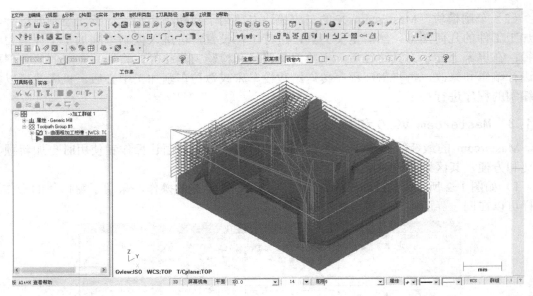

运行时间 0min32s

图 1-4　Mastercam VX2 图形运行效果及时间

4）应用全新整合式的视窗界面，使工作更迅速。直觉化的工具栏使操作更方便、更快捷（图 1-5），可以在工具栏或鼠标右键栏中定义常用的工具（图 1-6），可依据个人的不同喜好，调整屏幕外观及工具列。

图 1-5　直觉化的工具栏

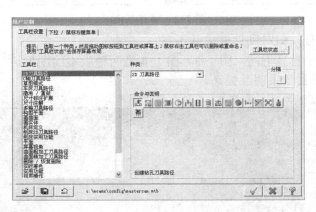

图 1-6　自行定义工具栏

5）在建立 2D 图形的档案时，V9.0 版本操作步骤需要使用的按键次数量（包含文字输入和输入错误删除的次数）超过 77 次，VX2 版本操作步骤需要使用的按键次数量（包含文字输入和两次画错修改图素的次数）超过 35 次，X 版本之后新增的功能如下：

①提供无限次数的回复功能。

②　新的抓点模式，简化操作步骤。

③　属性图形改为"使用中的（live）"，便于以后的修改。

④　曲面的建立新增"围离曲面"。

⑤　昆式曲面改成更方便的"网状曲面"。

⑥　增加"面与面倒圆角"这一实验项目。

⑦　直接读取其他 CAD 文档，包含 DXF、DWG、IGES、VDA、SAT、Parasolid、SolidEdge、SolidWorks 及 STEP 文件。

⑧　增加机器定义及控制定义，明确规划 CNC 机器的功能。

⑨　外形铣削形式除了 2D、2D 倒角，螺旋式渐降斜插及残料加工外，还新增"毛头"的设定。

⑩　外形铣削、挖槽及全圆铣削增加"贯穿"的设定。

⑪　增强交线清角功能，增加"平行路径"的设定。

⑫　将曲面投影精加工中的两区曲线熔接独立成"熔接加工"。

⑬　改用更人性化的路径模拟界面，可以更精确地观看及检查刀具路径。

6）增加了更加先进的 3D 曲面高速加工功能。挖槽粗加工、等高外形及残料粗加工采用新的快速等高加工技术（FZT），大幅减少计算时间。同样的图形文件及切削参数，使用的高速加工方式，加工时间可以缩短 1/3 以上，如果配合高速加工机床，加工时间可以缩短 1/2，其采取了如下的措施：

①　曲面高速加工参数选项如图 1-7 所示。

②　在曲面高速加工的刀具路径中，采用了更为节省的刀具位移和路径，如图 1-8 所示。

③　曲面高速加工刀具路径的效率提高，同样的零件、切削条件和参数，在 VX2 版本（图 1-9）运用曲面高速加工刀具路径编制的 CNC 程序加工时间是 51min3s，而采用 V9 版本（图 1-10）刀具路径编制的 CNC 程序加工时间是 1h30min52s。

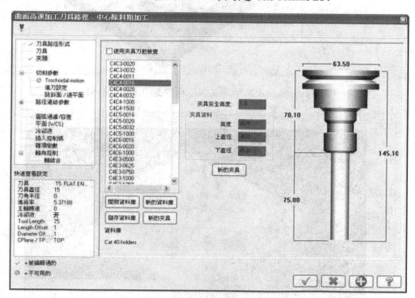

图 1-7　曲面高速加工参数选项

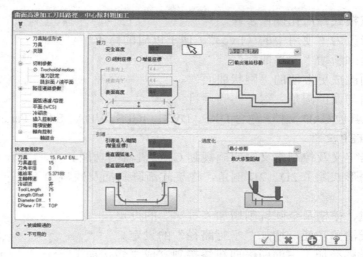

图 1-8　刀具位移和路径

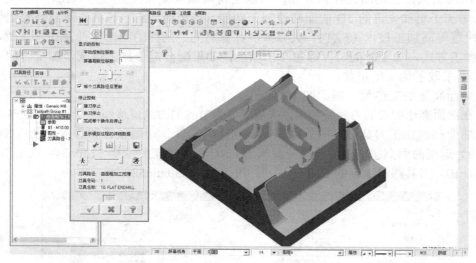

图 1-9　Mastercam VX 版本 CNC 程序加工时间是 51min3s

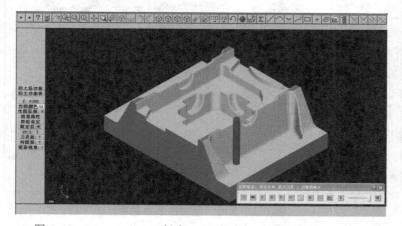

图 1-10　Mastercam V9 版本 CNC 程序加工时间是 1h30min52s

7）Mastercam V9.0 版本与 Mastercam VX 版本的效率比较，如图 1-11 所示，VX 版本的运行速度是 V9.0 版本的三倍，绘图速度可达两倍，加工时间则缩短了三分之一以上，所以 Mastercam VX 版本的优势是显而易见。

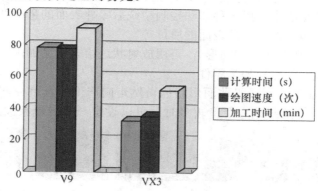

图 1-11　Mastercam V9 与 Mastercam VX 效率比较

8）Mastercam VX 版本的铣削功能（2～5 轴加工）特点。

① 操作管理。Mastercam VX 版本的任务管理器把同一加工任务的各项操作集中在一起，管理器加工使用的刀具以及加工参数等界面很简练、清晰。在管理器内，编辑、校验刀具路径也很方便。在操作管理中很容易复制和粘贴相关程序。

② 刀具路径的关联性。在 Mastercam VX 版本中，挖槽铣削、轮廓铣削和点位加工的刀具路径与被加工零件的模型是相关一致的。当零件的几何模型或加工参数修改后，Mastercam VX 版本能迅速、准确地自动更新相应的刀具路径，无须重新设计和计算刀具路径。用户可把常用的加工方法及加工参数存储于数据库中，适合随时调用存储于数据库的任务。这样可以大大提高数控程序的设计效率及计算的自动化程度。

③ 挖槽、外形铣削及钻孔。Mastercam VX 版本提供丰富多变的两轴、两轴半加工方式，可迅速编制出优质可靠的数控程序，极大地提高了编程者的工作效率，同时也提高了数控机床的利用率。

如图 1-12 所示，挖槽加工时的下刀方法有很多，如直接下刀、螺旋下刀、斜插下刀等；挖槽铣削还具有自动残料清角、螺旋渐进式加工方式、开发式挖槽加工及高速挖槽加工等。

图 1-12　挖槽铣削有多种进给方式

④ 数控加工中，在保证零件加工质量的前提下，应尽可能地提高粗加工时的生产率。Mastercam VX 版本提供了多种先进的粗加工方式，如图 1-13 所示，曲面挖槽时，Z 向深度进给确定，刀具以轮廓或型腔铣削的进给方式粗加工多曲面零件。机器允许的条件下，也可进行高速曲面挖槽。

图 1-13　曲面挖槽进给方式

⑤ 如图 1-14 所示，Mastercam VX 版本有多种曲面精加工的方法，根据产品的形状及复杂程度，可以从中选择最好的方法，如比较陡峭的地方可用等高外形曲加工，比较平坦的地方可用平行加工；形状特别复杂、不易分开的零件在加工时可用 3D 环绕等距。

a．Mastercam VX 版本能用多种方法控制精铣后零件表面的粗糙度，如通过程式过滤中的设置及步距的大小来控制产品表面的质量等。

b．根据产品的特殊形状（如圆形），可用放射状进给方式精加工，即刀具由零件上任一点，沿着向四周散发的路径加工零件。

c．流线进给精加工即刀具沿曲面形状的自然走向产生刀具路径，用这样的刀具路径加工出的零件更光滑。某些地方余量较多时，可以设定一范围单独加工。

图 1-14 曲面精加工进给方式

图 1-15 多轴联动加工的零件

d．图 1-15 所示为多轴联动加工的零件。Mastercam VX 版本的多轴加工功能为零件的加工提供了更多的灵活性，应用多轴加工功能可方便、快速地编制高质量的多轴加工程序。Mastercam VX 版本的五轴铣削方法如下：曲线五轴、钻孔五轴、沿边五轴、曲面五轴、沿面五轴及旋转五轴。

1.2 Mastercam X 的安装

1.2.1 运行硬件环境

安装 Mastercam X 对硬件环境的要求不高，其最低配置如下：

CPU：Intel 1.5GHz。

内存：512MB 以上。

显卡：64MB 以上。

硬盘空间：1GB。

显示器分辨率：1024×768。

CD-ROM 光驱。

下面以 Windows XP 操作系统为例，对 Mastercam X 的安装过程进行详细的介绍。

1.2.2 安装 Mastercam X

1）将 Mastercam X 的安装光盘插入光驱，打开安装程序，屏幕显示如图 1-16 所示。打开 data→Mastercam X 文件夹，双击"Setup"文件，自动出现安装界面，即"Mastercam X-Install Shield Wizard"对话框，如图 1-17 所示，在对话框中单击"Next"按钮。

2）打开"InstallShield Wizard"对话框第一步（许可证接受），如图 1-18 所示，在该对话框中选中"Yes, I accept the terms of the license agreement"复选项，单击"Next"按钮，进入下一步。

图 1-16　Mastercam X 的安装程序

图 1-17　"Mastercam X-InstallShield Wizard"
对话框（开始）

图 1-18　"InstallShield Wizard"
对话框第一步

3）打开"InstallShield Wizard"对话框第二步（用户信息），在对话框的文本框中输入名字和公司名，如图 1-19 所示，单击"Next"按钮，进入下一步。

4）打开"InstallShield Wizard"对话框第三步（选择选项），如图 1-20 所示，选中"HASP"和"Inch"复选项，单击"Next"按钮，进入下一步。

图 1-19　"InstallShield Wizard"对话框第二步　　图 1-20　"InstallShield Wizard"对话框第三步

5）打开"InstallShield Wizard"对话框第四步（安装目录位置），如图 1-21 所示，单击"Browse"按钮，选择该软件的安装路径，确定安装目录后，单击"Next"按钮，进入下一步。

6）打开"InstallShield Wizard"对话框第五步（文件选项），如图 1-22 所示，单击"Next"按钮，进入下一步。

图 1-21 "InstallShield Wizard"对话框第四步　图 1-22 "InstallShield Wizard"对话框第五步

7）打开"InstallShield Wizard"对话框第六步（确认安装），如图 1-23 所示，单击"Install"按钮，开始安装该软件。

8）安装完毕后，弹出图 1-24 所示的"Mastercam X-InstallShield Wizard"对话框，在对话框中单击"Finish"按钮。

图 1-23 "InstallShield Wizard"　　　　图 1-24 "Mastercam X-InstallShield Wizard"
　　　　　对话框第六步　　　　　　　　　　　　　对话框（完成）

9）弹出图 1-25 所示的提示框，按照提示插入 HASP HL key 完成安装，单击"确定"按钮，完成软件全部安装。

图 1-25　提示框

1.3　Mastercam X 界面

1.3.1　Mastercam X 的操作界面

双击桌面上的图标，或者选择"开始"→"程序"命令后单击"Mastercam X"按钮运行程序，进入 Mastercam X 的操作界面，或者选择"开始"→"程序"→"Mastercam X"→"Mastercam X"命令，进入操作界面。

Mastercam X 的操作界面由下列几个主要元素组成（图 1-26）：界面上方的第一行是标题栏；第二行是主菜单选项（"文件""编辑"及"视图"等）；第三行是标准工具栏、绘图工具栏与目前所使用功能所对应的工作条；界面左边是操作管理器，包括刀具路径选项卡与实体选项卡，界面中间是绘图区；界面下方是状态栏、图层/图素设定栏等辅助菜单项；界面最右边是最近使用的指令工具栏。

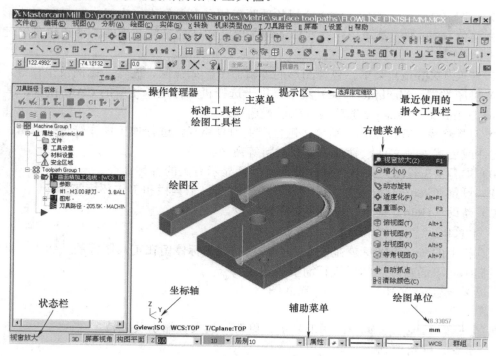

图 1-26 Mastercam X 操作界面

1.3.2 Mastercam X 的工具栏

1. 标题栏

图 1-27 所示为标题栏，显示了当前使用的模块、打开文件的路径及文件名称，可控制Mastercam X 的关闭、移动、最大化、最小化和还原。

图 1-27 标题栏

2. 主菜单

主菜单栏共有 12 个选项，基本上包含了 Mastercam X 的全部功能，如图 1-28 所示。

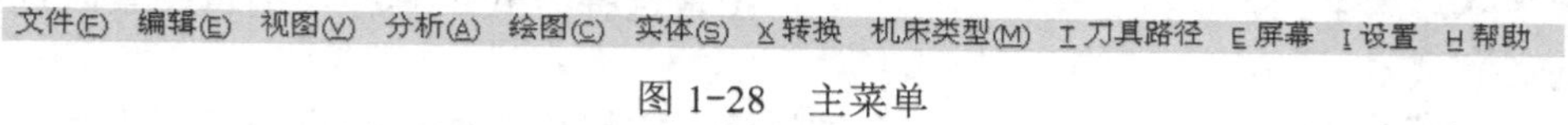

文件(F) 编辑(E) 视图(V) 分析(A) 绘图(C) 实体(S) X 转换 机床类型(M) T 刀具路径 E 屏幕 I 设置 H 帮助

图 1-28 主菜单

1）文件（File）菜单。包含文件的打开、新建、保存、打印、导入及导出文件、路径设置和退出等命令。

2）编辑（Edit）菜单。包含取消、重做、复制、剪切、粘贴、删除，以及一些图形命令如修剪、打断和 NURBS 曲线的修改转化等。

3）视图（View）菜单。包含用户界面以及图形显示的相关命令，如视点的选择、图像的放大与缩小、视图的选择以及坐标系的设定等。

4）分析（Analyze）菜单。包含分析屏幕上图形对象的各种相关信息的命令，如位置和尺寸等。

5）绘图（Create）菜单。包含绘制各种图素的命令，如点、直线、圆弧和多边形等。

6）实体（Solide）菜单。包含实体造型，以及实体的延伸、旋转、举升和布尔运算等命令。

7）转换（Xform）菜单。包含图形的编辑命令，如镜像、旋转、比例及平移等。

8）机床类型（Machine Type）菜单。用于选择机床并进入相应的 CAM 模块，其中的 Machine Definition Manager 选项为机床设置选项。

9）刀具路径（Toolpaths）菜单。包含产生刀具路径，进行加工操作管理，编辑、组合 NCI 文件或后置处理文件，管理刀具和材料等命令。

10）屏幕（Screen）菜单。包含设置与屏幕显示有关的各种命令。

11）设置（Settings）菜单。包含设置快捷方式、工具栏和工作环境等命令。

12）帮助（Help）菜单。提供各种帮助命令。

3．工具栏

工具栏上的每一个图标就是一个命令，只需把光标停留在工具图标的按钮上，即可出现功能提示。下面对各工具栏进行简要说明。

：文件管理输出、输入图示。

：取消重复。

：图形显示、更新、放大、缩小及旋转。

：视角控制。

：构图平面设定。

：图形表示方式、彩显。

：删除与恢复。

：分析、清除颜色、呼叫 C-HooK 应用程序、再生、统计图素及隐藏。

：绘图工具栏，提供基本几何图形建立的指令，包括点、直线、弧、曲线、倒角、倒圆角和基本实体。

：修整工具栏。

：图素编辑工具栏。

：尺寸标注与批注工具栏。

：曲面绘图工具栏。

：自动抓点，坐标显示工具栏。

：图素选择方式工具栏，编辑图素时选中图素的方式。

：当使用某一命令时，工作条会被激活，它提供完成该命令的所有步骤及命令的编辑功能。

指定第一点 ：系统提示区，当使用一个指令，需要输入项是选择图素、点或者串连时，在提示栏里会提供一个简要的操作提示（图 1-26）。

4．辅助菜单

辅助菜单中状态栏、图层及图素设定栏位于绘图区下方，各选项说明如下：

线上求助,按 Alt+H. ：状态提示栏。

2D ：2D、3D 图切换按钮，该功能对二维或三维绘图空间进行切换。

屏幕视角：图形视角设置，单击该按钮弹出图 1-29 所示的屏幕视角子菜单，选择其中一个视角方向。

构图平面：构图平面设置，单击该按钮弹出图 1-30 所示的构图平面子菜单，选择其中一个构图平面方向。

Z 0.0：工作深度设置。

10：颜色设置，单击该按钮弹出图 1-31 所示的"颜色"对话框，双击其中一种颜色或选中颜色后单击按钮 ✔ 即可。

图 1-29　屏幕视角子菜单

图 1-30　构图平面子菜单

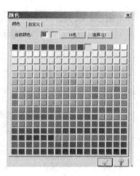
图 1-31　"颜色"对话框

5．操作管理器

操作管理器界面如图 1-32 所示，有刀具路径管理器和实体管理器。

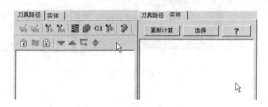

图 1-32　操作管理器界面

6．最近使用的指令工具栏

该栏把最近使用的指令图标排列出来，需要再次使用该指令时，直接单击该图标即可进行命令操作。

7．坐标轴图标

坐标轴图标随着屏幕视角的设置而发生相应的改变，在图标下方分别是"屏幕视角""工作坐标系"和"构图平面"设定面的界面区域，如果改变其设置，那么相应的显示也会发生改变。

1.3.3　Mastercam X 的其他操作选项

1．显示、隐藏工具栏

标准工具栏和绘图工具栏可以设置显示和隐藏，在主菜单中选择"设置"→"工具栏设置"命令，弹出图 1-33 所示的"工具栏状态"对话框，在该对话框的"显示如下的工具栏"列表框中选中或去除选中相关工具名称前的复选框，即可增加显示或者隐藏显示相应的工具栏。

图 1-33 "工具栏状态"对话框

2．系统配置设定

安装完成 Mastercam X 以后，其基本设置都存储在公制配置文件里，在新建文件或打开文件时，可以根据需要对其基本设置重新设置。

选择主菜单中"设置"→"系统规划"命令，弹出图 1-34 所示的"系统配置"对话框，在该对话框中可以对公差、文件、转换、屏幕及颜色等配置进行修改。

图 1-34 "系统配置"对话框

3．鼠标右键菜单

将光标放在绘图区单击鼠标右键，打开图 1-35 所示的右键快捷菜单，可用于 Mastercam X 的全部工作。

4．显示设置

设置图素的显示方式，除了可以在辅助菜单中设置图形的属性以外，还可以通过主菜单栏中屏幕子菜单（图 1-36），进行图素的统计、隐藏及显示等操作。

图 1-35 右键快捷菜单   图 1-36 屏幕子菜单

5．坐标系统

Mastercam X 在绘图区进行绘图定位时，提供两种坐标系统：直角坐标和极坐标。

1）直角坐标。直角坐标（XYZ）以构图原点（X0，Y0）和工作深度（Z）为基础在构图空间定位一个点，X 坐标表示构图原点的水平距离，构图原点的右边为正值，左边为负值；Y 坐标表示构图原点的垂直距离，构图原点的上边为正值，下边为负值；Z 坐标垂直于 X 和 Y 坐标，正负方向由右手定则确定。

2）极坐标。使用一个已知点（或坐标原点）在极坐标空间定位，输入一个角度和一个长度，系统在经过已知点正水平轴 0°的逆时针方向计算角度和长度，构建一个新点。

1.3.4　Mastercam X 的系统与环境设置

1．系统规划

在 Mastercam X 的软件环境中，通过系统的默认参数设置就能够进行大多数工作的操作，但还是不能满足特定用户的需要。幸好在 Mastercam X 提供的系统配置操作中，选择"设置"→"系统规划"命令，即可弹出图 1-37 所示的"系统配置"对话框，从而能够对系统进行诸如公差、文件、屏幕及颜色等参数的设置。

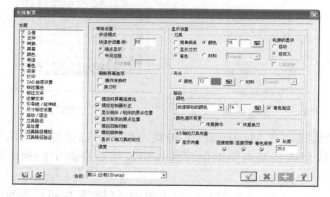

图 1-37　"系统配置"对话框

2．用户自定义设置

选择"设置"→"用户自定义"命令，将弹出"自定义"对话框，在"工具栏"选项卡中可对其他工具栏添加、删除按钮，如图 1-38 所示。

图 1-38　用户自定义设置

3. 栅格设置

在视图中设置并显示出来的栅格，可以帮助用户提高绘图的精度和效率，但所显示出来的栅格并不会打印出来。选择"屏幕"→"栅格参数"命令，将弹出"栅格参数"对话框，然后可进行栅格的颜色、大小等设置，如图 1-39 所示。

4. 图素设置

1）设置属性。在 Mastercam X 的状态栏中单击"属性"按钮，将弹出"特征"对话框，在该对话框中可以一次性设置图素的颜色、线型、点样式、层别、线宽及曲面密度等，从而使下次所绘制的图素按照所设置的属性来显示。

2）设置颜色。在 Mastercam X 的状态栏中单击"颜色"按钮，将弹出"颜色"对话框，如图 1-40 所示，从而可以设置要绘制图素的颜色。

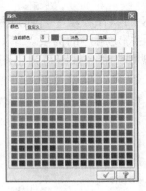

图 1-39　栅格设置　　　　　　　图 1-40　设置颜色

3）设置线型和线宽。在 Mastercam X 的状态栏中可以单独设置所要绘制图素的线型或线宽，直接单击线型或线宽右侧的倒三角按钮，然后在弹出的列表框中选择相应的线型或线宽即可，如图 1-41 所示。

4）层别设置。在 Mastercam X 的状态栏中单击"层别"按钮，将弹出"层别"对话框，在上侧表格中列出的为当前视图中所设置的层别情况，如图 1-42 所示。

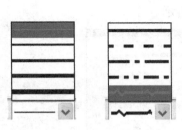

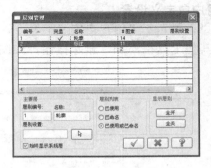

图 1-41　设置线型和线宽　　　　　图 1-42　层别设置

5. 其他设置

1）屏幕统计。选择"屏幕"→"屏幕统计"命令，将打开当前"当前统计"对话框，显示每种图素的数量，如图 1-43 所示。

2）消除颜色。当对图素进行平移、旋转、镜像等转换操作时，Mastercam X 将新生成的图素以另外一种颜色显示出来，且被转换的轮廓图素也以另外一种颜色显示，从而加以区分。用户执行"屏幕"→"清除颜色"命令操作，可以将这些转换的图素颜色恢复为原来本有的颜色。操作如下：①选择"屏幕"→"隐藏图素"命令；②选择"屏幕"→"恢复隐藏的图素"。

3）着色设置。在设计 Mastercam X 的三维实体图形时，可通过着色设置来显示不同模式的实体。在 Mastercam X 的"Shading"工具栏中，可以对视图中的三维实体进行不同模式的显示，如图 1-44 所示。

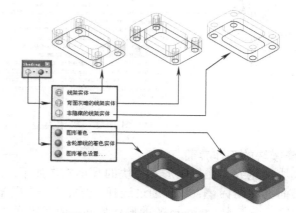

图 1-43　屏幕统计结果　　　　　　图 1-44　未着色和着色图形效果

1.3.5　Mastercam X 车床模块和铣床模块的工作界面

1. 车床模块的工作界面

Mastercam X 的工作界面打开后，可以直接选取车床模块功能、铣削模块功能或其他加工形式模块，具体操作如下：

双击桌面上的图标，或者通过选择"开始"→"程序"命令后，单击"Mastercam X"按钮运行程序，进入 Mastercam X 的操作界面；或者选择"开始"→"程序"→"Mastercam X"→"Mastercam X"命令，弹出图 1-45 所示的操作界面。

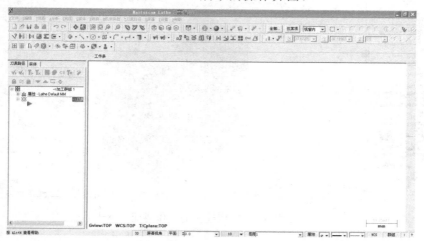

图 1-45　Mastercam X 的操作界面

17

单击图 1-46 所示工具栏中的"机床类型"按钮,出现选择机床菜单,单击"车床"按钮。此时在软件的顶端标题栏就会出现"X Mastercam Lathe（车削）"（图 1-45）,则软件处在车床模块的工作界面。

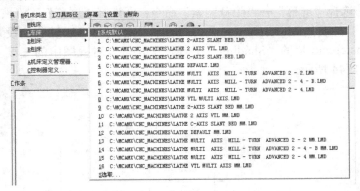

图 1-46　机床类型

2. 铣床模块的工作界面

铣削模块功能或其他加工形式模块的具体操作如下:

双击桌面上的图标 ;或者通过选择"开始"→"程序"命令后,单击"Mastercam X"按钮运行程序,进入 Mastercam X 的操作界面;或者选择"开始"→"程序"→"Mastercam X"→"Mastercam X"命令,弹出图 1-45 所示的操作界面。

单击图 1-46 所示工具栏中的"机床类型",出现选择机床菜单,单击"铣床"。此时在软件的顶端标题栏就会出现"Mastercam Mill（铣削）",则软件处在铣床模块的工作界面,如图 1-47 所示。

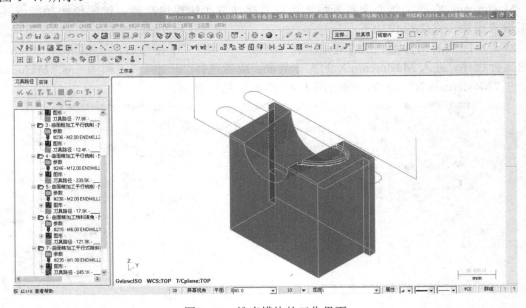

图 1-47　铣床模块的工作界面

第2章 一般零件车削加工自动编程实例

数控车床具有加工精度高、可自动变速等特点。数控车床车削特点在于工件做旋转式主运动，刀架做移动式进给运动，工件与刀具之间产生的相对运动使刀具车削工件。因此，数控车床主要被用来加工以下零件：

1）轮廓形状复杂的回转体零件，如端面车削、切槽、钻孔、镗孔、倒角、滚花、攻螺纹和切断工件等，包括表面粗糙度和尺寸精度要求较高的回转体零件。

2）车削非圆曲线插补切削加工，能车削任意曲线轮廓组成的回转体零件。

3）带特殊螺纹的回转体零件，特殊螺纹是指特大螺距螺纹（或导程）、变螺距螺纹、等螺距与变螺距或圆柱与圆锥螺旋面之间作平滑过渡的螺纹，以及高精度模数螺纹的加工。

本章通过典型的加工实例介绍相关车削加工时应用 Mastercam X 进行自动编程的基础知识、应用知识和操作技巧等。

2.1 实例一 锥度螺纹轴的车削加工

锥度螺纹轴是数控车工中级考核最常见的工件之一，如图 2-1 所示的锥度螺纹轴，该零件的加工涉及数控车削加工中的内容有车端面、粗车、精车、车螺纹及特性面轮廓等方法，通过 Mastercam X 进行画图建模、工艺分析、刀具路径、刀具及切削参数的设定，还可以通过软件中工件毛坯设置、刀具设置检验车削加工中是否会互相干涉，最后后处理形成 NC 文件，通过传输软件或直接输入机床进行加工。

下面进行具体步骤的分析说明。

步骤一 CAD 模块画图建模

（1）打开 Mastercam X 启动 Mastercam X，使用以下方法之一：

1）选择"开始"→"程序"→"Mastercam X"→"Mastercam X"命令。

2）在桌面上双击 Mastercam X 的快捷方式图标▧。

（2）建立文件 打开软件，Mastercam X 的工作界面如图 2-2 所示。

1）启动 Mastercam X 后，在主菜单区选择"文件"→"新建文件"命令，系统就自动新建了一个空白的文件，文件的后缀名是".mcx"，本实例文件名定为"锥度螺纹轴.mcx"。

2）或者单击文件工具栏的"新建"按钮▢，也可以新建一个空白的".mcx"文件。

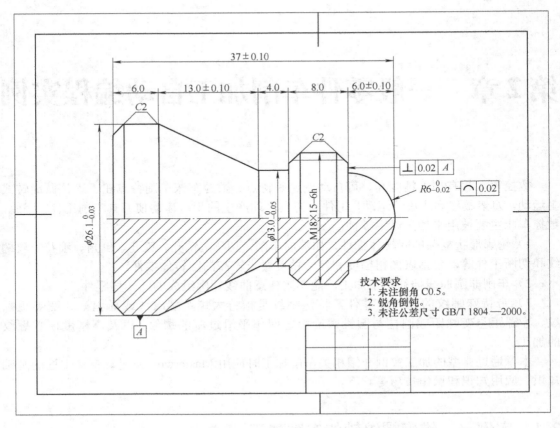

图 2-1　锥度螺纹轴

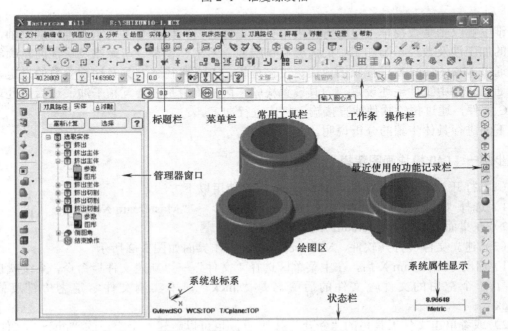

图 2-2　Mastercam X 的工作界面

（3）相关属性状态的设置

1）构图面的设置。在"属性"状态栏的"线型"下拉列表框中单击"刀具面/构图平面"按钮，打开一个菜单，根据车床加工的特点及编程原点设定的原则要求从该菜单中选择"I 车床半径"→"设置平面到+X-Z 相对于您的 WCS"命令，如图 2-3 所示。

2）线型属性设置。在"属性"状态栏的"线型"下拉列表框中选择"中心线"线型，在"线宽"下拉列表框中选择表示粗实线的线宽，颜色设置为黑，如图 2-4 所示。

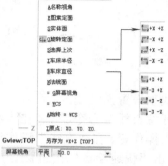

图 2-3 构图面的设置   图 2-4 线型属性设置

3）构图深度、图层设置。在属性栏中设置构图深度为 0，图层设置为 1，如图 2-5 所示，单击"确定"按钮。

（4）绘制中心线

1）激活绘制直线功能。

① 在菜单栏中选择"绘图"→"直线"→"绘制任意线"命令。

② 在"绘图"工具栏中单击"绘制任意线"按钮，系统弹出"直线"操作栏。

2）输入点坐标。第一种方法，在如图 2-6 所示的"自动抓点"操作栏中输入坐标轴数值，按<Enter>键确认。

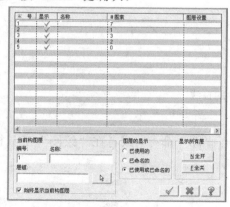

图 2-5 构图深度、图层设置

图 2-6 "自动抓点"操作栏

第二种方法，在如图 2-7 所示的"自动抓点"操作栏中单击"快速绘点"按钮，弹出图 2-7 所示坐标输入框，在坐标输入框中输入"X0Z6"按<Enter>键确认。

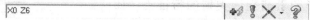

图 2-7 坐标点输入框

3）在如图 2-8 所示的"直线"操作栏的文本框 ⊞ 中输入直线段的长度"41.0"，在文本框 ⊠ 中输入角度"0.0"，然后单击"确定"按钮 ✓ ，绘制好该中心线，如图 2-9 所示。

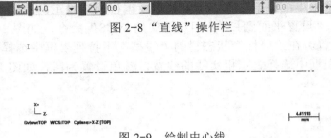

图 2-8　"直线"操作栏

图 2-9　绘制中心线

（5）绘制轮廓线中的直线

1）将当前图层设置为 2，颜色设置为黑色，线型设置为实线。

2）在"绘图"菜单中选择"直线"→"绘制任意直线"命令，或者在"绘图"工具栏中单击"绘制任意线"按钮 ↘ ，系统弹出"直线"操作栏，在"直线"操作栏中单击"连续线"按钮 ⋈ ，接着在"自动抓点"操作栏中单击"快速绘点"按钮 ⬦ ，或者直接按空格键，然后在出现如图 2-7 所示的坐标点输入框中输入"X0Z6"，并按<Enter>键确认。

3）也可以运用第二种方法，在如图 2-6 所示的"自动抓点"操作栏中直接输入坐标轴的坐标值，并按<Enter>键确认。

4）使用上述坐标点的输入方法，依次指定其他点的坐标（X，Z）来绘制连续的直线，其他点的坐标依次为（6，−6）、（9，−6）、（9，−14）、（6.5，−14）、（6.5，−18）、（13，−31）及（13，−35），如图 2-10 所示绘制轮廓线中的直线，按<Esc>键退出绘制直线功能。

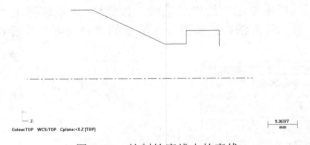

图 2-10　绘制轮廓线中的直线

（6）绘制轮廓线中圆弧

1）在"绘图"菜单中选择"画圆弧"→"圆心点画圆"命令，或者在"绘图"工具栏中单击"画圆"按钮 ◉ ，系统弹出"画圆"操作栏。

2）在出现的"画圆"操作栏中输入圆心坐标（0，−6），输入半径值"6"。

① 按"捕捉临时点"方法确定圆心点。在"自动抓点"工具栏中选择"特征点"复选框，从弹出的列表中选择某一类型的特征点即可，此时可以在绘图界面中选择图形图素捕捉该类型的特征点，如图 2-11 所示。

图 2-11　捕捉"特征点"

② 输入坐标点。用户在绘制图形时，系统将提示用户指定点的位置，此时用户可将光标移动到已有图素特征的附近，系统将自动在该图素特征附近处显示特征符号（如圆心），表示当前位置即在该处，用鼠标单击该处即可捕捉"特征点"。

在"自动抓点"工具栏中单击"配置"按钮，将弹出"光标自动抓点设置"对话框，如图 2-12 所示。

或者在"自动抓点"工具栏左侧的"X"、"Y"、"Z"文本框即提供给用户输入坐标位置点的输入框中，依次输入坐标值，按回车键即可确定点在视图中的具体坐标位置，如图 2-13 所示。

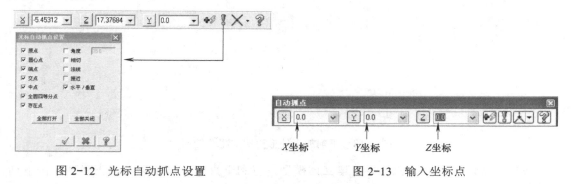

图 2-12　光标自动抓点设置　　　　　图 2-13　输入坐标点

3）然后单击"确定"按钮，绘制好该圆弧的轮廓线，如图 2-14 所示。

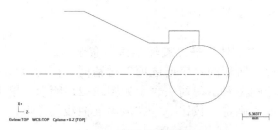

图 2-14　绘制圆弧视图

（7）修剪图素　在"编辑"菜单中选择"修剪"命令，或者在"绘图"工具栏中单击"单一修剪"按钮，系统弹出"修剪"操作栏，点选需要修剪的图素即可。按照图样要求修剪的视图，如图 2-15 所示。

图 2-15　修剪后轮廓线

（8）倒角　在菜单栏中选择"构图"→"倒角"命令，出现图 2-16 所示的倒角菜单。

或者在"绘图"工具栏中单击"倒角按钮"按钮 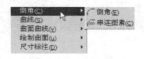，系统弹出图 2-17 所示的"倒角"操作栏，按照提示操作选择。

图 2-16 倒角菜单　　　　　　　　　　　　　　图 2-17 "倒角"操作栏

倒角操作完成后，完成车削加工外形轮廓的粗车轮廓，如图 2-18 所示。

图 2-18 车削加工外形轮廓的粗车轮廓

（9）建立体模型　给加工零件建立体模型，有利于直观地检验零件的正确性，按下列顺序完成：

1）在"绘图"工具栏中单击"绘制任意线"按钮，系统弹出"直线"操作栏。补全轮廓线，使轮廓线闭合，如图 2-19 所示。

2）建模

① 在主菜单栏中选择"实体"→"旋转实体"命令。

② 系统弹出如图 2-20 所示的"串连选项"对话框，在对话框中，选取要进行旋转操作的串连曲线，选中后轮廓图素出现箭头表示如图 2-21 所示，单击按钮 ⟨⟶⟩ 可以改变箭头方向，然后单击"确定"按钮 ☑ 完成串连曲线的选取。

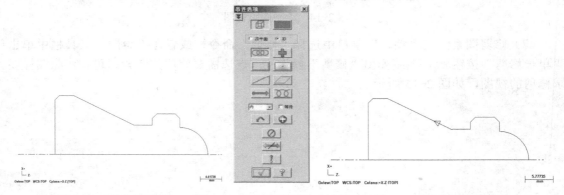

图 2-19 补全轮廓线　　图 2-20 "串连选项"对话框　　图 2-21 选中轮廓图素

③ 单击水平线图素，选取水平线作为旋转轴，同时系统弹出"方向"对话框如图 2-22 所示，在软件的图形界面中用箭头显示出旋转方向，通过该对话框可以重新选取旋转轴或改变旋转方向，

图 2-22 "方向"对话框

单击"确定"按钮 [✓]，完成旋转轴的选取。

　④ 单击"确定"按钮 [✓]，同时弹出"旋转实体的设置"对话框，如图 2-23 所示，通过该对话框可以进行旋转参数的设置，该对话框有"旋转"和"薄壁"两个选项卡。

　　完成参数设置后，单击"确定"按钮 [✓]，完成旋转实体的构建，如图 2-24 所示。

　　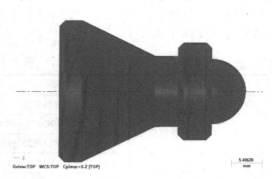

　　　　a)　　　　　　　　　　b)

图 2-23　"旋转实体的设置"对话框　　　　图 2-24　加工零件建模的实例

操作技巧

　　选择"旋转实体的设置"对话框选项时应该注意以下事项："旋转实体的设置"对话框与"实体挤出的设置"对话框相似，"角度/轴向"选项用区域来指定旋转实体的起始角度和终止角度，其他选项的意义参见"实体挤出的设置"对话框。

步骤二　加工工艺流程分析

　　实例零件加工前的准备包括对零件结构、精度以及前后工序进行分析，以便制订合理正确的工艺。

　　（1）零件图的分析　如图 2-1 所示，零件主要是由 $\phi26.1_{-0.03}^{0}$ mm 及 $\phi13.0_{-0.05}^{0}$ mm 的两个外圆柱，长度为（13.0±0.10）mm 的圆锥体，M18×1.5 的螺纹以及一个 $R6_{-0.02}^{0}$ mm 的外圆弧组成。

　　（2）配合要求分析　如图 2-1 所示，该零件有几何公差要求。装配时由零件上的 $\phi26.1_{-0.03}^{0}$ mm 圆柱面配合、M18×1.5 外螺纹与内螺纹配合旋紧，加工时要求保证公差（6±0.10）mm、配合总长（13.0±0.10）mm 及总长（37±0.10）mm，$R16_{-0.015}^{0}$ mm 外圆弧要保证其尺寸公差及圆弧曲率的正确。

　　（3）工艺分析

　　1）结构分析。零件上由于存在外圆弧、宽直槽、锥度及螺纹高台阶等结构，因此在加工时应考虑刚性、刀尖圆弧半径补偿和切削用量等问题，尤其应重点考虑加工锥度时刀具不与螺纹圆柱发生干涉现象。

　　2）精度分析。在零件上存在 $R16_{-0.015}^{0}$ mm 的外圆弧、$\phi26.1_{-0.03}^{0}$ mm 的外圆柱及 M18×1.5 螺纹等精度尺寸；螺纹配合精度 6H 的配合长度为 8mm，总长保证（37±0.10）mm，还有垂直度、线轮廓度等几何公差；关键表面要求表面粗糙度 Ra=1.6μm 等，因此在加工时不但应考虑工件的加工刚性、刀具的中心高、刀具刚性及加工工艺等问题，还要考虑刀具锋利程度的问题。

　　3）定位及装夹分析。由于工件毛坯材料的长度较短，因此零件应采用自定心卡盘装夹，不需要顶尖来进行定位和装夹。工件装夹时的夹紧力及作用于工件上的轴向力要适中，要防止工件在加工时松动。

4）加工工艺分析。经过以上分析，考虑到零件螺纹与宽环槽直径相差较大，会形成高台阶车削加工，所以车削刀具的副偏角要大，采用啄式尖车刀，副偏角以保证刀具不碰撞螺纹外圆为准。加工顺序是首先车加工端面；加工大直径 $\phi26.1_{-0.03}^{\ 0}$ mm 外圆，粗加工螺纹外圆柱面直至圆锥位置处，粗、精加工圆弧；加工宽槽 $\phi13_{-0.03}^{\ 0}$ mm 后用啄式尖车刀精加工圆锥；再加工螺距为 1.5mm 的螺纹；最后切断，要保证零件调头车削端面的余量为 0.2mm。

（4）零件加工刀具安排　根据以上工艺分析，图 2-1 所示的锥度螺纹轴在车加工时所需的刀具安排见表 2-1。

表 2-1　刀具安排　　　　　　　　　　　　　　　　　　（单位：mm）

产品名称或代号		锥度螺纹轴	零件名称		锥度螺纹轴	零件图号	HDJG-1
刀具号	刀具名称	刀具规格名称		材料	数量	刀尖圆弧半径	刀杆规格	备注
T0101	外圆机夹粗车刀	刀片	WNMG040404	GC4125	1	0.4		
		刀杆	DWLNR2525M08				25×25	
T0202	外圆啄式精车刀	刀片	VNMG160202	GC4125	1	0.2		
		刀杆	MVJNR2525M08				25×25	
T0303	外圆沟槽刀	刀片	N123H2-0200-002-GM	GC4125	1	0.2		B=3mm
		刀杆	RF123H25-2525BM				25×25	
T0404	外圆螺纹刀	整体车刀	W6Mo5CrV2	GC4125	1	0.2		
							25×25	

（5）工序流程安排　根据车加工工艺分析，图 2-1 所示锥度螺纹轴的工序卡片表见表 2-2。

表 2-2　工序卡片表

单位		产品名称及型号		零件名称		零件图号	
扬大机械工程学院				螺纹锥度轴		001	
工序	程序编号		夹具名称	使用设备		工件材料	
	Lathe-01		自定心卡盘尾座顶尖	CK6140-A		45 钢	
工步	工步内容	刀号	切削用量	备注	工序简图		
1	车端面	T0101	$n=600$r/min $f=0.2$mm/r $a_p=1$mm	三爪装夹			
2	粗车加工 $\phi26.1$mm 及 M18 外圆	T0101	$n=800$r/min $f=0.2$mm/r $a_p=2$mm				

（续）

工步	工步内容	刀号	切削用量	备注	工序简图
3	粗车加工 $R6$mm 圆弧外轮廓及精车加工螺纹外径 ϕ 17.9mm, 精车圆弧 $R6_{-0.015}^{0}$ mm 的外圆弧	T0101	粗车加工 $n=600$r/min $f=0.02$mm/r $a_p=1.6$mm 精车加工 $n=1000$r/min $f=0.02$mm/r $a_p=0.3$mm		
4	粗、精车加工宽槽 $\phi13_{-0.05}^{0}$ mm×4mm	T0101	粗车加工 $n=500$r/min $f=0.1$mm/r 精车加工 $n=1000$r/min $f=0.06$mm/r	$B=3$mm 外圆切槽刀	
5	精车加工圆锥体,保证公差尺寸	T0202	$n=1000$r/min $f=0.02$mm/r $a_p=0.3$mm	啄式尖车刀	
6	粗、精车加工螺纹 M18×1.5	T0303	$n=600$r/min $f=1.5$mm/r	60° 螺纹车刀	
7	切断	T0404	$n=600$r/min $f=0.08$mm/r	$B=3$mm 切断刀	
8	调头装夹 ϕ26.1mm 外圆,车削加工零件左端面	T0101	$n=1000$r/min $f=0.02$mm/r $a_p=0.3$mm	铜皮保护装夹,校调跳动	

步骤三　自动编程操作

本实例自动编程的具体操作步骤如下:

(1)加工轮廓线　打开"锥度螺纹轴.mcx"文件,在 Mastercam X 的绘图区域单击"属性栏"，系统弹出"图层管理器"操作栏，打开"零件轮廓线图层 1"，关闭其他图素的图层，结果显示所需要的粗加工外轮廓线如图 2-25 所示。

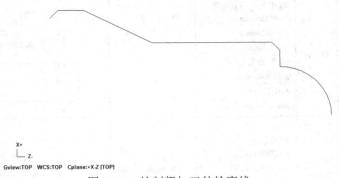

图 2-25　绘制粗加工外轮廓线

（2）设置机床系统　在 Mastercam X 中，从菜单栏中选择"机床类型"→"车床"→"默认"命令来指定车床加工系统，如图 2-26 所示可采用默认的车床加工系统。

图 2-26　机床选择

（3）设置加工群组属性　在"加工群组属性"列表中包含材料设置、刀具设置、文件设置及安全区域四项内容。文件设置一般采用默认设置，安全区域根据实际情况设定，本实例主要介绍刀具设置和材料设置。

1）打开设置界面。选择"机床系统"→"车床"→"系统默认"命令后，在"刀具路径"选项卡中出现"加工群组属性"操作栏，如图 2-27 所示。

在"刀具路径"选项卡中，如图 2-28 所示选择"加工群组属性"树节菜单下的"材料设置"选项，系统将弹出"加工群组属性"对话框并自动切换到"材料设置""刀具设置""文件设置""安全区域"设置选项卡，如图 2-29 所示。

2）设置材料参数。在弹出的"材料设置""刀具设置""文件设置""安全区域"设置选项卡中，选择"材料设置"选项卡，在该选项卡中设置如下内容：

① 工件材料视角采用默认设置"TOP"视角，如图 2-29 所示。

② 在"Stock（素材）"选项区域选中"左转"单选项，如图 2-30 所示。单击"Parameters（信息内容）"按钮，系统弹出如图 2-31 所示的"Bar Stock（工件毛坯设置）"对话框。

③ 在该对话框设置毛坯材料为 $\phi32mm×44mm$，在"OD"文本框中输入"32.0"，在"Length（长度）"文本框中输入"44.0"，在"Base Z（基线 Z）"文本框中输入"−6.0"，选择基线在毛坯的右端面处 。单击该对话框中的"确定"按钮 ✓ ，完成材料形状的设置。

图 2-28 "加工群组属性"树节菜单

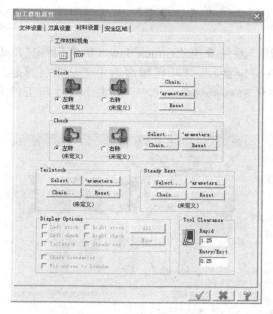

图 2-27 "刀具路径"选项卡

图 2-29 "加工群组属性"对话框

图 2-30 "Stock（素材）"选项区域

④ 从"图形"选项卡的"图形"下拉列表框中选择"圆柱体"选项，单击"Make from 2 points（由两点产生）"按钮，在提示下依次指定点 A（X16，Z44）和点 B（X0，Z0）来定义工件外形，设置结果如图 2-31 所示。然后单击"Bar Stock"对话框中" ✓ "（完成）按钮，回到如图 2-29 所示的"加工群组属性"对话框。

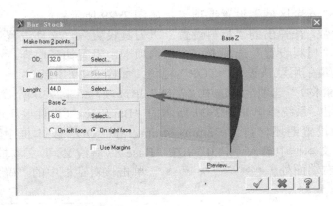

图 2-31 "Bar Stock（工件毛坯设置）"对话框

为了保证毛坯的装夹，毛坯的长度应大于工件的长度；在"基线 Z（Base Z）"处设置基线位置时，文本框中的数字用来设定基线的 Z 轴坐标（坐标系以 Mastercam X 绘图区的坐标系为基准），左、右端面是指基线放置于工件左端面处或右端面处。

"左侧主轴"的判断原则是要根据所使用机床的实际情况进行设置，一般斜导轨转塔式数控车床和水平导轨四方刀架数控车床的主轴转向不一样，总之要根据数控车床具体特点正确设定。

---

⑤ 在"材料设置"选项卡中"Chuck"区域的"夹爪的设定"选项组中选中"左转（已定义）"选项，如图 2-32 所示。

接着单击该选项组中的"Parameters"按钮，系统弹出"Chuck Jaw（机床组件夹爪设定）"对话框如图 2-33 所示。在"Position（夹持位置）"选项区域内选中"从素材算起"复选项 ☑ From stock 和"夹在最大直径处"复选项 ☑ Grip on maximum diameter，卡爪大小尺寸与工件大小匹配以及其他参数的设置如图 2-33 所示。

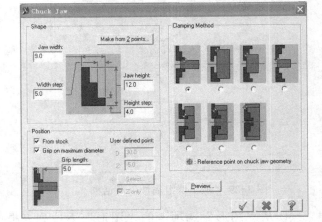

图 2-32 "材料设置""Chuck"选项卡中区域　图 2-33 "Chuck Jaw（机床组件夹爪设定）"对话框

⑥ 在"Chuck Jaw"对话框中单击"确定"按钮 ☑ ，回到"加工组群属性"对话框的"材料设置"选项卡中，在"Tailstock（尾座）"选项中设置"顶尖"，如图 2-34 所示。

在"Steady Rest（中心架）"选项中设置"中心架"，如图 2-35 所示，在该实例加工中不需要顶尖和中心架的工艺辅助点，所以无须设置。

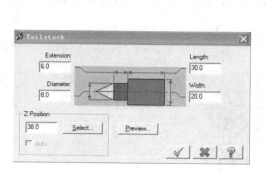

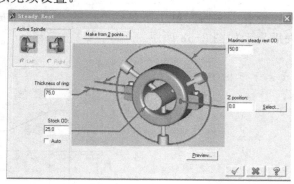

图 2-34　设置"顶尖"　　　　　图 2-35　设置"中心架"

在最下边的"Display Options（显示选项）"选项中设置图 2-36 所示的"显示选项"。

技巧提示

"Display Options"各选项的含义如下：

选　项	含　义	选　项	含　义	选　项	含　义	选　项	含　义
Left stock	左侧素材	Right stock	右侧夹头	Left ckuck	左侧夹头	Right ckuck	右侧夹头
Tailstock	尾座	Steady res	中心架	Shade bonudaries	设置范围着色	Fit screen bonudar	显示适度化范围

3）设置刀具参数。在如图 2-36 所示的"加工群组属性"列表中单击"刀具设置"选项，系统弹出图 2-37 所示的"刀具设置"选项卡，在该选项卡中设置如下内容：

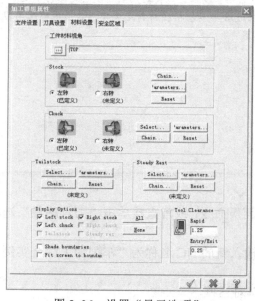

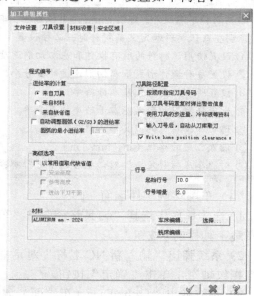

图 2-36　设置"显示选项"　　　　　图 2-37　"刀具设置"选项卡

① 程序编号。在文本框 **程式编号** 1 中输入 1，输出的程序名称为 O001。

② 进给率的计算。选中"来自刀具"单选项，系统从刀具参数中获取进给速度。

③ 行号。设定输出程序时的起始行号为 10，行号增值为 2。

④ 其他参数。采用默认设置，如图 2-37 所示。

设置完成后，单击该对话框中的"确定"按钮，完成实例零件设置的工件毛坯和夹爪显示如图 2-38 所示。

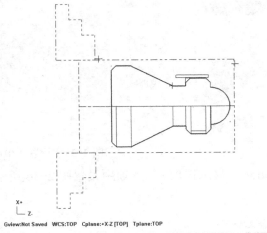

图 2-38　完成实例零件设置的工件毛坯和夹爪

切削速度和进给率的确定。

"车床材料定义"对话框可为新毛坯材料定义切削速度和进给率，并改变现存毛坯材料的切削速度和进给率，当定义一种新程序或编辑一种现存的材料时，必须懂得在卧式车床上操作的基本知识，才能正确定义材料切削速度和进给率，主轴速度使用常数表面速度（CSS）编程，刀具的切削速度总是保持不变。

除钻削和车螺纹外，都用 r/min 为单位编程，车螺纹进给率不包括在材料定义中，必须用螺纹车刀定义，当调整默认材料和定义新材料时，必须设置下列参数：

① 设置使用该材料的所有操作和基本切削速度。

② 设置每种操作形式基本切削速度的百分率。

③ 设置所有刀具形式基本进给率。

④ 设置每种刀具形式基本进给率的百分率。

⑤ 选用加工材料的刀具形式材料。

⑥ 设置已定的单位（in、mm、m）。

⑦ 对"车床材料定义"对话框各选项进行解释。

（4）车削实例零件端面

1）在菜单栏中选择"刀具路径"→"车端面"命令，或者直接单击"刀具路径"选项卡左边工具栏的 ⅢⅢ 按钮。

2）系统弹出"输入新 NC 名称"对话框，输入新的 NC 名称为"车削加工综合实例—锥度螺纹轴"，单击"确定"按钮。

3）系统弹出"Lathe Face（车端面）属性"对话框。

① 在"Toolpath parameters（刀具路径参数）"选项卡中选择 T0101 外圆车刀（深色框为选中，后文同），并按照上述工艺分析的工艺要求设置参数数据，设置如图 2-39 所示的参数。

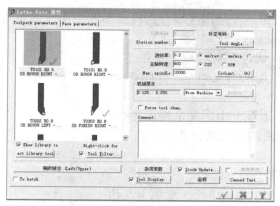

图 2-39　选择车刀和刀具路径参数

② "Toolpath parameters" 选项卡中其他参数选项的意义如下：

选　项	含　义	选　项	含　义
ect library tool	选择库中刀具	☑ Tool Filter...	设置刀具
☑ Stock Update...	素材更新	☑ Tool Display...	刀具显示
Canned Text...	插入指令		

4）设置 "Face parameters（车端面参数）" 选项卡。

① 切换至 "Face parameters" 选项卡，在选项卡中设置 "预留量" 为 0，以及根据工艺要求设置车端面的其他参数，并在选项卡的 选择 "选点" 单选按钮，如图 2-40 所示。

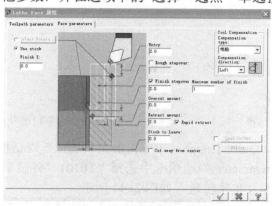

图 2-40　设置车端面的其他参数

② "Face parameters" 选项卡中其他参数选项的意义如下：

选　项	含　义	选　项	含　义
Entry 2.0	进刀时距工件的距离	☐ Rough stepover: 2.0	粗车端面宽度
☑ Finish stepover 2.0	精车步进量	Maximum number of finish 1	精车次数
Overcut amount: 0.0	X 方向过切量	Retract amount: 2.0 ☑	回缩量
☑ Rapid retract	快速提刀	Stock to leave: 0.0	精车预留量
☐ Cut away from center	由中心线向外车削	☐ Lead In/Out...	进、退刀向量
☐ Filter	过滤		

5）单击"选点"按钮，在绘图区域分别选择车削端面区域对角线的两点坐标来定义，确定后回到"Face parameters"选项卡

6）在"Lathe Face 属性"对话框中单击"确定"按钮 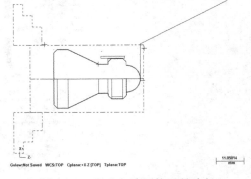，生成车端面的刀具路径，如图 2-41 所示。

7）在"刀具路径"选项卡中选择车端面操作，单击按钮 ≋，隐藏车端面的刀具路径。

（5）粗车外圆

1）在菜单栏中选择"刀具路径"→"粗车"命令，或者直接单击软件"刀具路径"选项卡左边工具栏的按钮 📷 。

图 2-41　生成车端面的刀具路径

2）系统弹出"串连选项"对话框，如图 2-42 所示。单击"部分串连"按钮 🔲 ，并选中"接续"复选框，按顺序指定加工轮廓。在"串连选项"对话框单击"确定"按钮 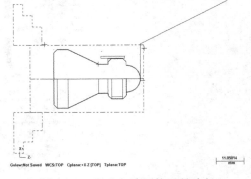，完成粗车轮廓外形的选择，如图 2-43 所示。

图 2-42　"串连选项"对话框

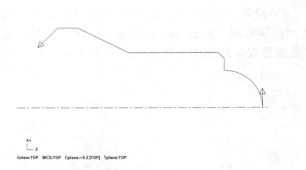

图 2-43　粗车轮廓外形的选择

3）系统弹出"Lathe Quick Rough（车床粗加工）属性"对话框。

① 在"Quick tool parameters"选项卡中选择"T0101（外圆车刀）"，并根据工艺分析要求设置相应的进给率及主轴转速，如图 2-44 所示。

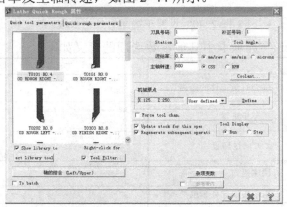

图 2-44　"刀具路径参数"选项卡

② 刀具根据零件外形选取，如没有合适刀具，可双击相似刀具进入图 2-45 所示"Define Tool（刀具设置）"界面，根据需要自行设置刀具。

4）切换至"Quick rough parameters（粗车参数）"选项卡。

① 根据工艺分析设置图 2-46 所示的"粗车参数"。

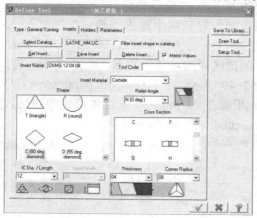

图 2-45　"刀具设置"界面

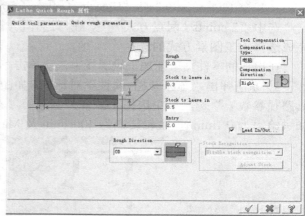

图 2-46　设置"粗车参数"

② "Quick rough parameters"选项框中各个参数选项的意义如下：

选　项	意　义	选　项	意　义
Rough 2.0	粗车被吃刀量	Stock Recognition Disable stock recognition	素材（材料）识别
Stock to leave in 0.3	精车预留量	Tool Compensation Compensation type: 电脑	刀具补偿形式
Rough Direction OD	粗车外圆或内圆	Compensation direction: Right	刀具补偿方向

5）在"Lathe Quick Rough 属性"对话框中单击"确定"按钮，生成粗车刀具路径，如图 2-47 所示。

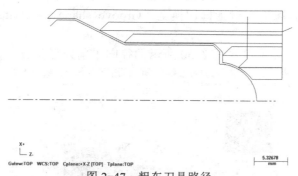

X+
Z
Gvlew:TOP　WCS:TOP　Cplane:+X-Z [TOP]　Tplane:TOP
5.32678
mm

图 2-47　粗车刀具路径

6）在"刀具路径"选项卡中选择该粗车操作，单击按钮，从而隐藏车端面的刀具路径。

（6）车削宽槽

1）在菜单栏中选择"刀具路径"→"径向车槽"命令，或者直接单击"刀具路径"选项卡左边工具栏的按钮。

2）系统弹出"Grooving Options（选择切槽方式）"对话框如图 2-48 所示。

图 2-48 "Grooving Options（选择切槽方式）"对话框

选中"2 points（两点方式）"，在"选择切槽方式"对话框中单击"确定"按钮 ✓，完成选择加工图素方式的选择。

在出现的零件图车削加工轮廓线中依次单击车削槽区域的对角线的点，单击<Enter>键。

3）系统弹出"车床开槽 属性"对话框，如图 2-49 所示，在"Toolpath parameters（刀具路径参数）"选项卡中选择 T2424 外圆车刀，并根据工艺分析的要求设置相应的数据，如进给率为 0.1mm/r、主轴转速为 400r/min 及 Max.spindle 为 1000r/min 等。

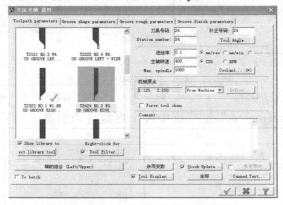

图 2-49 "车床开槽 属性"对话框

技巧提示

切槽的加工速度较车削外圆的加工速度小，一般为正常车削外圆加工速度的 2/3 左右，进给率的单位一般选择 mm/rev。

4）将"车床开槽 属性"对话框切换至"Groove shape parameters（径向车削外形参数）"选项卡。

① 根据工艺分析的要求设置图 2-50 所示的径向车削外形参数。

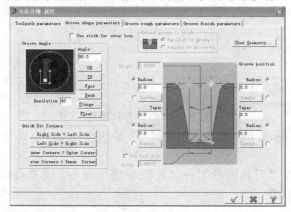

图 2-50 设置径向车削外形参数

② "Groove shape parameters" 选项卡中各选项的意义如下：

"Groove Angle（切削的角度）" 选项区域：用于设置开槽的开口方向，可以直接在 "Angle（角度）" 文本框中输入角度或用鼠标拖动圆盘中的切槽来设置切槽的开口方向，也可以将切槽的开口方向设置为系统定义的几种特殊的方向：

　　OD：外径，将切槽的外径设置在–X 轴方向，此时角度设置为 90°。

　　ID：内径，将切槽的外径设置在+X 轴方向，此时角度设置为–90°。

　　Face：端面，将切槽的外径设置在–Z 轴方向，此时角度设置为 0°。

　　Back：背面，将切槽的外径设置在+Z 轴方向，此时角度设置为 180°。

　　Plunge…：进刀方向，通过在绘图区选择一条直线来定义切槽的进刀方向。

　　Floor…：底线方向，通过在绘图区选择一条直线来定义切槽的底线方向。

　　Resolution：旋转倍率。

技巧提示

　　① 系统通过设置切槽的底部宽度、高度、锥底角和内外圆角半径等参数来定义切槽的形状。

　　② 当采用 "串连（Chain）" 选项来选取加工模型时，不需要进行切槽外形的设置；当采用 "2 点" 和 "3 Lines" 选项来选取加工模型时，不需要进行切槽宽度和高度的设置。

　　③ "车床开槽 属性" 选项卡中的 "Quick Set Corners（快速设定角落）" 选项组用于快速设置切槽形状的参数：

　　Right Side=Left Side：右侧=左侧，系统将切槽右边的参数设置为左边的参数。

　　Left Side=Right Side：左侧=右侧，系统将切槽左边的参数设置为右边的参数。

　　Inner Corners=Outer Corner：内角=外角，系统将切槽内角的参数设置为外角的参数。

　　Outer Corners=Inner Corner：外角=内角，系统将切槽外角的参数设置为内角的参数。

　　④ 其他区域参数：

　　Use stock for outer bour：使用素材作为外边界。

　　Extend groove to stock：延伸切槽到素材边界。

　　Parallel to groove：与切槽的角度平行。

　　Tangent to groove wa：与切槽的壁边相切。

　　Show Geometry…：观看图形。

5）将 "车床开槽 属性" 对话框切换至 "Groove rough parameters" 选项卡。

①根据工艺分析要求设置图 2-51 所示的径向粗车参数。当选中 "粗车切槽" 复选框 ☑ Rough the groove 后，即可生成切槽粗车刀具路径，否则将仅进行精车切槽加工。因为采用 "Chain（串连）" 选项定义加工模型时仅能进行粗加工，所以这时必须选中该复选框。

② "Groove rough parameters" 选项卡中参数选项的意义如下：

切槽方法的粗车参数主要包括切槽方向、进刀量、提刀速度、槽底停留时间、斜壁加工方式、啄车参数及深度参数的设置。

"切削方向" 下拉列表框 用于选择切槽粗车加工时的走刀方向。当选择 "Positive（正数）" 选项时，刀具从切槽的左侧开始并沿+Z 方向移动；当选择 "Negative（负数）" 选项时，刀具从切槽的左侧开始并沿–Z 方向移动；当选择 "Bi-Directional（双向）" 选项时，刀具从切槽的中间开始并以双向车削方式进行加工。

"素材的安全间隙" 文本框 是指刀具距工件的安全距离。

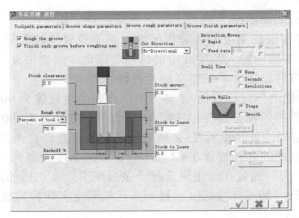

图 2-51   设置径向粗车参数

"粗切量"下拉列表框[Percent of tool] 用于选择定义进刀量。当选择"次数（Number of steps）"时，表示通过指定的车削次数来计算出进刀量；当选择"步进量（Step amount）"时，表示直接指定进刀量；当选择"刀具宽度的百分比"时，表示将进刀量定义为指定刀具宽度的百分比。

"提刀偏移"文本框[Backoff %] 是指提刀时沿轴线方向负向的车刀移动距离。

"切槽上的素材"文本框[Stock amount] 是指高于槽上方的毛坯材料。

"预留量"文本框[Stock to leave] 是指精加工留有的加工余量。

"Retraction Moves（退刀移动方式）"选项用于设置加工中提刀的速度。当选中"快速移动单选项"[Rapid] 时，采用快速提刀；当选中"进给率单选项"[Feed rate] 时，按指定的速度提刀；当进行倾斜凹槽加工时，建议采用指定速度的提刀方式。

"Dwell Time（暂停时间）"选项用来设置每次粗车加工时在凹槽底部刀具停留的时间。当选中"无单选项"[None] 时，刀具在凹槽底不停留；当选中"秒数单选项"[Seconds] 时，刀具在凹槽底停留指定的时间；当选中"转数单选项"[Revolutions] 时，刀具在凹槽底停留指定的转数时间；

"Groove Walls（槽壁）"选项用来设置当切槽侧壁倾斜时的加工方式。当选中"步进单选项"[Steps] 时，按设置的下刀量进行加工，这时将在侧壁形成台阶；当选中"平滑单选项"[Smooth] 时，按设置的下刀量进行加工，可以对刀具在侧壁的走刀方式进行设置。

当选中"啄车参数复选项"[Peck Groove...] 时，系统弹出图 2-52 所示的"节参数[Peck Parameters]"选项栏，在此设置啄车参数设置。在啄车参数的设置中包括啄车量的计算、退刀移位和暂停时间等的设置。在"啄车量的计算"选项区域[Peck on 1st plunge only] 中选中"次数"选项[Number:] 时，指定啄车的次数；选中"深度"单选项[Depth:] |3.0 时，指定啄车的深度。如果啄车时使用"退刀移位"复选项[Use retract moves]，表示在此设置"退刀移位"的坐标形式。"Dwell"按钮用来设置啄刀时在槽底的停留时间。

当选中"分层切削"复选项[Depth Cuts...] 时，单击"分层切削"按钮，系统弹出如图 2-53 所示的"Groove Depth（切槽的分层切深）"选项栏，在此进行深度参数设置。深度参数设置中包括加工深度设置、深度间的移动方式及退刀至素材安全间隙的设置。定义每次加工深度的加工方式有每次的切削深度[Depth per pass:] 和切削次数[Number of passes:] 两种。

当选中"每次的切削深度"单选项[Depth per pass:] 时，可直接指定每次的加工深度；当选中"切削次数"单选项[Number of passes:] 时，可通过指定加工次数由系统根据凹槽深度自动计算出每次的加工深度。

图 2-52　"啄车参数"的设置

图 2-53　"切槽的分层切深"的设定

"Move Between Depths（深度间的移动方式）"有"Zigzag（双向）"和"Same direction（同向）"两种。"Retract To Stock Clearance（退刀至素材的安全间隙）"按钮用于指定编程时使用绝对坐标或相对坐标。当选中"程式过滤复选项"☑ 　Filter...　时，可在此设置程式过滤。

6）将"车床开槽　属性"对话框切换至"Groove finish parameters（径向精车参数）"选项卡，根据工艺分析要求设置图 2-54 所示的径向精车参数。

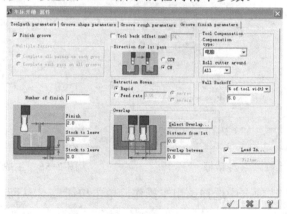

图 2-54　设置径向精车参数

切槽方式的精车参数可通过图 2-54 所示的"径向精车参数"选项卡来设置。当选中"精车切槽复选项"☑ Finish groove 后，系统可按设置的参数生成切削切槽精车刀具的路径。

切槽方式的精车参数设置中特有参数的设置包括加工顺序、第一次加工方向及进刀刀具路径的设置。

"Multiple Passes（分次切削的设定）"选项卡用于设置同时加工多个凹槽且进行多次精车车削时的加工顺序。当选中"完成该槽的所有切削才执行下一个选项"⊙ Complete all passes on each groo 时，系统先进行一个凹槽的所有精车加工，完成后再进行下一个凹槽的所有精车加工；当选中"同时执行每个操的切削选项"⊙ Complete each pass on all grooves 时，系统按层次依次进行每一个凹槽的精车加工。

在"精车次数"文本框 Number of finish 1 中设置精加工次数，在"精车步进量"文本框 Finish 2.0 中设置精加工深度，在"预留量"文本框 Stock to leave 0.0 中设置为下次加工留出的 X、Z 方向余量。

"Direction for 1 st pass（第一刀切削方向）"选项卡用于设置第一次加工的方向，可以选择逆时针或顺时针方向。

在"Retraction Moves（退刀移位方式）"选项卡中设置退刀方式，可采用"Rapid（快速位移）"或"Feed rate（按照给定的进给率）"方式退刀。

在"重叠量"文本框 中设置与第一角落的重叠量。

"Wall Backoff（退刀前离开槽壁的距离）"可通过刀具宽度的百分比或直接设定来设置距离的大小。

选中"进刀向量"复选项 ☑ Lead In... 后，单击"Lead In...（进刀向量）"按钮，系统弹出图 2-55 所示的"Lead In（输入）"对话框，在此设置每次精车加工前添加的进刀刀具路径，其设置方法与粗车方法中进刀及退刀刀具路径的设置方法相同。

7）在"车床开槽 属性"对话框单击"确定"按钮 ☑，生成开槽刀具路径如图 2-56 所示。

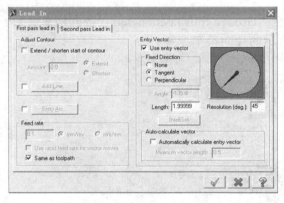

图 2-55 "输入"对话框

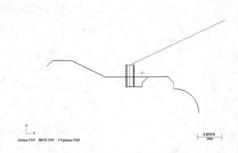

图 2-56 生成开槽刀具路径

8）在"刀具路径"选项卡中选择该粗车操作，单击按钮 ≋，从而隐藏车端面的刀具路径。

（7）精车外圆锥体

1）在菜单栏中选择"刀具路径"→"精车"命令，或者直接单击软件"刀具路径"选项卡中左边工具栏的按钮 ☙。

2）系统弹出图 2-57 所示的"串连选项"对话框，单击"部分串连"按钮 ⚏⚏，并选中"等待"复选项。

按顺序指定加工轮廓，如图 2-58 所示。在"串连选项"对话框中单击"确定"按钮 ☑，完成精车轮廓外形的选择。

3）系统弹出"车床精加工 属性"对话框，在"Toolpath parameters"选项卡中选择 T0303 外圆车刀，并按工艺要求设置相应的进给率、主轴转速及最大主轴转速等。

4）切换至"Finish parameters"选项卡，根据工艺要求设置图 2-59 所示的精车参数。

5）在"车床精加工 属性"对话框中单击"确定"按钮 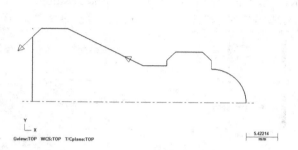 ，生成精车刀具路径，如图 2-60 所示。

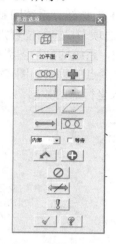

图 2-57 "串连选项"对话框

图 2-58 指定加工轮廓

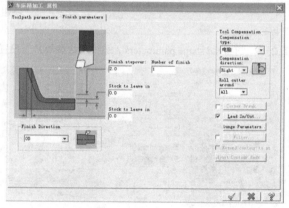

图 2-59 设置精车参数

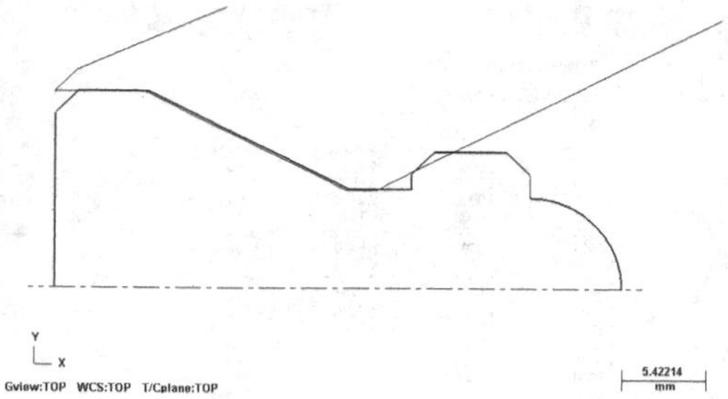

图 2-60 生成精车刀具路径

6）在"刀具路径"选项卡中选择该精车操作，单击按钮 ≋ ，隐藏车端面的刀具路径。

（8）车加工 M18×1.5 螺纹

1）在菜单栏中选择"刀具路径"→"车螺纹"命令，或者直接单击软件"刀具路径"选项卡中左边工具栏的按钮 ．

2）系统弹出"车床螺纹 属性"对话框。在"Toolpath parameters"选项卡中，选择刀号为 T0101 的螺纹车刀钻头（或其他适合的螺纹丝锥），并根据车床等设备的情况及工艺分析设置相应的主轴转速和最大主轴转速等，如图 2-61 所示。

3）切换至"Thread shape parameters（螺纹形状参数）"选项卡，如图 2-62 所示。

① 单击"Thread Form（螺纹形式）"区域内的"Select from table...（由表单计算）"按钮，系统弹出"Thread table（螺纹的表单）"对话框。在该对话框的指定螺纹表单列表中，根据工艺要求设置图 2-63 所示的螺纹螺距、公称直径及螺纹底径等规格参数。

单击"确定"按钮 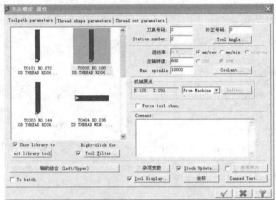，退出"Thread table"对话框，回到"Thread shape parameters"选项卡。

② 在"螺纹形状参数"选项卡中单击"Start Position（起始位置点）"按钮，系统回到绘图界面，单击螺纹加工的起始点图素，回到"Thread shape parameters"选项卡，起始位置点的数据如图 2-62 所示；接着再单击"End Position…（终止位置点）"按钮，系统回到绘图界面，单击螺纹加工的终止点图素，回到"螺纹形状的参数"选项卡，终止位置点的数据如图 2-64 所示，或者在"Start Position…""End Position…"相应的数据框内填入坐标点的数据。

图 2-61　"刀具路径参数"设置

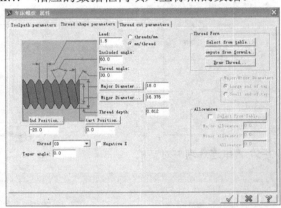

图 2-62　"Thread shape parameters（螺纹形状参数）"设置

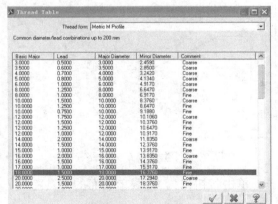

图 2-63　"Thread Table"对话框中参数的设置

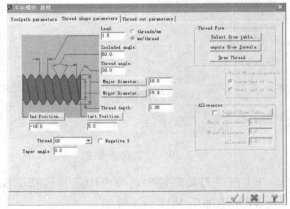

图 2-64　选择螺纹起始位置点和终止位置点

③ "Toolpath parameters"选项卡中各个参数选项的意义如下：

选　项	意　义	选　项	意　义
Lead: 1.5　threads/mm　mm/thread	螺纹导程	tart Position 5.0	螺纹开始位置
Included angle: 60.0	螺纹牙型角	Thread OD	螺纹锥度角
Thread angle: 30.0	螺纹牙型半角	Taper angle: 0.0	螺纹类型
Major Diameter... 18.0	螺纹大径	Select from table...	由表单计算
Minor Diameter... 15.9	螺纹小径	ompute from formula..	运用公式计算
nd Position... -18.0	螺纹结束位置	Draw Thread...	绘出螺纹图形

4）切换至"车螺纹参数（Thread cut parameters）"选项卡，如图 2-65 所示。

①根据工艺要求设置参数，在"NC 代码格式"下拉列表 NC code format: Longhand　▼
中选择"一般切削 Longhand　　　　▼"；在"Determine cut depths from（切削深度的决定因素）"
选项卡中选中"相等的切削量"复选项 ⊙ Equal area　　　　　；在"Determine number of
cuts from（切削次数的决定因素）"选项卡中选中"切削次数"复选项 ⊙ Number of cuts: 5，
并在文本框中输入切削次数为五次。将"素材的安全距离"设为 2mm，"退刀延伸量"设为
2mm，"进刀加速距离"设为 5mm，"退刀加速距离"设为 2mm，"进刀角度"设为 29°，其
他采用默认设置。

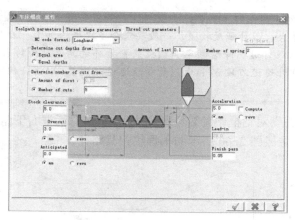

图 2-65　设置车螺纹参数

②"Thread cut parameters"选项卡中各个参数选项的意义如下：

选　　项	含　　义
Determine cut depths from:	切削深度的决定因素
Equal area	相等的切削量
Equal depths	相等的深度
Determine number of cuts from:	切削次数的决定因素
Amount of first，0.25	第一次切削量
Number of cuts: 5	切削次数
Stock clearance:	素材的安全距离
Overcut:	退刀延伸量
Anticipated	进刀加速距离
Acceleration	退刀加速距离
Lead-in	进刀角度
Finish pass	精车削预留量
Amount of last	最后一刀的切削量
Number of spring	最后深度的精车次数

加工技巧

为保证数控车床上车削螺纹顺利进行，车削螺纹时主轴转速必须满足一定的要求。

①数控车床车削螺纹必须通过主轴的同步运行功能实现，即车削螺纹需要有主轴脉冲发生器（编码

器）。当其主轴转速选择过高、编码器的质量不稳定时，工件螺纹会产生乱扣（俗称"烂牙"）。

对于不同的数控系统，推荐不同的主轴转速选择范围，但大多数经济型数控车床车削加工螺纹时的主轴转速如下

$$n \leqslant \frac{1000}{P} - K$$

式中　　n——主轴转速（r/min）；

　　　　P——工件螺纹的螺距或导程（mm）；

　　　　K——保险系数，一般取为 80。

② 为保证螺纹车削加工零件的正确性，车削螺纹时必须要有一个提前量。螺纹的车削加工是成型车削加工，切削进给量大，刀具强度较差，一般要求分多次进给加工。刀具在其位移过程的始点、终点都将受到伺服驱动系统升速、降速频率和数控装置插补运算速度的约束，所以在螺纹加工轨迹中应设置足够的提前量即升速进刀段 δ_1 和退刀量即降速退刀段 δ_2，以消除伺服滞后造成的螺距误差，一般在程序段中指定。

5）"车床螺纹 属性"对话框中参数设置完成后，单击对话框右下角的"确定"按钮，系统按照所设置的参数生成图 2-66 所示的车螺纹刀具路径。

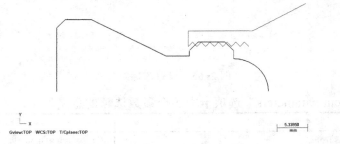

图 2-66　生成车螺纹刀具路径

6）在"刀具路径"选项卡中选择该精车操作，单击按钮，隐藏车端面的刀具路径。

（9）工件切断　工件切断和上述车宽槽的工序操作步骤是一样的，所不同的是切槽的深度等于零件的半径，切槽的宽度需要根据零件的直径决定，一般为零件直径的 1/10（适用于零件直径 10mm 以上）。

1）在菜单栏中选择"刀具路径"→"径向车槽"命令，或者直接单击软件"刀具路径"选项卡左边工具栏的按钮；也可以在菜单栏中选择"刀具路径"→"切断"命令。或者直接单击软件"刀具路径"选项卡左边工具栏的按钮，这里介绍按钮的使用方法。

2）系统弹出的"Grooving Options"对话框如图 2-67 所示。

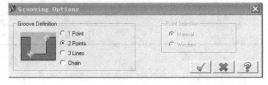

图 2-67　"选择方式"对话框

选中"2points"复选项，在"选择方式"对话框中单击"确定"按钮，完成加工

图素方式的选择。

在出现的车削加工轮廓线中依次单击车削槽区域内对角线上的点，在加工区域内加工到直径等于零，然后按<Enter>键。

3）系统弹出的"车床开槽 属性"对话框如图2-68所示。

在"Toolpath parameters"选项卡中选择T2424外圆车刀，并根据工艺分析要求设置相应的进给率为0.1mm/r、主轴转速为400r/min及Max.spindle 为1000r/min等如图2-68所示。

4）切换至"Groove shape parameters"选项卡，根据工艺分析要求设置图2-69所示的径向车削外形参数。

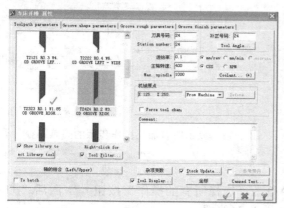

图 2-68 "车床开槽 属性"对话框

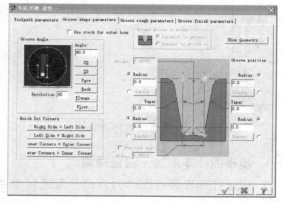

图 2-69 设置径向车削外形参数

5）切换至"Groove rough parameters"选项卡，根据工艺分析要求设置如图2-70所示的径向粗车参数。

6）切换至"Groove finish parameters"选项卡，根据工艺分析要求设置图2-71所示的径向精车参数。

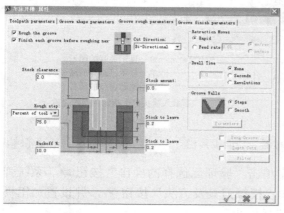

图 2-70 设置粗车参数

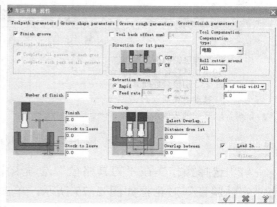

图 2-71 设置精车参数

7）在"车床开槽 属性"对话框内单击"确定"按钮 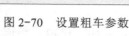，生成切断工件刀具路径，如图2-72所示。

8）在"刀具路径"窗口中选择该粗车操作，单击按钮 ≋ ，隐藏车端面的刀具路径。

9）选取所有操作，再次单击按钮 ≋ ，所有的刀具路径就被显示，结果如图 2-73 所示。

10）调头装夹 ϕ 26.1mm 外圆，铜皮保护装夹，校调跳动量，车削加工零件的左端面，保证总长，其具体操作与（4）车削实例零件端面相似。

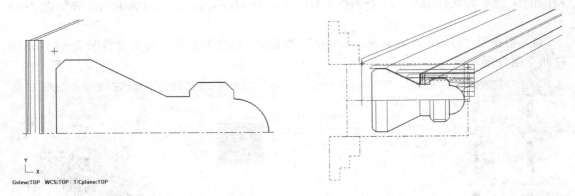

图 2-72　生成切断工件刀具路径　　　　图 2-73　显示所有加工操作步骤的刀具路径

步骤四　车削加工验证模拟

（1）打开界面　在"刀具路径"选项卡中单击"选择所有的操作"按钮 ，激活"刀具路径"功能工具栏，选择所有的加工操作如图 2-74 所示。

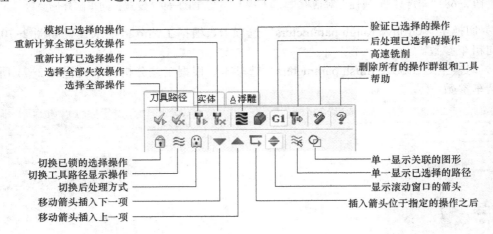

图 2-74　"刀具管理器"功能工具栏

（2）选择操作　在"刀具路径"选项卡中单击"验证已选择的操作"按钮 ，系统弹出"实体验证"对话框如图 2-75 所示，单击"模拟刀具及刀头"按钮 ，并设置加工模拟的其他参数，例如可以设置停止选项为"碰撞停止"。

（3）实体验证　单击"开始"按钮 ▶ ，系统开始实体验证加工模拟。每道工步的刀具路径被动态显示出来，图 2-76 所示为以等角视图显示的实体验证加工模拟最后结果，具体的实体验证加工模拟过程见表 2-3。

图 2-75 "实体验证"对话框   图 2-76 以等角视图显示的实体验证加工模拟最后结果

（4）实体验证加工模拟分段讲解　实体验证加工模拟过程见表 2-3。

表 2-3　实体验证加工模拟过程

序　号	加工过程注解	加工过程示意图
1	车端面 注意： 1）端面车削加工时应注意切削用量的选择，先确定被吃刀量，再确定进给量，最后选择切削速度 2）刀具和工件应装夹牢固 3）刀具的中心应与工件的回转中心严格等高	
2	粗车外圆轮廓 粗车 $\phi26.1$ mm 外圆、圆锥及 M18 螺纹外圆时注意： 1）粗车加工时应随时注意加工情况，并保证充分加注切削液 2）刀具应保持锋利并具有良好的强度 3）刀具中心高应与工件回转中心等高 4）刀具切削部分的对称中心应与主轴线垂直	
3	粗车加工 R6mm 圆弧、精车加工 R6mm 圆弧及 M18 螺纹外圆 注意： 1）粗车加工时应随时注意加工情况，并保证充分加注切削液 2）精车加工时刀具应保持锋利并具有良好的强度 3）刀具中心高应与工件回转中心严格等高，防止圆弧几何公差超差 4）刀具车削的主偏角大于 90°，刀尖圆弧半径要进行正确补偿防止圆弧尺寸公差超差	
4	加工宽槽 $\phi13_{-0.03}^{0}$ mm 注意： 1）切槽前，刀具切削部分的对称中心高应与主轴轴线垂直 2）刀具中心高应与工件回转中心等高 3）在满足加工要求的情况下，刀具伸出的有效距离应大于工件半径 3～5mm 4）刀具切削刃应保持锋利，切削量应根据加工情况合理调整 5）加工至槽底时，应有短暂的停顿以保证槽底表面粗糙度和圆柱度的要求	

（续）

序　号	加工过程注解	加工过程示意图
5	精加工圆锥体 为了保证圆锥体公差尺寸加工时应注意： 1）精加工时选择较大的切削速度、合适的进给量 2）刀具应保持锋利，并且带有修光刃和较小的刀尖圆弧 3）刀具中心高应与工件回转中心等高，保证圆锥体母线的平直	
6	车削螺纹 M18×1.5 注意： 1）粗加工时应注意加工情况并合理分配加工余量，保证充分加注切削液 2）进行切削时刀尖应在起点前 4～5mm 3）刀具应保持锋利并具有良好的强度，保证牙型两侧的平整度和表面粗糙度 4）刀具中心高应与工件回转中心等高，防止加工时出现"扎刀"现象 5）为了保证正确的"牙型"，刀具切削部分 60° 刀尖角的对称中心应与主轴轴线垂直	
7	切断工件 注意： 1）装刀时刀具切削部分的对称中心高应与主轴轴线垂直 2）刀具中心高应与工件回转中心严格等高 3）在满足加工要求的情况下，刀具伸出有效距离应大于工件半径 3～5mm 4）切断时，进刀量达到 6mm 左右要退刀，使切屑排出后再继续切断	
8	调头装夹在 φ26.1mm 处，车削左端面 注意： 1）工件找正时，应将找正精度控制在 0.02mm 内 2）刀具和工件应装夹牢固 3）为避免端面不平，刀具中心高应与工件回转中心严格等高	

步骤五　后处理形成 NC 文件，通过 RS232 接口传输至机床储存

（1）打开界面　在"刀具路径"窗口单击"Toolpath Group-1"按钮 **G1**，系统弹出如图 2-77 所示的"后处理程式"对话框。

（2）设置参数　在"NC 文件"对话框中选中如图 2-77 所示的复选项，将"NC 文件的扩展名"设为".NC"，其他参数按照默认设置，单击"确定"按钮 ☑，系统打开图 2-78 所示的"另存为"对话框。

图 2-77　"后处理程式"对话框　　　　图 2-78　"另存为"对话框

（3）生成程序　在图 2-78 所示的"另存为"对话框内的"文件名"文本框中输入程序名称，在此使用"锥度螺纹轴"，给生成的零件文件填入文件名后，完成文件名的选择。单击按钮 保存(S) ，生成 NC 代码，如图 2-79 所示。

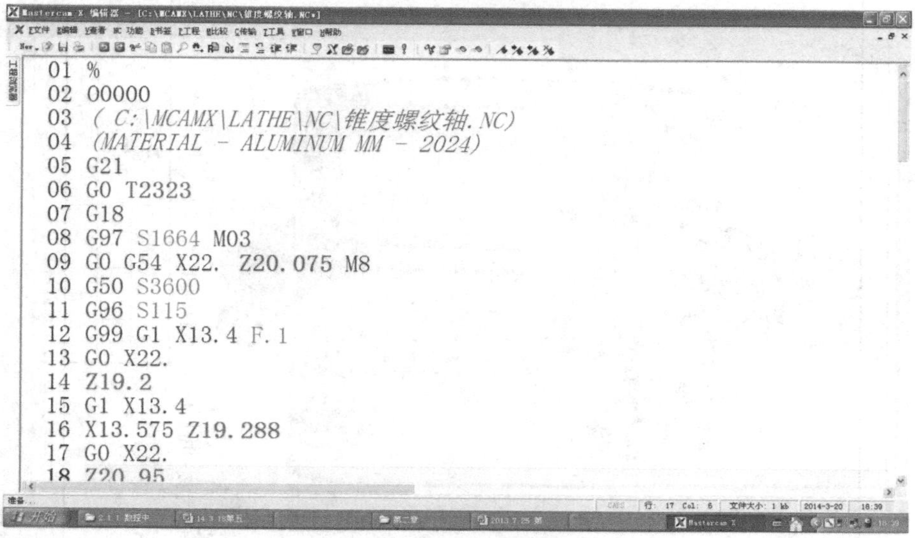

图 2-79　NC 代码

（4）检查生成的 NC 程序　根据所使用数控机床的实际情况对在图 2-79 所示的文本框中进行程序修改，包括 NC 程序的代码、起刀点位置、换刀点位置和中间的空走刀程序。

经过检查后的程序符合数控机床正常运行的要求，又可以节约加工时间，提高加工效率。

2.2　实例二　轴、套零件配合件的车削加工

本实例的加工是两个配合零件的加工过程，如图 2-80～图 2-82 所示的锥度配合件，材料为 45 钢，规格为 φ40mm 的圆柱棒料，粗车后正火处理，硬度为 200HBS。通过实例介绍如何使用 Mastercam X 的车削自动编程功能进行加工，使读者了解和掌握如下内容：

1）应用 Mastercam X 进行自动编程，首先在 Mastercam X 中画图建模，自动编程前进行工艺分析，根据工艺分析的可行性进行工艺参数、刀具路径、刀具及切削参数的设定，最后后处理形成 NC 文件，通过传输软件或直接输入机床进行加工。

2）掌握 Mastercam X 的工件毛坯设置、端面车削、切槽、钻孔、镗孔及车螺纹等方法。在本实例中学会保证配合精度的措施方法。

3）对锥度类零件进行工艺分析，合理安排并进行加工工艺设计。

4）掌握数控车床加工典型锥度类零件的编程方法和加工工艺设计。

5）能够对锥度类零件的加工误差进行正确分析。

6）能够根据加工情况合理选择刀柄、刀片及切削用量。

7）掌握锥度类零件加工过程中的注意事项。

8）掌握控制锥度类零件配合件的配合精度和调整的方法、技巧。

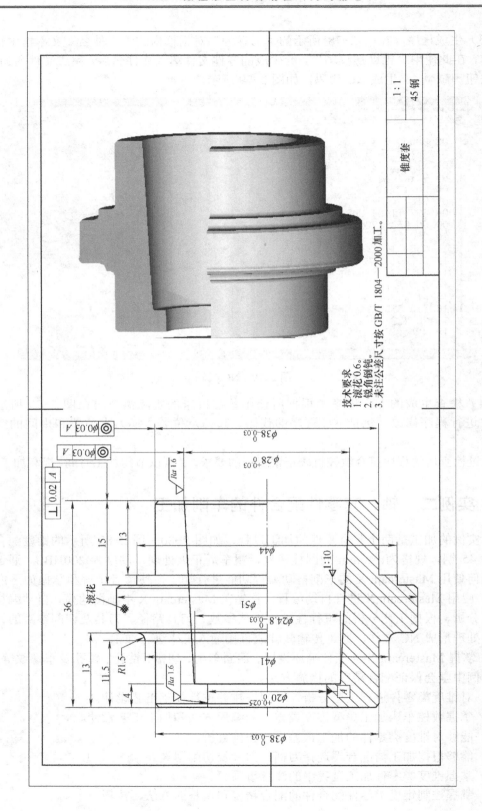

技术要求
1. 滚花 0.6。
2. 锐角倒钝。
3. 未注公差尺寸按 GB/T 1804—2000 加工。

图 2-80　锥度套

锥度套

1:1

45 钢

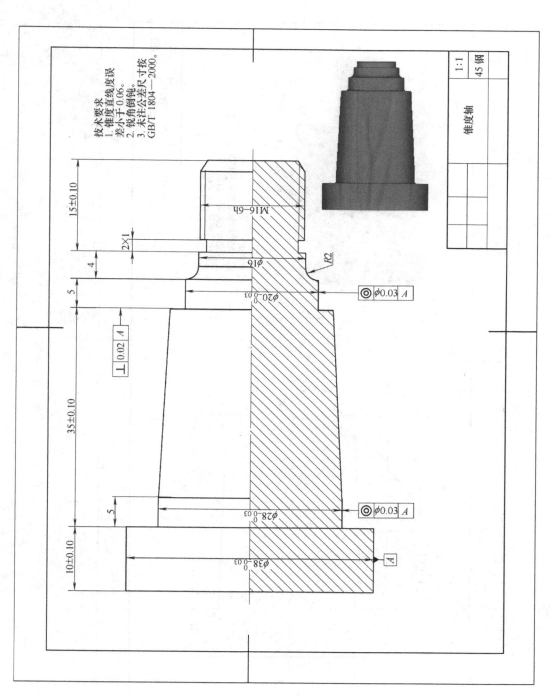

技术要求
1. 锥度直线度误差小于 0.06。
2. 锐角倒钝。
3. 未注公差尺寸按 GB/T 1804—2000。

图 2-81　锥度轴

锥度轴

1:1

45 钢

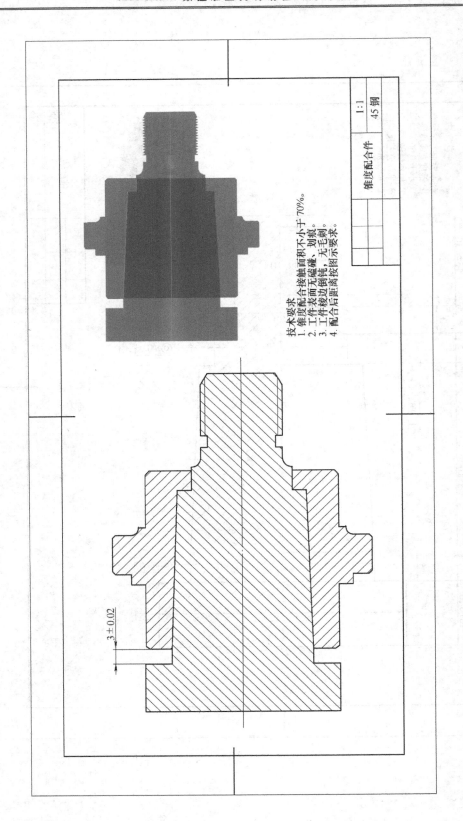

技术要求
1. 锥度配合接触面积不小于 70%。
2. 工件表面无碰痕、划痕。
3. 工件棱边倒钝，无毛刺。
4. 配合后距离按图示要求。

| | | 锥度配合件 | 1:1 |
| | | | 45 钢 |

图 2-82 锥度配合件装配图

对于以上实例加工的自动编程操作首先对锥度配合件零件一、零件二分别绘制图形并建模，绘制锥度配合件装配图，加工时满足零件配合要求的编程。本车削综合实例自动编程的具体操作步骤如下。

2.2.1　配合零件一锥度套的绘图建模

步骤一　绘图建模

（1）打开 Mstercam X　使用以下方法之一打开 Mastercam X，如图 2-83 所示。

1）选择"开始"→"程序"→"Mastercam X"→"Mastercam X"命令。

2）在桌面上双击 Mastercam X 的快捷方式图标 。

图 2-83　Mastercam X 界面

（2）建立文件　使用下列方法建立文件档案：

1）启动 Mastercam X 后，选择"文件"→"新建文件"命令，系统就自动新建了一个空白的文件，文件的后缀名是".mcx"，本实例文件名定为"锥度套.mcx"。

2）或者单击"文件"工具栏的"新建"按钮 ，可以新建一个空白的".mcx"文件。

（3）相关属性状态设置

1）构图面设置。在属性状态栏的"线型"下拉列表框中单击"刀具面/构图平面"，打开一个菜单，根据车床加工的特点及编程原点设定的原则要求，从该菜单中选择"D 车床直径"→"设置平面到+D-Z"命令，如图 2-84 所示。

2）线型属性设置。在属性状态栏的"线型"下拉列表框中选择"中心线"线型，在"线宽"下拉列表框中选择表示粗实线的线宽，颜色设置为黑，如图 2-85 所示。

图 2-84　刀具平面/构图面的设置

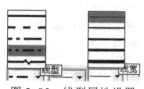

图 2-85　线型属性设置

3）构图深度、图层设置。在属性栏中设置构图深度为 0，图层设置为 1，如图 2-86所示。

图 2-86　构图深度及图层设置

（4）绘制中心线　车床零件在绘制 CAD 图建模时，一般采用先绘制中心线，画出回转零件体的一半，然后再用"镜像"操作，画出零件全图。这样绘制图形可减少操作，使绘制的图形变得简单。在"相关属性状态设置"完成后，继续下列操作：

1）激活绘制直线功能。

① 在菜单栏中选择"绘图"→"直线"→"绘制任意线"命令。

② 在"绘图"工具栏中单击"绘制任意线"按钮 ，系统弹出"直线"操作栏。

2）输入点坐标。第一种方法：在图 2-87 所示的"自动抓点"操作栏中输入坐标轴数值，按<Enter>键确认。

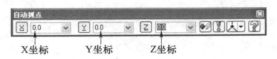

图 2-87　"自动抓点"操作栏

第二种方法：在如图 2-87 所示"自动抓点"操作栏的左边单击"快速绘点"按钮 ，弹出图 2-88 所示的坐标输入框，在坐标输入框中输入"D0Z0"，按<Enter>键确认。

图 2-88　坐标点输入框

3）在图 2-89 所示的"直线"操作栏的文本框 中输入直线段的长度"–46.0"，在文本框 中输入角度"0.0"。

图 2-89　"直线"操作栏

然后单击"确定"按钮 ，完成该中心线在"D+Z"坐标系中的绘制，如图 2-90 所示。

图 2-90　绘制中心线

（5）绘制轮廓线中的直线

1）对所要绘制的图素属性进行设置，将当前图层设置为 2，颜色设置为黑色，线型设置为实线，如图 2-91 所示。

图 2-91　图素属性设置

2）在"绘图"工具栏中选择"直线"→"绘制任意直线"命令，或者在"绘图"工具栏中单击"绘制任意线"按钮 ＼·，系统弹出"直线"操作栏。在"直线"操作栏中选中"连续线"按钮 ，接着在"自动抓点"操作栏中单击"快速绘点"按钮 ，或者直接按<空格>键，在出现的坐标点输入框中输入"0，0"，并按<Enter>键确认。

3）也可以运用第二种方法，在"自动抓点"操作栏中直接输入坐标轴的坐标值，并按<Enter>键确认。

4）使用上述坐标点输入的方法，依次输入其他外圆轮廓直线点的坐标，其他点的坐标依次为（D0，Z0）、（D38，Z0）、（D38，Z−13）、（D44，Z−13）、（D44，Z−15）、（D51，Z−15）、（D51，Z−23）、（D41，Z−23）、（D41，Z−24.5）、（D38，Z−36）及（D0，Z−36），按<Esc>键退出绘制直线功能。绘制出如图 2-92 所示的外圆轮廓线。

5）绘制内孔轮廓线。使用上述所述四种方法绘制内孔轮廓线，依次输入点的坐标（D28，Z0）、（D24.8，Z−32）、（D20，Z−32）及（D20，Z−36），按<Esc>键退出绘制直线功能，绘制出如图 2-93 所示的内孔轮廓线。

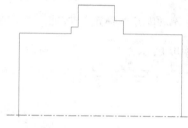

图 2-92　绘制外圆轮廓线

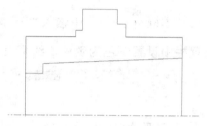

图 2-93　绘制内孔轮廓线

（6）倒角

1）在菜单栏选择"构图"→"倒角"命令，出现图 2-94 所示的"倒角"菜单栏。或者在"绘图"工具栏中单击"倒角"按钮 ，系统弹出图 2-95 所示的"倒角"操作栏，按照提示步骤操作。

图 2-94　"倒角"菜单栏

图 2-95　"倒角"操作栏

2）单击按钮 倒角(E)，出现如图 2-96 所示"倒角"属性设置栏。首先在"倒角距离"属性设置中选择"单一距离"选项如图 2-97 所示，然后在文本框 中输入倒角距离为"1"，最后单击"确定"按钮 完成倒角属性的设置。

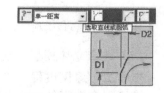

图 2-96　"倒角"属性设置栏

图 2-97　"倒角距离"属性设置

3）按照绘图界面中提示的"选取直线或圆弧"，选择要倒角的两个相邻图素。

4）按照上述操作步骤进行倒圆角操作并完成如图 2-98 所示轮廓。

5）通过镜像操作完成锥度套零件图的绘制。

① 对所要绘制的图素属性进行设置，单击图层按钮，出现如图 2-99 所示的"图层管理器"对话框。

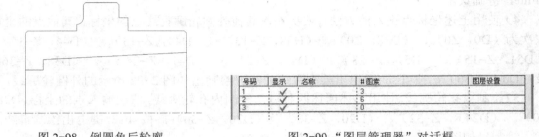

图 2-98　倒圆角后轮廓　　　　　　　图 2-99　"图层管理器"对话框

在文本框 编号: 3 中输入"3"，将当前图层设置为 3，单击"确定"按钮 √。在属性设置栏中设置颜色为黑色，线型设置为实线，如图 2-100 所示。

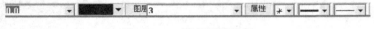

图 2-100　图素属性设置

② 选取要镜像的图素。

③ 在菜单栏选择"转换"→"镜像"命令，或者在"绘图"工具栏中单击"镜像"按钮，出现"镜像选项"对话框，在该对话框中选则"复制"和选取"D 轴"为镜像轴，结果如图 2-101 所示。

④ 单击"确定"按钮 √ 完成镜像选项设置，绘制如图 2-102 所示的锥度套零件。

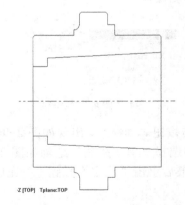

图 2-101　"镜像选项"对话框　　　　图 2-102　锥度套零件

（7）建立立体模型　建立加工零件的立体模型，有利于直观地检验零件是否正确。

步骤二　建模过程

锥度配合件零件一——锥度套的立体建模图按下列步骤完成：

1）锥度套在建立体实体模型时需要一个完整的串连图素。在"绘图"工具栏中单击"修剪图素"按钮 ⚙️，在系统弹出的"修剪图素"操作栏 ⚙️ ⊞ ⊞ ⊞ ⊞ ＼ 中单击"修剪单一图素"按钮 ⊞。按照绘图界面提示的"选取图素去修剪或延伸"操作修剪，修剪时点选需要保留的图素，修剪结果要使轮廓线闭合，如图 2-103 所示。

2）建模。

① 在主菜单栏中选择"实体"→"旋转实体"命令。

② 系统弹出如图 2-104 所示的"串连选项"对话框，在该对话框中单击" 〇〇〇 "，选取要进行旋转操作的串连曲线，选中后轮廓图素出现的箭头表示如图 2-105 所示，如需改变箭头方向要单击图 2-106 所示的"R 反向"按钮，单击"确定"按钮 ☑️ 完成串连曲线的选取。

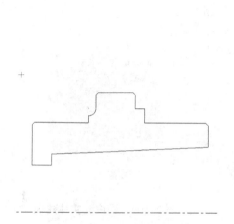

图 2-103　修剪轮廓线

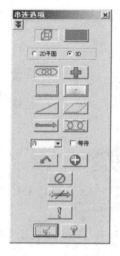

图 2-104　"串连选项"对话框

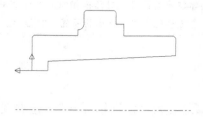

图 2-105　选中轮廓图素

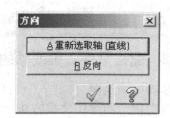

图 2-106　"方向"对话框

③ 单击中心线图素，选取水平中心线作为旋转轴，同时系统弹出"方向"对话框，如图 2-106 所示，在软件的图形界面中用箭头显示出旋转方向，可以通过该对话框来重新选取旋转轴或改变旋转方向，单击"确定"按钮 ☑️ 返回，完成旋转轴的选取。

④ 单击"确定"按钮 ☑️，产生旋转轴方向，如图 2-107 所示。同时弹出"旋转实体的设置"对话框，可以通过"旋转"和"薄壁"两个选项卡进行旋转参数的设置，如图 2-108 所示。

完成参数设置后，单击"确定"按钮 ☑️，完成锥度套实体的建模，如图 2-109 所示。

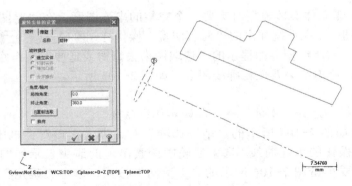

图 2-107　旋转轴方向

a)

b)

图 2-108　"旋转"和"薄壁"选项卡

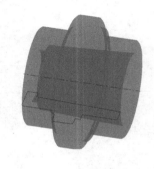

图 2-109　锥度套实体建模

加工技巧

选择选项时应该注意："旋转实体的设置"对话框与"实体挤出的设置"对话框相似，"角度/轴向"选项用区域来指定旋转实体的起始角度和终止角度。其他选项的意义参见"实体挤出的设置"对话框。

2.2.2　配合零件二锥度轴的绘图建模

步骤一　绘图

与实例一的绘图建模方法一样，锥度配合零件二定名为"锥度轴.mcx"，建立图 2-110 所示的绘制图形。

绘制锥度配合零件一、零件二的装配图时可采用移动零件的方法，具体方法如下：

（1）绘制配合零件　把所绘制的锥度配合零件一、零件二图形合并在一个绘图界面中，锥度配合零件一、零件二绘图坐标轴的原点相距一个图形的距离，合并结果如图 2-111 所示。

（2）装配零件

1）通过坐标值移动的方法绘制配合图形，选取需要移动图形的图素，然后单击工具栏

图 2-110　锥度配合零件二绘制图形

中的"□"按钮，出现如图 2-112 所示的"平移选项"对话框。

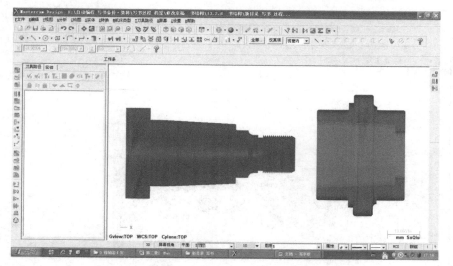 

图 2-111　锥度配合零件一、零件二合并图形　　　图 2-112　"平移选项"对话框

在该对话框中的"输入角度向量值"文本框内输入需要移动的绝对坐标轴数据，在"预览"项目栏中选择"适合屏幕"复选项 ☑ 再生 ☑ 适合屏幕，观察选取图素是否与需要的移动方向一致，若不一致，单击"改变方向"按钮 ⟷，则移动方向会改变 180°。预览移动图形图素正确后，单击按钮 ⊕，结束此次的图形移动操作，绘图界面会出现"平移：提示图素去平移"的提示，则可以进行下一次的平移操作，单击"确定"按钮 ✓，结束图形移动操作。如再需要平移图形图素操作，就需要重新单击工具栏中的按钮 □。

2）通过选取移动图形图素中某一点移动到另一点的方法绘制配合图形。如图 2-112 所示的"平移选项"对话框，在对话框中的"从一点到另一点 +1 ⟷ +2"部分单击按钮 +1，绘图界面会出现"选取移动起点"的提示，选取需要移动图形的其中一点（选择起点时最好选择配合零件中的配合图素点，这样有利于绘制配合图形），本实例中移动起点的选取如图 2-113 所示。

单击移动起点，按绘图界面会出现"选取移动终点"的提示选取移动图形需要到达的位置点，本实例中选取的移动终点如图 2-114 所示。

 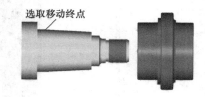

图 2-113　选取移动起点　　　　　　　　　图 2-114　选取移动终点

单击移动终点，按绘图界面会出现"图形区域位置的方框"的提示移动结束位置，图 2-115 所示为移动位置预览。

如移动位置与需要移动的位置正确，单击按钮 ⊕，结束此次的图形移动操作，零件一、零件二配合效果图出现在绘图界面，如图 2-116 所示；同时绘图界面会出现"平移：提示图素去平移"的提示，可以进行下一次的平移操作；单击"确定"按钮 √ ，结束图形移动操作。

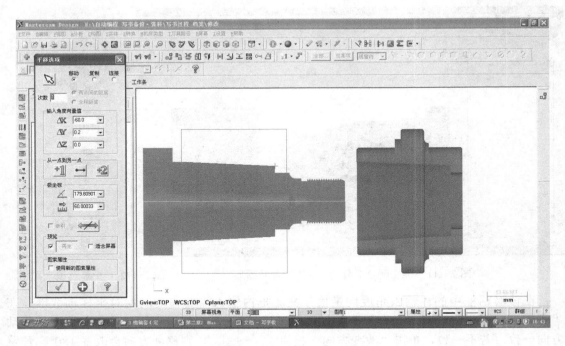

图 2-115　移动位置预览

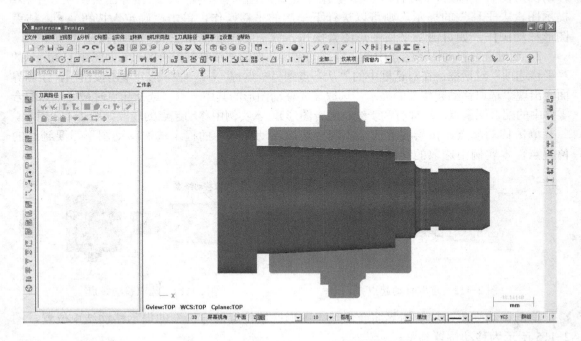

图 2-116　零件一、零件二配合效果图

完成了图形绘制和建模，下面进入 Mastercam X 自动编程前的工艺分析、安排加工顺序及加工路径等准备工作。

步骤二 实例零件加工工艺流程分析

（1）配合要求分析 该配合件由两个零件一、零件二组合而成，如图 2-109、图 2-110 所示；装配图 2-111 是由零件一中∠1:10 外圆锥体与零件二中∠1:10 内锥孔配合在一起，内锥孔与配合件的外圆锥体配合后，轴套左端与锥度轴轴肩距离保证其尺寸公差及 $\boxed{\odot\ 0.015\ A}$；锥形体配合表面保证 70% 以上及圆锥母线的正确；双头 M16 外螺纹与螺母配合旋紧，螺纹配合精度 6H 的配合长度为 12mm。

本实例零件加工总体的安排顺序：先加工零件一，再加工零件二。

（2）锥度套零件加工工艺分析（图 2-80）

1）零件结构分析。锥度套由台阶外圆 $\phi 38$mm、$\phi 44$mm，滚花 $\phi 51$mm、$\phi 44$mm，$R1.5$mm 外圆弧，内孔 $\phi 20^{+0.025}_{0}$ mm 及内锥孔 $\phi 28^{+0.025}_{0}$ mm 等组成，总长度为 36mm 的内圆锥套。

2）加工使用刀具分析。零件一锥度套由于存在高台阶外圆、内锥孔及高台阶内孔等结构，因此在加工时应考虑刚性、刀尖圆弧半径补偿及切削用量等问题，尤其应重点考虑加工锥度时刀具与内孔不会发生干涉碰撞现象。

3）精度分析。零件多个直径尺寸精度要求高，有外圆 $\phi 38^{0}_{-0.03}$ mm、内孔 $\phi 20^{+0.025}_{0}$ mm 及内锥孔 $\phi 28^{+0.025}_{0}$ mm 等精度尺寸，总长保证 36 ± 0.10mm；有几何公差内、外圆同轴度要求 $\boxed{\odot\ 0.03\ A}$，内台阶孔垂直度要求 $\boxed{\perp\ 0.02\ A}$ 及锥度母线轮廓度 $\boxed{\frown\ 0.1\ A}$ 等几何公差；关键表面要求表面粗糙度 Ra 值为 $1.6\ \mu m$ 等，因此在加工时不但应考虑工件的加工刚性、刀具的中心高、刀具的刚性及加工工艺等问题，还应考虑刀具的锋利程度问题。

4）定位及装夹分析。由于工件毛坯材料的长度较短，因此工件采用自动定心卡盘装夹，毛坯轴向定位，工件装夹时的夹紧力作用于工件上的轴向力要适中，要防止工件在加工时的松动。本实例加工时采用 $\phi 52$mm 的棒料塞入机床主轴孔内，伸出适当长度装夹加工，每次加工伸出的材料长度需一致。

5）加工工步分析。经过以上剖析，零件一上有高台阶外圆，内孔的车削加工及外圆形状较复杂，加工难度较大，所以车削刀具的主偏角要小于 90°，内孔镗刀采用盲孔镗刀，刀杆宽度要保证不碰撞内圆表面。

① 首先车加工端面。

② 用外圆粗车刀粗加工右边各外圆表面。

③ 用麻花钻钻削加工内孔 $\phi 20^{+0.025}_{0}$ mm 的预孔。

④ 用内孔粗镗刀粗加工内锥孔及内孔。

⑤ 用外圆精车刀精加工右边各外圆表面。

⑥ 用内孔精镗刀精加工内锥孔。

⑦ 用切槽刀粗车削左边各外圆。

⑧ 切断并保证零件调头车削端面的余量为 0.2mm。

⑨ 调头装夹右边外圆 $\phi 38^{0}_{-0.03}$ mm，精加工端面，保证零件总长。

⑩ 车加工左边各外圆。

6）刀具安排。锥度套零件车加工所需刀具根据以上工艺分析，其刀具安排见表 2-4。

表 2-4　锥度套零件刀具安排　　　　　　　　（单位：mm）

产品名称或代号		锥度螺纹轴		零件名称	锥度螺纹轴	零件图号	HDJG-1
刀具号	刀具名称	刀具规格名称		材料	数量	刀尖半径	刀杆规格	备注
T0101	外圆机夹粗车刀	刀片	CCMT06204-UM	PMCPT30	1	0.4		
		刀杆	MCFNR2525M16	GC4125			25×25	
T0202	外圆啄式精车刀	刀片	VMNG160404-MF	MCPT25	1	0.2		
		刀杆	MVJNR2525M08	GC4125			25×25	
T0303	钻头	ϕ18		W6Mo5CrV2	1		莫氏 4 号	
T0404	盲孔粗镗刀	刀片	TLCR10	PMCPT25	1	0.2		
		刀杆	S20Q-STLCR10	GC4125			20×20	
T0505	盲孔精镗刀	刀片	TLPR10	PMCPT35	1	0.2		
		刀杆	S20Q-STLPR10	GC4125			20×20	

7）切削用量选择。配合零件一锥度套工序流程安排见表 2-6。

（3）锥度轴零件加工工艺分析（图 2-81）

1）零件图工艺分析。该零件表面由圆柱 $\phi38_{-0.03}^{0}$ mm、圆锥 $\phi28_{-0.03}^{0}$ mm 及双线螺纹 M16 等表面组成，有较严格的尺寸精度和表面粗糙度等的要求，锥度尺寸公差还兼有控制该零件形状（线轮廓）误差的作用。零件材料为 45 钢，无热处理和硬度要求。

通过上述分析，采取以下几点工艺措施：

2）对图样上给定的几个精度要求较高的尺寸，因其公差数值较小，故编程时不必取平均值，宜全部取其基本尺寸下差。

② 在轮廓线上，有一处为斜直线的轮廓线，在加工时应进行机械间隙和刀具圆弧半径补偿，以保证轮廓线的准确性。

③ 零件二锥度轴外圆 $\phi38_{-0.03}^{0}$ mm 为基准外圆，外圆 $\phi28_{-0.03}^{0}$ mm 几何公差 ◎ | 0.03 | A |，台阶外圆 $\phi20_{-0.03}^{0}$ mm 几何公差 ⊥ | 0.02 | A |、◎ | 0.03 | A |；为便于装夹，毛坯件左端应预先车出夹持部分，右端面也应先粗车并钻好中心孔。本实例加工无热处理和硬度要求，所以采取毛坯尺寸为 $\phi40$mm×75mm 的段料加工。

2）确定装夹方案。确定毛坯轴线和外圆表面（设计基准）为定位基准。鉴于同轴度的要求，增加一次装夹（装夹工艺夹头如工艺表 2-7 虚线所示），并采用自定心卡盘定心夹紧、右端活动顶尖支承的装夹方式。

3）确定加工顺序及进给路线。加工顺序按由粗到精、由近到远（由右到左）的原则确定，即先从右到左进行粗车（留 0.6～0.8mm 的精车余量），然后从右到左进行精车，最后车螺纹。

Mastercam X 数控车床模块具有粗车循环和车螺纹循环功能，只要正确使用参数设置，软件系统就会自动确定其进给路线，因此不需要人为确定粗车和车螺纹的进给路线，但精车的进给路线需要人为确定，本实例中零件的加工是从右到左沿零件表面轮廓进给。

4）刀具选择。

① 选用 $\phi2$mm 中心钻钻削中心孔。

② 粗车及平端面选用 90°硬质合金右偏刀，为防止副后刀面与工件轮廓发生干涉（可用干涉法检验），副偏角不宜太小，选 $k_r'=35°$。

③ 为减少刀具数量和换刀次数，精车和车螺纹选用硬质合金 60°外螺纹车刀，刀尖圆弧半径应小于轮廓最小圆角半径，取 $r_\varepsilon=0.15\sim0.2mm$。

将所选定的刀具填入表 2-5 中，以便编程和操作管理。

表 2-5　锥度轴零件数控加工刀具卡片　　　　　　　　　　（单位：mm）

产品名称或代号		锥度螺纹轴		零件名称	锥度螺纹轴	零件图号	HDJG-1
刀具号	刀具名称		刀具规格名称	材料	数量	刀尖半径	刀杆规格	备注
T0101	90°外圆机夹粗车刀	刀片	CCMT06204-UM	PMCPT30	1	0.4	25×25	
		刀杆	MCFNR2525M16	GC4125				
T0202	外圆啄式精车刀	刀片	VMNG160404-MF	MCPT25	1	0.2	25×25	
		刀杆	MVJNR2525M08	GC4125				
T0303	中心钻		$\phi2.5$	W6Mo5CrV2	1		莫氏 4 号	
T0404	硬质合金 60°外螺纹车刀	刀片	11ERA60	CPS20	1	0.2	20×20	
		刀杆	SER1212H16T	GC4125				

5）切削用量选择。具体参数选择见表 2-6。

① 背吃刀量的选择。轮廓在粗车时选 $a_p=2.5mm$，精车时 $a_p=0.35mm$；螺纹粗车循环时选 $a_p=0.4mm$，精车时 $a_p=0.1mm$。

② 主轴转速的选择。车直线轮廓时，查切削手册，选粗车切削速度 $v_c=90m/min$、精车切削速度 $v_c=110m/min$；利用公式计算主轴转速：粗车 500r/min、精车 1000r/min；利用公式 $n\leqslant\dfrac{1000}{P}-k$ 计算主轴转速：车螺纹时主轴转速 320r/min。

③ 进给速度的选择。查切削手册，粗车、精车进给量分别为 0.3mm/r 和 0.15mm/r。在根据公式计算粗车、精车进给速度分别为 200mm/min 和 180mm/min。

（4）工序流程安排

1）根据配合零件一锥度套的加工工艺分析，其工序流程安排见表 2-6。

表 2-6　配合零件一锥度套工序流程安排

单位		产品名称及型号		零件名称		零件图号	
扬州大学		配合零件		锥度套		002	
工序	程序编号		夹具名称		使用设备		工件材料
001	Lathe-02		自定心卡盘		CK6140-A		45 钢
工步	工步内容	刀号	切削用量	备注		工序简图	
1	车端面	T0101	$n=800r/min$ $f=0.2mm/r$ $a_p=1mm$	三爪装夹			

（续）

工步	工步内容	刀号	切削用量	备注	工序简图
2	粗车加工右边各外圆表面	T0101	n=600r/min f=0.2mm/r a_p=2mm		
3	外圆滚花	T0202	n=300r/min f=0.35mm/r a_p=0.3mm	滚花刀	
4	钻削加工预孔	T0303	n=400r/min f=0.28mm/r	ϕ19.5mm 麻花钻	
5	粗车加工内锥孔及内孔	T0404	n=500r/min f=0.18mm/r	盲孔镗孔刀	
6	精车加工右边各外圆表面	T0101	n=1000r/min f=0.02mm/r a_p=0.3mm	啄式尖车刀	
7	精车加工内锥孔及内孔	T0404	n=600r/min f=1.5mm/r	盲孔镗孔刀	
8	切槽刀粗车削左边各外圆	T0404	n=600r/min f=0.08mm/r	B=3mm 切断刀	

（续）

工步	工步内容	刀号	切削用量	备注	工序简图
9	保证总长切断，留余量0.2mm	T0101	$n=1000$r/min $f=0.02$mm/r $a_p=0.3$mm	铜皮保护装夹，校调跳动	
10	精车加工左边各外圆及端面，保证总长	T0101	$n=1000$r/min $f=0.06$mm/r	调头装夹右边外圆 $\phi38_{-0.03}^{0}$ mm	

2）根据配合零件二锥度轴的加工工艺分析，其工序流程安排见表 2-7。

表 2-7 配合零件二锥度轴工序流程安排

单位	产品名称及型号		零件名称	零件图号
扬州大学			锥度螺纹轴	003
工序	程序编号	夹具名称	使用设备	工件材料
002	Lathe-03	自定心卡盘和尾座顶尖	CK6140-A	45 钢
工步	工步内容	刀号	切削用量	备注	工序简图
1	车端面加工工艺夹头$\phi25$mm×5	T0101	$n=600$r/min $f=0.2$mm/r $a_p=1.5$mm	限位三爪装夹	
2	钻削中心孔	T0202	$n=800$r/min $f=0.3$mm/r	调头装夹工艺夹头，卡爪靠实台阶	
3	粗车外圆轮廓	T0101	粗车加工 $n=600$r/min $f=0.02$mm/r $a_p=1.6$mm	顶尖支撑	
4	精车外圆轮廓	T0101	精车加工 $n=1000$r/min $f=0.08$mm/r $a_p=0.3$mm	顶尖支撑	

（续）

工步	工步内容	刀号	切削用量	备注	工序简图
5	车螺纹退刀槽	T0303	n=600r/min f=0.1mm/r	B=2mm 外圆切槽刀 （顶尖支撑）	
6	车螺纹	T05504	n=400r/min f=3.5mm/r	60°螺纹车刀（顶尖支撑）	
7	切除工艺夹头，保证总长	T0101	n=1000r/min f=0.02mm/r a_p=0.3mm	调头装夹ϕ28mm 外圆，软三爪装夹，校调	

步骤三　自动编程操作

（1）绘制加工轮廓线　在打开的 Mastercam X 中，单击绘图区域下方"属性栏"，系统弹出"图层管理器"界面，打开零件轮廓线图层 1，关闭其他图素的图层，结果显示所需要的粗加工外轮廓线如图 2-117 所示。

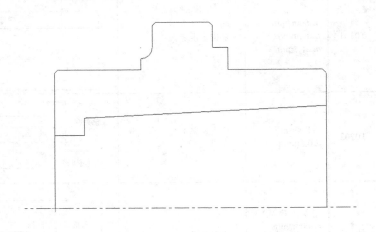

图 2-117　粗加工外轮廓线

（2）设置机床系统　在打开的 Mastercam X 中，从菜单栏中选择"机床类型"→"车床"→"系统默认"命令，可选用默认的车床加工系统，如图 2-118 所示。指定车床加工系统后，在"刀具路径"选项卡中出现"加工群组属性"操作栏，如图 2-28 所示，设置结束后打开菜单栏的"刀具路径"菜单。

图 2-118 机床选择

（3）设置加工群组属性 在"加工群组属性"对话框中包含材料设置、刀具设置、文件设置及安全区域四项内容。文件设置一般采用默认设置，安全区域根据实际情况设定，本加工实例主要介绍刀具设置和材料设置。

1）打开设置界面。单击"机床系统"→"车床"→"系统默认"命令后，出现"刀具路径"选项卡如图 2-119 所示，单击"加工群组属性"树节点菜单下的"材料设置"选项。系统弹出"加工群组属性"对话框中的"材料设置""刀具设置""文件设置""安全区域"设置选项卡，如图 2-120 所示，并自动切换到"材料设置" 选项卡。

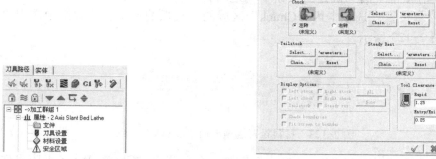

图 2-119 "加工群组属性"树节菜单

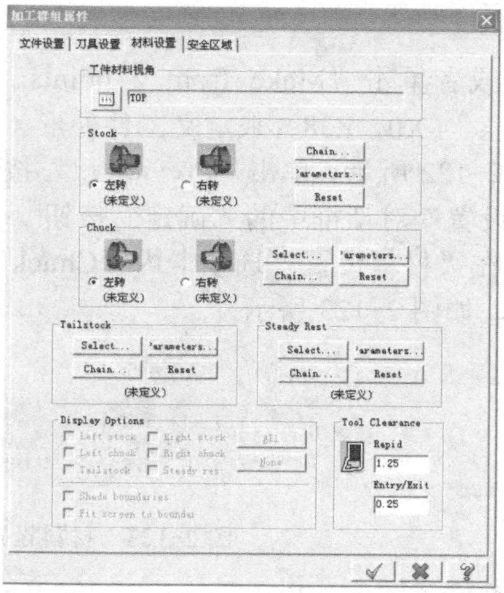

图 2-120 "加工群组属性"对话框

2）设置材料参数。

① 在弹出的"材料设置、刀具设置、文件设置、安全区域"设置选项卡中，单击"材料设置"选项卡，在该选项卡中设置如下内容。

② 工件材料视角采用默认设置"TOP"视角，如图 2-120 所示。

③ 在"Stock"选项区域选中"左转"复选项，如图 2-121 所示，单击"Parameters"按钮，系统弹出如图 2-122 所示的"Bar Stock"对话框。在该对话框中设置毛坯材料为 ϕ52mm 的棒料，在"OD"文本框中输入"52"，在"长度"文本框中输入棒料长度，在"基线 Z"文本框中输入"38"（数据根据采用的坐标系不同而不同），选择基线在毛坯的右端面处 ○ On left face ● On right face，单击"Preview...（预览）"按钮，出现的材料设置符合预期后，单击该对话框中的"确定"按钮 ✓ ，完成材料参数的设置。

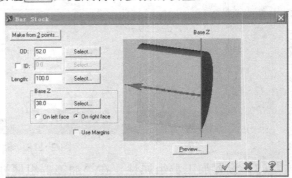

图 2-121 "Stock"选项区域　　　　　　图 2-122 "Bar Stock"对话框

技巧提示

　　为了保证毛坯装夹，毛坯长度应大于工件长度；在"基线 Z"处设置基线位置，文本框中数字设定基线的 Z 轴坐标（坐标系以 Mastercam X 绘图区的坐标系为基准），左、右端面是指基线放置于工件左端面处或右端面处。

④ 或者单击"Make from 2 points..."按钮，在提示下依次输入两点坐标（X26，Z-100）、（X0，Z38）来定义工件外形（也可以在需要的位置点直接单击获取），设置结果如图 2-122 所示。单击"Preview..."按钮，出现的毛坯设置符合预期后，然后单击"工件毛坯设置"对话框中的"确定"按钮 ✓ 返回。

⑤ 在"材料设置"选项卡内"Chuck"区域的"夹爪的设定"选项组中选中"左转"单选项，如图 2-123 所示。

图 2-123　材料设置选项卡内"Chuck"区域

接着单击该选项组中的"Parameters"按钮，系统弹出"Chuck Jaw（机床组件夹爪的设定）"对话框如图 2-124 所示。在"Position（夹持位置）"选项区域内选中"从素材算起"复选项 ☑ From stock 和"夹在最大直径处"复选项 ☑ Grip on maximum diameter ，设置卡爪大小与工件大小的匹配尺寸以及其他的参数，如图 2-124 所示。

配合零件一锥度套不需要尾座支撑，故不进行设置。

在"Chuck Jaw"对话框最下边的"Display Options"选项区域中设置如图 2-125 所示

的显示选项。

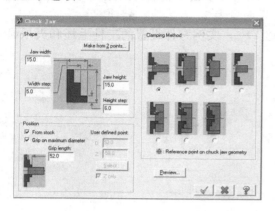

图 2-124　机床组件夹爪的设定

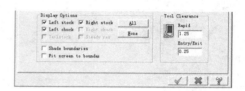

图 2-125　设置显示选项

技巧提示

"Display Options"选项区域中各选项含义如下：

选　　项	含　　义	选　　项	含　　义
Left stock	左侧素材	Right stock	右侧夹头
Left ckuck	左侧夹头	Right ckuck	右侧夹头
Tailstock	尾座	Steady res	中心架
Shade bonudaries	设置范围着色	Fit screen bonudar	显示适度化范围

3）设置刀具参数。在"加工群组属性"对话框中单击"刀具设置"选项，系统弹出"刀具设置"选项卡，在该选项卡中设置如图 2-126 所示的内容。

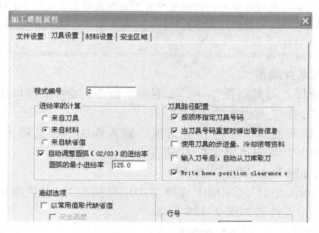

图 2-126　"刀具设置"选项卡

其他设置内容含义如下：

① 程式编号。在文本框程式编号 中输入 2，输出程序名称为 O002。

② 进给率的计算。选择"来自刀具",系统从刀具参数中获取进给速度。

③ 行号。设定输出程序时的行号为 10,行号增量为 2。

设置完成后单击该对话框中的"确定"按钮 ✓ ,实例零件设置的工件毛坯和夹爪显示如图 2-127 所示。

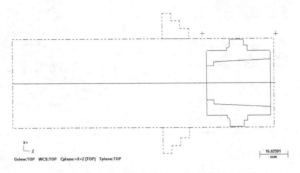

图 2-127 实例零件设置的工件毛坯和夹爪显示

"左转"的判断原则:要根据所使用机床的实际情况及具体特点进行设置,如一般斜导轨转塔式数控车床和水平导轨四方刀架数控车床的主轴转向不一样。

拓展思路

切削速度和进给率的确定

车床材料定义对话框为新毛坯材料定义切削速度和进给率,并改变现存毛坯材料的速度和进给率,当定义一种新程序或编辑一种现存的材料时,必须懂得在多数车床上操作的基本知识,才能定义材料的切削速度和进给率,主轴速度将常数表面速度(CSS)用于编程,刀具的切削速度总是保持不变。

除钻削和车螺纹外,都用 r/min 编程,车螺纹进给率不包括在材料定义中,必须用螺纹车刀定义,当调整缺省材料和定义新材料时,必须设置下列参数:①设置使用该材料的所有操作和基本切削速度;②设置每种操作形式基本切削速度的百分率;③设置所有刀具形式的基本进给率;④设置每种刀具形式基本进给率的百分率;⑤选用加工材料的刀具形式材料;⑥设定已定单位(in、mm、m);⑦对车床材料的定义对话框各选项进行解释。

(4)车削锥度套零件端面

1)在菜单栏中选择"刀具路径"→"车端面"命令,或者直接单击菜单栏中的"刀具路径"选项卡,接着单击工具栏中的按钮 ⅲ 。

2)系统弹出"输入新 NC 名称"对话框,输入新的 NC 名称为"车削加工综合实例——锥度螺纹轴",单击"确定"按钮 ✓ 。

3)系统弹出"Lathe Face 属性"对话框。

在"Toolpath parameters"选项框中选择 T0101 外圆车刀,并按照以上工艺分析的工艺要求设置参数数据,设置结果如图 2-128 所示。

4)切换至"车端面参数(Face parameters)"选项框,在"预留量"选项框 ▭ 中设置为 0,根据工艺要求设置车端面的其他参数,如图 2-129 所示。

5)单击"选点"按钮 ▭ ,在绘图区域分别选择车削端面区域内对角线的两点坐标来定义,确定后回到"Face parameters"对话框;或者选中"使用材料 Z 轴坐标"

复选项 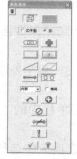，在输入框内输入零件端面的 Z 向坐标。

6）在 Lathe Face 属性"对话框中单击"确定"按钮 ✓，生成车端面的刀具路径，如图 2-130 所示。

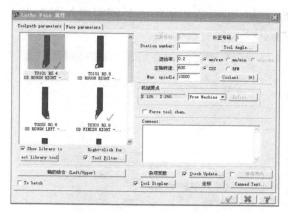

图 2-128　选择车刀和刀具路径参数

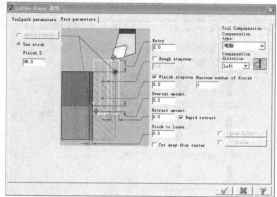

图 2-129　设置车端面的其他参数

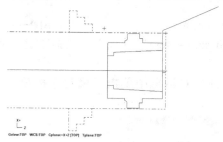

图 2-130　生成车端面的刀具路径

7）在"刀具路径"选项卡中选择车端面操作，单击按钮 ≋，从而隐藏车端面的刀具路径。

（5）粗车外圆

1）在菜单栏中选择"刀具路径"→"粗车"命令，或者直接单击菜单栏中的"刀具路径"选项卡，接着单击工具栏中的按钮 ▤。

2）系统弹出"串连选项"对话框，如图 2-131 所示。

单击"部分串连"按钮 ▨ ▨，并选中"接续"复选项，按指定顺序加工高台阶外圆轮廓，如图 2-132 所示。在"串连选项"对话框中单击"确定"按钮 ✓，完成粗车轮廓外形的选择。

图 2-131　"串连选项"对话框

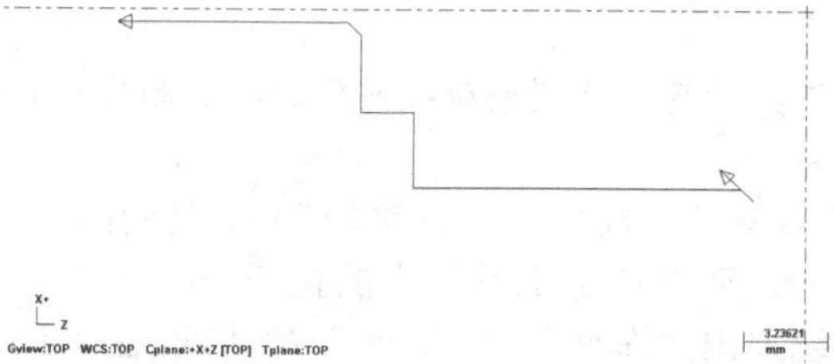

图 2-132　粗车轮廓外形的选择

3）系统弹出"车床粗加工 属性"对话框。

① 在"Toolpath parameters"选项卡中选择 T0101 外圆车刀，并根据工艺分析要求设置相应的进给率、主轴转速及 Max.spindle 等参数如图 2-133 所示。

② 刀具根据零件外形选取，如没有合适的刀具，可双击相似的刀具图案进入图 2-134 所示的"刀具设置"对话框，根据需要自行设置刀具。

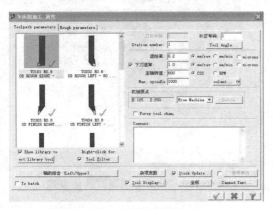

图 2-133　刀具路径参数设置

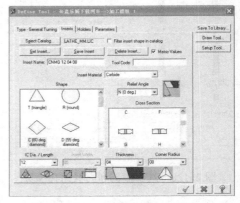

图 2-134　"刀具设置"对话框

4）切换至"Quick rough parameters"选项卡，根据工艺分析设置图 2-135 所示的粗车参数。

5）在"车床粗加工 属性"对话框中单击"确定"按钮 ☑ ，生成粗车刀具路径如图 2-136 所示。

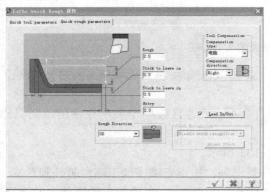

图 2-135　设置粗车参数

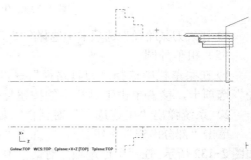

图 2-136　生成粗车刀具路径

6）在"刀具路径"选项卡中选择该粗车操作，单击按钮 ≋ ，从而隐藏车端面的刀具路径。

（6）外圆滚花　外圆滚花在操作时吃刀量要设计正确，其余步骤与（5）粗车外圆一样。

（7）钻孔

1）在菜单栏中选择"刀具路径"→"钻孔"命令，或者直接单击菜单栏中的"刀具路径"选项卡，接着单击工具栏中的按钮 🖳 。

2）系统弹出"车床钻孔 属性"对话框，在"Toolpath parameters"选项卡中选择 T4646 钻孔刀具，并双击此图标，在出现的"Chuck Jaw"对话框中设置钻头直径为 19mm（钻孔

直径为 ϕ19.5mm），如图 2-137 所示。

在"机械原点"下拉列表中选择"User defined（使用者自定义）"，单击"Define（定义）"按钮，在"机械原点-使用者定义"对话框 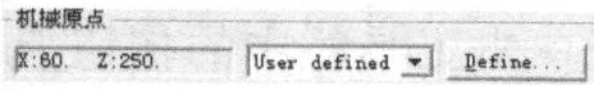 中单击"Define"按钮输入坐标值（60，150）作为机械原点位置，其他采用默认值，并根据工艺要求设置相应的进给率、主轴转速及最大主轴转速等，设置完成的"刀具路径"选项卡如图 2-138 所示。

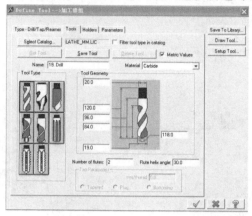

图 2-137 "车床-钻孔 属性"对话框

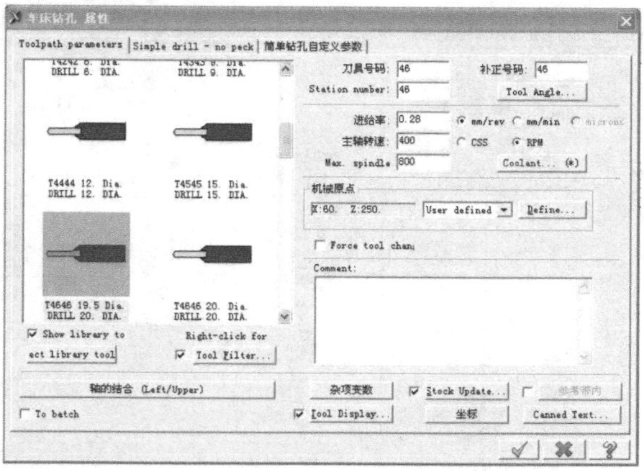

图 2-138 设置刀具路径参数

3）切换至"Simple drill-no peck（深孔钻-无啄孔）"选项卡，采用增量坐标编程，钻孔起始位置坐标为（0，36），设置钻孔深度为–40mm，安全高度为 5mm，参考高度为 2mm，其他参数采用默认设置，根据工艺要求设置如图 2-139 所示的钻孔参数。

4）在"车床钻孔 属性"对话框中单击"确定"按钮，创建钻孔刀具路径如图 2-140 所示。

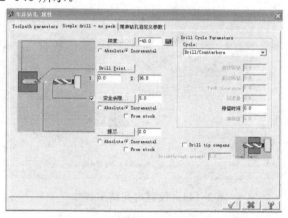

图 2-139 "深孔钻-无啄孔"选项卡

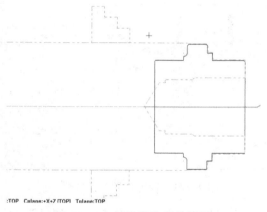

图 2-140 创建钻孔刀具路径

技巧提示

钻孔加工时，"刀具路径参数"列表中显示的所有规格的钻头，其刀号码按照系统默认的顺序排列，在 Mstercam X 中选刀时，只考虑刀具的实际直径，不考虑刀具号码，因此选择 T0101 号中心钻。

钻孔位置是钻孔的起始坐标，根据绘图区钻孔实际坐标确定。

中心钻加工是钻孔或镗孔的前道工序，一般中心孔深度较小。

（8）粗车加工内孔及内锥孔

1）在菜单栏中选择"刀具路径"→"粗车"命令，或者直接单击菜单栏中的"刀具路径"选项卡，接着单击工具栏中的按钮 📇，系统弹出"串连选项"对话框，单击"部分串连"按钮 📖，如图 2-141 所示，按顺序指定加工轮廓。指定加工轮廓后在"串连选项"对话框中单击"确定"按钮 ✓，出现图 2-142 所示的串连轮廓图。

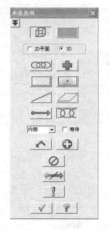

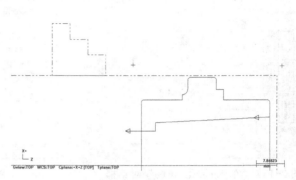

图 2-141　指定加工轮廓　　　　　　　　　图 2-142　串连轮廓图

2）系统弹出"Lathe Quick Rough 属性"对话框，在"Quick tool parameters"选项卡中选择 T0909 车刀，并按工艺要求设置相应的参数，如图 2-143 所示。

3）切换至"Quick rough parameters"选项卡，设置如图 2-144 所示的内孔精车参数。

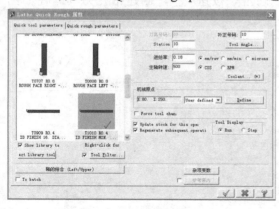

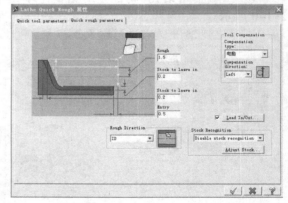

图 2-143　设置刀具路径参数　　　　　　　图 2-144　设置内孔精车参数

4）在"Lathe Quick Rough 属性"对话框中单击"确定"按钮 ✓，创建粗车加工刀具路径如图 2-145 所示。

（9）精车加工内孔及内锥孔

1）在菜单栏中选择"刀具路径"→"精车"命令，或者直接单击菜单栏中的"刀具路径"选项卡，接着单击工具栏中的按钮 📇。

系统弹出"串连选项"对话框，单击"部分串连"按钮 📖，如图 2-146 所示。按顺序指定加工轮廓，指定加工轮廓后在"串连选项"对话框中单击"确定"按钮 ✓，出现

图 2-147 所示的串连轮廓图。

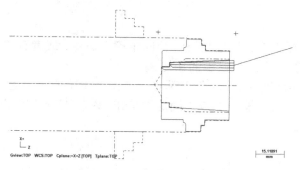

图 2-145　粗车加工刀具路径

图 2-146　指定加工轮廓

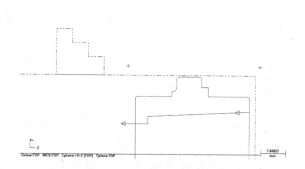

图 2-147　串连轮廓图

2）系统弹出"车床精加工 属性"对话框，在"Toolpath parameters"选项卡中选择 T1313 车刀并按工艺要求设置相应的参数，如图 2-148 所示。

3）切换至"Finish parameters"选项卡，设置如图 2-149 所示的内孔精车参数。

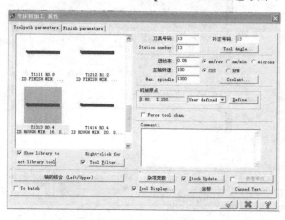

图 2-148　设置刀具路径参数

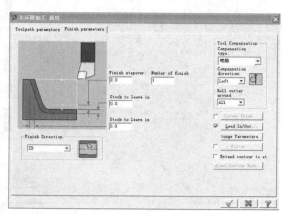

图 2-149　设置内孔精车参数

4）在"车床精加工 属性"对话框中单击"确定"按钮 ✓，创建精车加工刀具路径如图 2-150 所示。

（10）车削宽槽

1）在菜单栏中选择"刀具路径"→"径向车槽"命令，或者直接单击菜单栏中的"刀具路径"选项卡，接着单击工具栏中的按钮 ▦ 。

2）系统弹出"Grooving Options"对话框，如图 2-151 所示。选中"2points"复选项，在"Grooving Options"对话框中单击"确定"按钮 ✓，完成加工图素方式的选择。

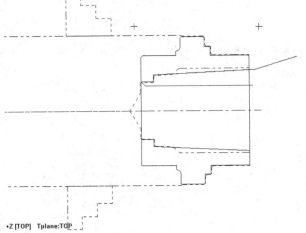

图 2-150　精车加工刀具路径　　　　　　图 2-151　"选择切槽方式"对话框

在出现的零件图车削加工轮廓线中依次单击车削槽区域中对角线上的点，区域选择如图 2-152 所示，接着按<Enter>键。

3）系统弹出"车床开槽 属性"对话框，在"Toolpath parameters"选项卡中选择 T2424 外圆车刀，并根据工艺分析要求设置进给率为 0.1mm/r、主轴转速为 400r/min、Msx.spindle 为 1000r/min 等，如图 2-153 所示。

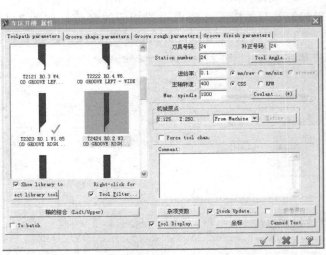

图 2-152　区域选择　　　　　　图 2-153　"车床开槽 属性"对话框

切槽的加工速度一般较车削外圆的加工速度小，一般为正常外圆加工速度的 2/3 左右。进给率的单位一般选择 mm/r。

4）切换至"Groove shape parameters"选项卡，各参数设置参照 2.1 实例一锥度螺纹轴加工切槽的参数设置。

5）切换至"Groove rough parameters"选项卡，各参数设置参照 2.1 实例一锥度螺纹轴加工切槽的参数设置。

6）切换至"Groove finish parameters"选项卡，各参数设置参照 2.1 实例一锥度螺纹轴加工切槽的参数设置。

7）在"车床开槽 属性"对话框中单击"确定"按钮 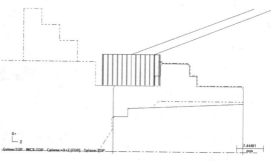 ，生成开槽刀具路径如图 2-154 所示。

图 2-154　生成开槽刀具路径

8）在"刀具路径"选项卡中选择该粗车操作，单击按钮 ≋ ，从而隐藏车端面的刀具路径。

（11）精车右端外圆表面

1）在菜单栏中选择"刀具路径"→"精车"命令，或者直接单击菜单栏中的"刀具路径"选项卡，接着单击工具栏中的按钮 ☎ 。

2）系统弹出如图 2-155 所示的"串连选项"对话框，选中"部分串连"按钮 ◯◯ ，并选中"接续"复选项，按顺序指定加工轮廓，如图 2-156 所示。在"串连选项"对话框中单击"确定"按钮 ✔ ，完成精车轮廓外形的选择。

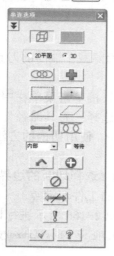

图 2-155　精车轮廓外形的选择

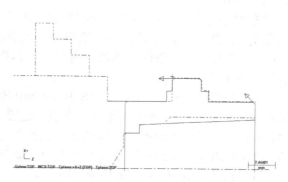

图 2-156　指定加工轮廓

3）系统弹出"车床精加工 属性"对话框，在"Toolpath parameters"选项卡中选择 T0303 外圆车刀，并按工艺要求设置相应的进给率、主轴转速及 Max.spindle 等，如图 2-157 所示。

4）切换至"Finish parameters"选项卡，根据工艺要求设置图 2-158 所示的精车参数。

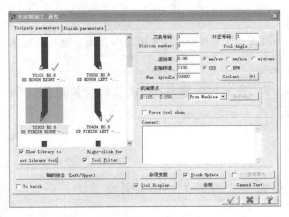

图 2-157 "刀具参数" 选项卡

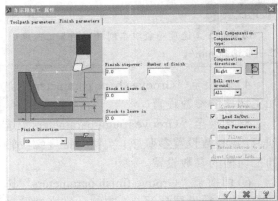

图 2-158 设置精车参数

5）在"车床精加工 属性"对话框单击"确定"按钮 ✓，生成精车刀具路径，如图 2-159 所示。

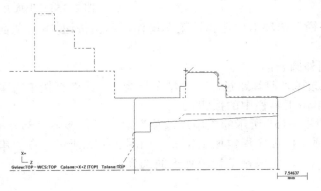

图 2-159 生成精车刀具路径

6）在"刀具路径"选项卡中选择该精车操作，单击按钮 ≋ 从而隐藏车端面的刀具路径。

（12）工件切断

1）在菜单栏中选择"刀具路径"→"径向切断"命令；或者直接单击菜单栏中的"刀具路径"选项卡，接着单击工具栏中的按钮 ◔；或者在菜单栏中选择"刀具路径"→"切断"命令；或者单击"刀具路径"选项卡内左边工具栏中的按钮 ⛁，使用切槽的方法处理。这里介绍按钮 ◔ 的使用方法。

2）单击该按钮后，系统弹出提示"Select cutoff boundry point（选择切断的边界点）"来切断起始点，单击选择的切断位置点（这里的位置点是加工好的工件左端点）。

3）系统弹出"Lathe Cutoff（车床切断）属性"对话框，如图 2-160 所示进行设置。

① 在"Toolpath parameters"选项卡中选中"显示刀具"复选项 ☑ Show library to。

② 在刀具列表区域选择 T2323 外圆切断车刀。

③ 在"机械原点"下拉列表中选择"User defined"单击"Define..."按钮，系统弹出"Home Position-User D...（换刀点-使用者自定义）"对话框在该对话框中输入坐标值（D50，Z120）作为换刀点位置，单击"确定"按钮 ✓，完成换刀点设置。并根据工艺分析要求设置进给率为 0.1mm/r、主轴转速为 480r/min、最大主轴转速为 1000r/min 等。

4）切换至"Cut off parameters（径向切断 参数）"选项卡如图 2-161 所示。

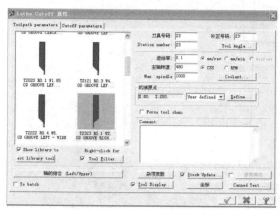

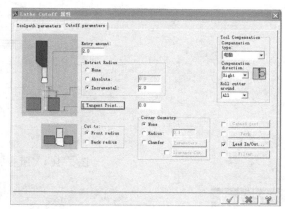

图 2-160　"Lathe Cutoff（车床切断）属性"对话框　　　　图 2-161　设置径向切断参数

① 该选项框中设置"Entry amount（进刀延伸量）"为 5mm。

② "Retract Radius（退刀距离）"采用"增量坐标 ⊙ Incremental: ⌷2.0⌷"。

③ 在"增量坐标"文本框中输入"2"，在"X Tangent Point…（X 的相切位置）"文本框中输入"0"（输入数据与 Select cutoff boundry point（选择切断的边界点）有关），"切深位置 ⊙ Front radius"选择"前端直径 ⊙ Front radius"，"转角的图形 Corner Geometry ⊙ None"选择"无 ⊙ None"。

④ 点选"进、退刀方式 ☑ Lead In/Out…"进入"Lead In/out（进、退刀方式）"对话框，在"Lead out（退刀）"选项卡中设置"退刀量 Length: 22.0"，并在图 2-162 所示的文本框中输入"220"（切入直径的距离，如设置不正确会发生撞刀现象），其他根据工艺分析要求设置或默认设置。

5）在"Lathe Cutoff 属性"对话框中单击"确定"按钮 ☑，生成切断工件刀具路径如图 2-163 所示。

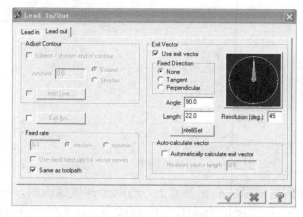

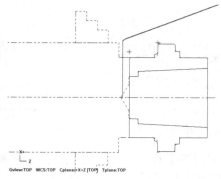

图 2-162　设置退刀参数　　　　　　　　　　图 2-163　生成切断刀具路径

6）在"刀具路径"选项卡中选择该粗车操作，单击按钮 ≋，从而隐藏车端面的刀具路径。选取所有操作，再次单击按钮 ≋，所有加工的刀具路径就被显示，结果如图 2-164 所示。

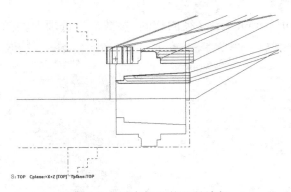

S: TOP Cplane:+X+Z [TOP] Tplane:TOP

图 2-164 所有加工的刀具路径

操作技巧

工件切断和上述车宽槽的工序操作步骤是一样的，所不同的是切槽的深度等于零件的半径，切槽的宽度需要根据零件的直径决定，一般为零件直径的 1/10（适用于零件直径 10mm 以上）。

（13）调头车加工左端面　调头装夹右边外圆 $\phi38_{-0.03}^{0}$ mm，车加工端面，保证零件总长。

工件装夹的工序流程安排见表 2-7，卡爪抵住 $\phi38_{-0.03}^{0}$ mm 台阶，零件用百分表校调，自动编程步骤如下：

1）图形镜像处理。选取全部图素，在菜单栏中选择"转换"→"镜像"命令；或者直接单击工具栏中的按钮 ，系统弹出图 2-165 所示的"镜像选项"对话框。

选中单选项 移动 和 选取镜像轴 ，预览镜像后图形如图 2-166 所示，生成图形正确后在"串连选项"对话框中单击"确定"按钮 ，完成镜像图形即调头加工所需要的图形。

图 2-165 "镜像选项"对话框

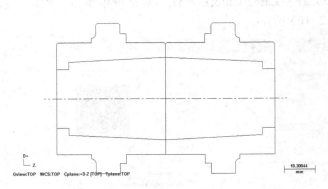

图 2-166 镜像后图形

2）图形平移。将镜像生成的图形平移到坐标轴的坐标原点上，选取全部镜像图形，在菜单栏中选择"转换"→"平移"命令，或者直接单击工具栏中的按钮 ，系统弹出图 2-167 所示的"平移选项"对话框。

选中单选项 移动 ，并输入平移数据 ΔZ 36.0 ，预览平移正确后在"串连选项"对话框中单击"确定"按钮 完成平移，图形右端和中心线的交点与绘图坐标原点重合。

（14）车削实例零件端面并保证总长

1）在菜单栏中选择"刀具路径"→"车端面"命令；或者直接单击菜单栏中的"刀具路径"选项卡，接着单击工具栏中的按钮⌷。

2）系统弹出"输入新 NC 名称"对话框，输入新的 NC 名称为"锥度螺纹轴"，单击"确定"按钮✓。

3）系统弹出"Lathe Face 属性"对话框，直接显示"Toolpath parameters"选项卡如图 2-168 所示。

图 2-167　"平移选项"对话框

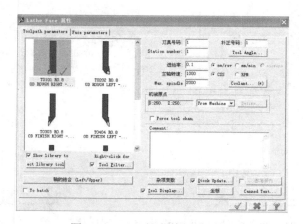

图 2-168　"刀具参数"选项卡

4）切换至"Face parameters"选项，在选项卡中设置预留量为 0，根据工艺要求设置车端面的其他参数，如图 2-169 所示。

5）单击"选点"按钮，在绘图区域分别选择车削端面区域内对角线上的两点坐标来定义，确定后回到"Face parameters"选项卡

6）在"Lathe Face 属性"对话框中单击"确定"按钮✓，生成车端面的刀具路径，如图 2-170 所示。

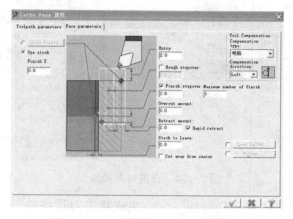

图 2-169　设置车端面的其他参数

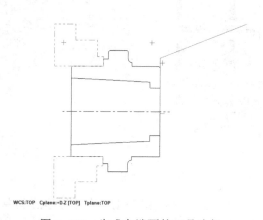

图 2-170　生成车端面的刀具路径

7）在刀具路径管理器中选择车端面操作，单击按钮 ≋，从而隐藏车端面的刀具路径。

（15）精车左端外圆表面

1）在菜单栏中选择"刀具路径"→"精车"命令；或者直接单击菜单栏中的"刀具路径"选项卡，接着单击工具栏按钮 ➢。

2）系统弹出如图 2-171 所示的"串连选项"对话框，单击"部分串连"按钮 ▧。按顺序指定加工轮廓，如图 2-172 所示。在"串连选项"对话框中单击"确定"按钮 ✓，完成精车轮廓外形的选择。

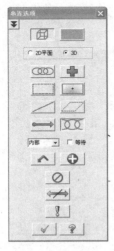

图 2-171　精车轮廓外形的选择

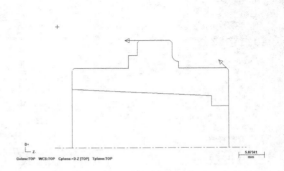

图 2-172　指定加工轮廓

3）系统弹出"车床精加工 属性"对话框，在"Toolpath parameters"选项卡中选择 T0303 外圆车刀，并按工艺要求设置相应的进给率、主轴转速及 Max. spindle 等，如图 2-173 所示。

4）切换至"Finish parameters"选项卡，根据工艺要求设置如图 2-174 所示的精车参数。

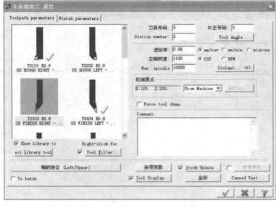

图 2-173　设置刀具参数　　　　　　　　　　图 2-174　设置精车参数

5）在"车床 精加工 属性"对话框中单击"确定"按钮 ✓，生成精车刀具路径，如图 2-175 所示。

6）在"刀具路径"选项卡中选择该精车操作，单击按钮 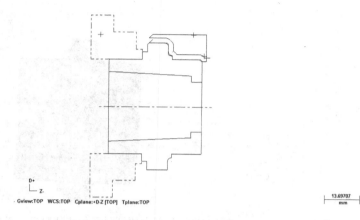 从而隐藏车端面的刀具路径。

图 2-175　生成粗车刀具路径

步骤四　车削加工验证模拟

（1）打开界面　在"刀具路径"选项卡中单击"选择所有的操作"按钮 如图 2-176 所示，激活"刀具路径"选项卡，选择所有的加工操作。

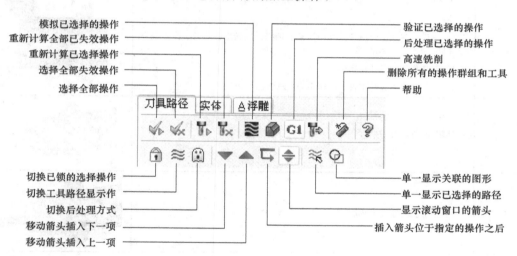

图 2-176　"刀具路径"选项卡

（2）选择操作　在"刀具路径"选项卡中单击"验证已选择的操作"按钮 ，系统弹出"实体验证"对话框如图 2-177 所示，单击"模拟刀具及刀头"按钮 ，并设置加工模拟的其他参数，例如可以设置"停止控制"选项为"撞刀停止"。

（3）实体验证　单击"开始"按钮 ，系统开始实体验证加工模拟。每道工步的刀具路径被动态显示出来，图 2-178 所示为以等角视图显示的实体验证加工模拟最后结果。

（4）实体加工验证模拟　实体加工验证分段模拟过程见表 2-8。

图 2-177 "实体验证"对话框

图 2-178 以等角视图显示的实体验证加工模拟最后结果

表 2-8 实体加工验证分段模拟过程

序 号	加工过程注解	加工过程示意图
1	车端面，粗加工右边各外圆表面，外圆滚花 注： 1）端面车削加工时应注意切削用量的选择：先确定被吃刀量，后确定进给量，最后选择切削速度 3）刀具和工件应装夹牢固 4）刀具的中心应与工件的回转中心严格等高	
2	钻削加工内孔的预孔	
3	粗-精加工内锥孔及内孔	
4	切槽刀粗车左边各外圆表面	
5	精加工右边各外圆表面	

（续）

序　号	加工过程注解	加工过程示意图
6	切断时保证零件调头车削端面的余量为 0.2mm 注意： 1）装刀时刀具切削部分的对称中心高应与主轴轴线垂直 2）刀具的中心应与工件的回转中心严格等高 3）在满足加工要求的情况下，刀具伸出的有效距离应大于工件半径 3～5mm 4）切断时，进刀量达到 6mm 左右时要退刀使切屑排出后再继续切断	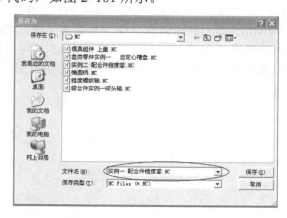
7	调头装夹右边外圆 $\phi 38_{-0.03}^{0}$ mm，精加工左边各外圆表面及端面，保证零件总长。 注意： 1）工件找正时，应将找正精度控制在 0.02mm 的范围内 2）刀具和工件应装夹牢固 3）为避免端面不平，刀具的中心应与工件的回转中心严格等高	

步骤五　后处理形成 NC 文件，通过 RS232 接口传输至机床储存

（1）打开界面　在"刀具路径"选项卡中单击"Toolpath Group-1"按钮 **G1**，系统弹出图 2-179 所示的"后处理程式"对话框。

（2）设置参数　选中对话框中的"NC 文件"复选项，"NC 文件的扩展名"设为".NC"，其他参数按照默认设置，单击"确定"按钮 ✓，系统打开如图 2-179 所示的"另存为"对话框。

（3）生成程序　在图 2-180 所示的"另存为"对话框中的"文件名"文本框内输入程序名称，在此使用"配合件锥度套"，给生成的零件文件填入文件名后，完成文件名的设置，单击"保存（S）"按钮，生成 NC 代码，如图 2-181 所示。

图 2-179　"后处理程式"对话框

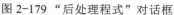

图 2-180　"另存为"对话框

（4）检查生成的 NC 代码　根据所使用的数控机床的实际情况在图 2-181 所示的文本框中对程序进行修改，包括 NC 代码、起刀点位置、换刀点位置和中间的空走刀程序。经过检查的程序既可以符合数控机床正常运行的要求，又可以节约加工时间，提高加工效率。

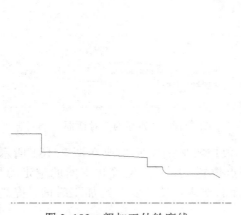

图 2-181 NC 代码

2.2.3 配合零件二锥度轴自动编程具体操作步骤

步骤一 参数设置

（1）绘制加工轮廓线 在打开的 Mastercam X 中，单击绘图区域下方"属性栏"，系统弹出"图层管理器"界面，打开零件轮廓线图层 2，关闭其他图素的图层，结果显示所需要的粗加工外轮廓线如图 2-182 所示。

（2）设置机床系统 在打开的 Mastercam X 中，从菜单栏中选择"机床类型"→"车床"→"默认"命令，采用默认的车床加工系统。

（3）设置加工群组属性 在"加工群组属性"对话框中包含材料设置、刀具设置、文件设置及安全区域四项内容。文件设置一般采用默认设置，安全区域根据实际情况设定，本加工实例主要介绍刀具设置和材料设置，具体步骤与实例一一致，但其中参数有所改变，操作过程如下：

1）打开设置界面。单击"机床系统"→"车床"→"默认"命令后，出现"刀具路径"选项卡单击"加工群组属性"树节点菜单下的"材料设置"选项。

系统弹出"加工群组属性"对话框 "材料设置""刀具设置""文件设置""安全区域"选项卡，如图 2-183 所示，并自动切换到"材料设置"选项卡。

图 2-182 粗加工外轮廓线 图 2-183 "加工群组属性"对话框

2）设置材料参数。

①在弹出的"加工群组属性"选项卡中，单击"材料设置"选项卡，在该选项卡中设置参数。

②"工件材料视角"采用默认的"TOP"视角，如图 2-183 所示。

③在"Stock"选项区域选中"左转"复，如图 2-184 所示，单击"Paramters"按钮，系统弹出图 2-185 所示的"Bar Stock"对话框。在该对话框内设置毛坯材料为ϕ42mm 的棒料，在"OD"文本框中  输入"42.0"，在"Length"文本框 Length: 86.0 中输入"86.0"（根据工艺安排不同，所需要的毛坯材料长度不一样），在"Base Z"文本框 Base Z 71.0 中输入"71.0"（数据根据采用的坐标系不同而不同），选择基线在毛坯的右端面处 On left face ● On right face，单击"Preview…"按钮，出现的材料设置符合预期后，单击该对话框中的"确定"按钮 ✓ ，完成材料参数的设置。

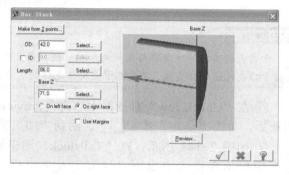

图 2-184 "Stock"选项区域　　　　图 2-185 "Bar Stock"对话框

技巧提示

为了保证毛坯的装夹，毛坯长度大于工件长度；在"Base Z"处设置基线位置，文本框中数字设定基线的 Z 轴坐标（坐标系以 Mastercam X 绘图区的坐标系为基准），左、右端面是指基线放置于工件左端面处或右端面处。

④或者单击"Make from 2 points…"按钮，在提示下依次输入两点坐标（X42，Z15）、（X0，Z−71）来定义工件外形（也可以在需要的位置点直接单击获取），单击"Pteview…"按钮，出现的毛坯设置符合预期后，然后单击"Bar Stock"对话框中的"确定"按钮 ✓ 返回。

⑤在"材料设置"选项卡内的"Chuck"选项区域中选中"左转"单选项，如图 2-186 所示。

接着单击该选项区域中的"Paramters"按钮，系统弹出"Chuck Jaw""机床组件夹爪的设定"对话框如图 2-187 所示。在该对话框中设置卡盘形式：

图 2-186　设置"Chuck"选项区域

"Clamping Method（夹持的方法）"选择第一种方法；在"Shape（形状）"区域中设定"夹爪宽度 Jaw width: 20.0 "为 20mm，"宽度步进 Width step: 5.0 "为 5mm，"夹爪高度 Jaw height: 25.0 "为 25mm，"高度步进 Height step: 10.0 "为 10mm。

在"Position"选项区域选中"从素材算起"复选项 ☑ From stock 和"夹在最大直径处"复选项 ☑ Grip on maximum diameter ，设置卡爪大小与工件大小匹配的其他的参数，结果如图 2-187 所示。

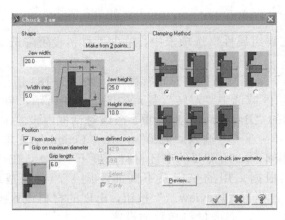

图 2-187　机床组件夹爪的设定

技巧提示

卡盘夹持工件的方法要与实际机床相一致，卡盘的形式根据机床卡盘设定。使用者定义位置中的 D 是指卡盘夹持的毛坯直径，Z 是指卡盘夹持毛坯的 Z 向坐标。

---

⑥ 在 "Chuck Jaw" 对话框中单击 "Preview…"（预览）按钮，出现的卡爪设置符合预期后，单击 "确定" 按钮 ✓。回到 "加工组群属性" 对话框的 "材料设置" 选项卡。

⑦ 如图 2-188 所示，在 "Tailstock（尾座）" 对话框中根据零件大小设置 "顶尖" 及尾座尺寸，在 "顶尖圆柱长度" 文本框 中输入 "15.0"，在 "顶尖圆柱直径" 文本框 中输入 "10.0"，在 "尾座长度" 文本框 中输入 "60.0"，在 "尾座宽度" 文本框 中输入 "40.0"，"顶尖 Z 点的位置" 文本框 中输入 "71.0"。

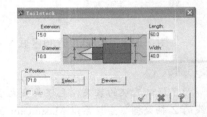

图 2-188　"Tailstock（尾座）" 对话框

单击 "Preview…" 按钮，出现的位置设置符合预期后，单击 "确定" 按钮 ✓，回到 "加工组群属性" 对话框的 "材料设置" 选项卡。

⑧ "Steady Rest（中心架）" 对话框如图 2-189 所示，在此加工实例中不需要中心架工艺辅助点，所以无须设置。

⑨ 在 "加工群组属性" 对话框中最下边的 "Display Options" 选项区域中设置如图 2-190 所示的显示选项。

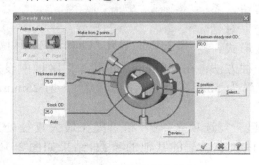

图 2-189　设置 "中心架"

图 2-190　设置显示选项

88

"Display Options"各选项含义如下:

选　项	含　义	选　项	含　义
Left stock	左侧素材	Right stock	右侧夹头
Left ckuck	左侧夹头	Right ckuck	右侧夹头
Tailstock	尾座	Steady rest	中心架
Shade bonudaries	设置范围着色	Fit screen bonudar	显示适度化范围

　　设置完成后,单击该对话框中的"确定"按钮 ✓ ,完成实例零件的设置,工件毛坯和夹爪的显示如图2-191所示。

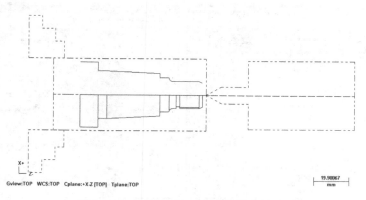

图2-191　工件毛坯、夹爪和尾座显示

　　"左转"的判断原则,要根据所使用机床的实际情况和具体特点来进行设置,如一般斜导轨转塔式数控车床和水平导轨四方刀架数控车床的主轴转向不一样。

切削速度和进给率的确定

　　"车床材料定义"对话框可为新毛坯材料定义切削速度和进给率,并改变现存毛坯材料的速度和进给率,当定义一种新程序或编辑一种现存的材料时,操作者必须懂得在多数车床上操作的基本知识,才能定义材料切削速度和进给率,主轴速度使用常数表面速度(CSS)来进行编程,刀具的切削速度总是保持不变。

　　除钻削和车螺纹外,都用单位r/min来编程,车螺纹进给率不包括在材料定义中,必须用螺纹车刀定义,当调整缺省材料和定义新材料时,必须设置下列参数:
① 设置使用该材料的所有操作和基本切削速度。
② 设置每种操作形式基本切削速度的百分率。
③ 设置所有刀具形式的基本进给率。
④ 设置每种刀具形式基本进给率的百分率。
⑤ 选用加工材料的刀具形式材料。
⑥ 设定已定的单位(in、mm、m)。
⑦ 对"车床材料定义"对话框各选项进行解释。

步骤二　自动编程步骤

（1）车削端面

1）在菜单栏中选择"刀具路径"→"车端面"命令；或者直接单击菜单栏的"刀具路径"选项卡，接着单击工具栏中的按钮 ▥▥。

2）系统弹出"输入新NC名称"对话框，输入新的NC名称为"车削加工综合实例1——锥度轴"，单击"确定"按钮 ✔。

3）系统弹出"Lathe Face 属性"对话框。在"Toolpath parameters"选项卡中选择 T0303 外圆车刀，并按照以上工艺分析的工艺要求设置参数数据。设置结果如图 2-192 所示的参数。

4）设置"Face parameters 卡"选项卡。切换至"Face parameters"选项卡，在该选项卡中设置预留量为 0，以及根据工艺要求设置车端面的其他参数，并在选项卡的 选择"选点"单选按钮，如图 2-193 所示。

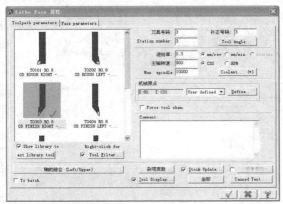

图 2-192　设置刀具路径参数

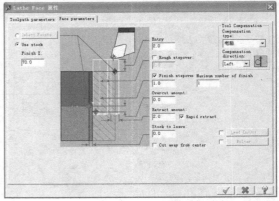

图 2-193　设置车端面参数

5）选中复选项 Use stock Finish Z，在 Z 向坐标输入框中输入"70.0"。

6）在"Lathe Face 属性"对话框中单击"确定"完成按钮 ✔，生成车端面的刀具路径，如图 2-194 所示。

7）在"刀具路径"选项卡中选择车端面操作，单击按钮 ≋ 隐藏车端面的刀具路径。

（2）粗车外圆

1）在菜单栏中选择"刀具路径"→"粗车"命令；或者直接单击菜单栏中的"刀具路径"选项卡，接着单击工具栏中的按钮 ▨。

2）系统弹出"串连选项"对话框如图 2-195 所

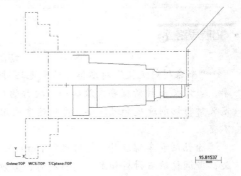

图 2-194　车端面刀具路径

示，选中"部分串连"按钮 ▨▨，按顺序指定加工轮廓，如图 2-196 所示。在"串连选项"对话框中单击"确定"按钮 ✔，完成粗车轮廓外形的选择。

3）系统弹出"车床粗加工 属性"对话框。

① 在"Toolpath parameters"选项卡中选择 T0303 外圆车刀，并根据工艺分析要求设置相应的进给率、主轴转速及 Max. spindle 等如图 2-197 所示。

② 刀具选取根据零件外形选取，如没有合适刀具，可双击相似的刀具进入图 2-198 所

示的"Define Tool（刀具设置）"对话框，根据需要自行设置刀具。

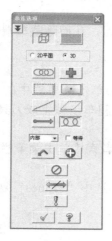

图 2-195 "串连选项"对话框

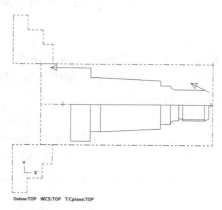

图 2-196 粗车轮廓外形的选择

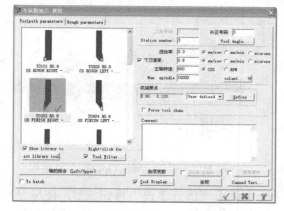

图 2-197 "Toolpath parameters"选项卡

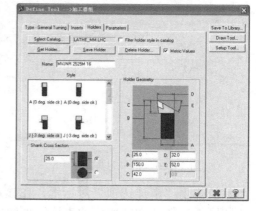

图 2-198 "Define Tool"对话框

4）切换至"Quick rough parameters"选项卡，根据工艺分析设置图 2-199 所示的粗车参数。

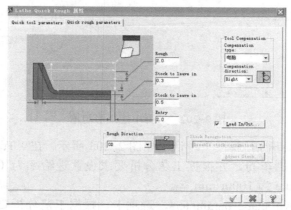

图 2-199 设置粗车参数

5）在"Lathe Quick Rough 属性"对话框中单击"确定"按钮 ☑，生成粗车刀具路径如图 2-200 所示。

6）在"刀具路径"选项卡中选择该粗车操作，单击按钮 ≋，从而隐藏车端面的刀具路径。

（3）精车外圆

在菜单栏中选择"刀具路径"→"精车"命令；或者直接单击菜单栏中的"刀具路径"选项卡，接着单击工具栏中的按钮 ⌒，其余步骤参考上述粗车步骤生成刀具路径。

（4）车螺纹退刀槽

1）在菜单栏中选择"刀具路径"→"径向车槽"命令；或者直接单击菜单栏中的"刀具路径"选项卡，接着单击工具栏中的按钮 ▥。

2）系统弹出"Grooving Options"对话框如图 2-201 所示，选中"3Lines"复选项，然后单击"确定"按钮 ☑，完成加工图素方式的选择。

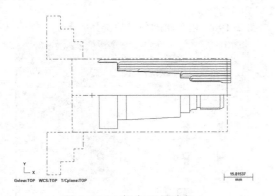

图 2-200　粗车刀具路径

图 2-201　"Grooving Options"对话框

系统弹出"串连选项"对话框，在该对话框中单击"部分串连"按钮 ◨◨，使用鼠标在绘图区指定图 2-202 所示的串连矩形沟槽（包含三条曲线），然后单击"串连选项"对话框中的"确定"按钮 ☑。

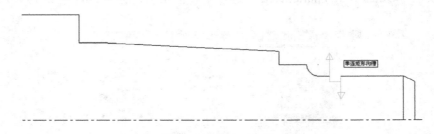

图 2-202　选择串连矩形沟槽

3）系统弹出"车床开槽 属性"对话框如图 2-203 所示，在"Toolpath parameters"选项卡中选择 T2525 外圆车刀，并根据工艺分析要求设置进给率为 0.1mm/r、主轴转速为400r/min 及 Max. Spindle 为 1000r/min 等。

4）切换至"Groove shape parameters"选项卡，根据工艺分析要求设置图 2-204 所示的径向车削外形参数，参数设置参照 2.1 实例一锥度螺纹轴加工切槽的参数设置。

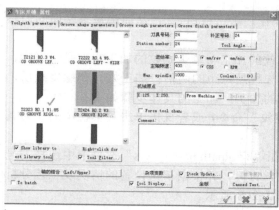

图 2-203　"车床开槽 属性"对话框

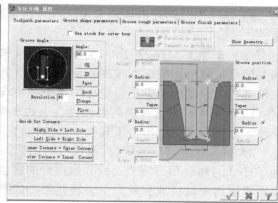

图 2-204　设置径向车削外形参数

5）切换至"Groove rough parameters"选项卡，根据工艺分析要求设置图 2-205 所示的径向粗车参数，参数设置参照 2.1 实例一锥度螺纹轴加工切槽的参数设置。

6）切换至"Groove finish parameters"选项卡，根据工艺分析要求设置图 2-206 所示的径向精车参数，参数设置参照 2.1 实例一锥度螺纹轴加工切槽的参数设置。

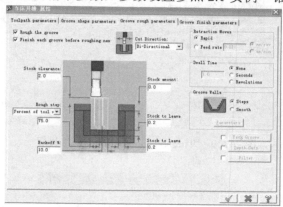

图 2-205　设置径向粗车参数

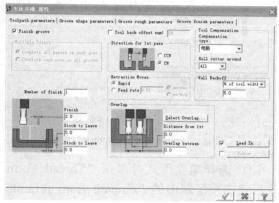

图 2-206　设置精车参数

7）在"车床开槽 属性"对话框中单击"确定"按钮 ☑，生成开槽刀具路径如图 2-207 所示。

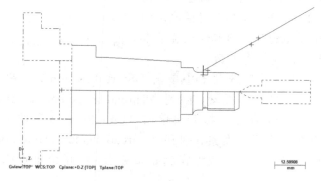

图 2-207　生成开槽刀具路径

93

8）在"刀具路径"选项卡中选择该粗车操作，单击按钮 ≋ ，从而隐藏车端面的刀具路径。

（5）车加工 M16×2-2h 双头螺纹　双头螺纹的加工与单头螺纹的加工实质是一样的，其关键点是螺纹切削深度按螺距计算；螺纹的导程是螺距的两倍；加工好一个螺旋线后，向轴线方向移动一个螺距再进行第二个螺旋线的加工。加工的具体步骤如下：

1）在菜单栏中选择"刀具路径"→"车螺纹"命令，或者直接单击菜单栏中的"刀具路径"选项卡，接着单击工具栏中的按钮 📇 。

2）系统弹出"车床螺纹 属性"对话框，在"Toolpath parameters"选项卡中选择刀号为 T0202 的螺纹车刀钻头（或其他适合的螺纹丝锥），并根据车床设备的情况及工艺分析设置相应的主轴转速和最大主轴转速等，如图 2-208 所示。

3）切换至"Thread shape parameters"选项卡，如图 2-209 所示。

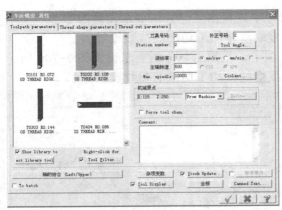

图 2-208 "Toolpath parameters"设置　　　　图 2-209 "Thread shape parameters"设置

① 选择螺纹形式时单击"Thread Form"螺纹形式选项区域中的"ompute from formula…"按钮，系统弹出"Compute From Formula"对话框，选择"Thread form"为"Metric M Profile（米制）"，并在该对话框中指定螺纹、螺距及公称直径参数如图 2-210 所示，单击"确定"按钮 ✓ 退出"Compute From Formula"对话框，回到"Thread shape parameters"选项卡，该选项卡会自动计算出螺纹大径、底径等参数。

图 2-210 "Compute From Formula"对话框中参数设置

② 在"螺纹形状的参数"选项卡中单击"Start Position"按钮，系统回到绘图界面，单击螺纹加工的起始位置点图素，回到"Thread shape parameters"选项卡，起始位置点的坐标数据如图 2-211 所示，接着再单击"End Position"按钮，系统回到绘图界面，单击螺纹加工的终止位置点图素，回到"Thread shape parameters"选项卡，终止位置点的坐标数据如图 2-211 所示；或者在起始位置点、终止位置点相应的数据框内填入坐标点的数据。

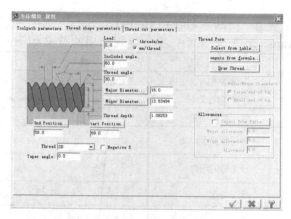

图 2-211　螺纹起始位置点和终止位置点的坐标数据

③"Toolpath parameters"选项卡中各个参数选项的意义如下：

选　项	意　义	选　项	意　义
Lead: 1.5　○ threads/mm　● mm/thread	螺纹导程	Included angle: 60.0	螺纹牙型角
Thread angle: 30.0	螺纹牙型半角	Major Diameter... 18.0	螺纹大径
Minor Diameter... 15.8	螺纹小径	Ind Position... 20.0	螺纹结束位置
tart Position... 30.0	螺纹开始位置	Thread OD ▼	螺纹类型
Taper angle: 0.0	螺纹锥度角	Select from table...	由表单计算
ompute from formula..	运用公式计算	Draw Thread...	绘出螺纹图形

4）切换至"Thread cut parameters"选项卡。

① 根据工艺要求设置如图 2-212 所示的车螺纹参数，选中"多重开始"复选项 ☑ ulti Start...，出现"Multi Start Thread Parameters（多线参数设置）"对话框如图 2-213 所示，在"线数"文本框 Number of thread starts:　2　中输入"2"，螺距移动方式可选默认。

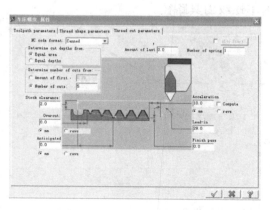

图 2-212　设置车螺纹参数

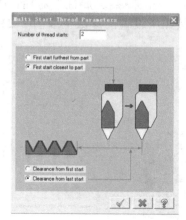

图 2-213　Multi Start Thread Parameters 对话框

单击"确定"按钮 ✓ ，返回"Thread cut parameters"选项卡。

② "Thread cut parameters"选项卡中各个参数选项的意义如下：

选　项	意　义	选　项	意　义
Determine cut depths from	切削深度的决定因素	Equal area	相等的切削量
Equal depths	相等的深度	Determine number of cuts from:	切削次数的决定因素
Amount of first : 0.25	第一次切削量	Number of cuts: 5	切削次数
Stock clearance: 2.0	素材的安全距离	Overcut: 0.0	退刀延伸量
Anticipated 0.0	预先退刀距离	Acceleration 10.0 Compute mm revs	退刀加速距离
Lead-in 29.0	进刀角度	Finish pass 0.0	精车削预留量
Amount of last 0.0	最后一刀的切削量	Number of spring 6	最后深度的精车次数

加工技巧

为保证在数控车床上车削螺纹能顺利进行，车削螺纹时主轴转速必须满足一定的要求。

① 数控车床车削螺纹必须通过主轴的同步运行功能实现，即车削螺纹需要有主轴脉冲发生器（编码器）。当其主轴转速选择过高、编码器的质量不稳定时，会导致工件螺纹产生乱纹（俗称"烂牙"）。

对于不同的数控系统，推荐不同的主轴转速选择范围。但大多数经济型数控车床车削加工螺纹时的主轴转速如下

$$n \leqslant \frac{1000}{P} - K$$

式中　n——主轴转速（r/min）；

P——工件螺纹的螺距或导程（mm）；

K——保险系数，一般取为 80。

② 为保证螺纹车削加工零件的正确性，车削螺纹时必须要有一个提前量。螺纹的车削加工是成型车削加工，切削进给量大，刀具强度较差，一般要求分多次进给加工。刀具在其位移过程的始点、终点都将受到伺服驱动系统升速、降速频率和数控装置插补运算速度的约束，所以在螺纹加工轨迹中应设置足够的提前量即升速进刀段 δ_1 和退刀量即降速退刀段 δ_2，以消除伺服滞后造成的螺距误差，一般在程序段中指定。

5）"车床螺纹 属性"对话框中参数设置完成后，单击对话框中的"确定"按钮 ✓ ，系统按照所设置的参数生成图 2-214 所示的车螺纹刀具路径。

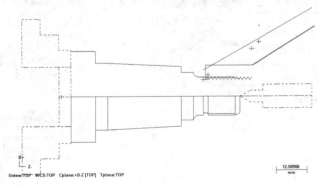

图 2-214　车螺纹刀具路径

6）在"刀具路径"选项卡中选择该精车操作，单击按钮 ≈ 隐藏车端面的刀具路径。

（6）调头装夹φ28mm 外圆时采用软三爪装夹，校调后车削加工工艺夹头及零件左端面并保证总长，其操作与（4）车削端面相似，生成的刀具路径如图 2-215 所示。

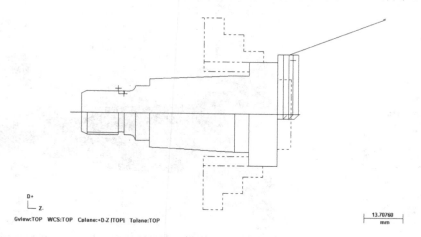

图 2-215　刀具路径

步骤三　车削加工验证模拟

（1）打开界面　在"刀具路径"选项卡中单击"选择所有的操作"按钮 ，弹出"刀具路径"选项卡如图 2-216 所示，选择所有的加工操作。

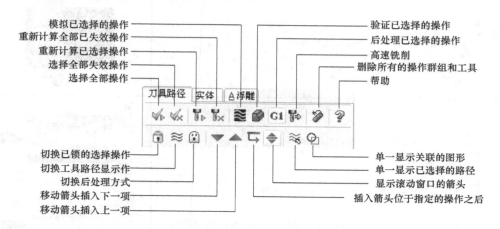

图 2-216　"刀具路径"选项卡

（2）选择操作　在"刀具路径"选项卡中单击"验证已选择的操作"按钮 ，系统弹出"实体验证"对话框如图 2-217 所示，单击"模拟刀具及刀头"按钮 ，并设置加工模拟的其他参数。

（3）实体验证　单击"开始"按钮 ▶，系统开始实体验证加工模拟。每道工步的刀具路径被动态显示出来，图 2-218 所示为以等角视图显示的实体验证加工模拟最后结果。具体的工步实体验证加工模拟见表 2-9。

（4）实体加工验证模拟　实体加工验证分段模拟过程见表 2-9。

图 2-217 "实体验证"对话框

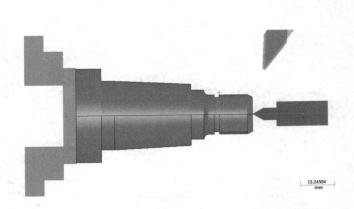

图 2-218 以等角视图显示的实体验证加工模拟最后结果

表 2-9 实体加工验证分段模拟过程

序 号	加工过程注解	加工过程示意图
1	车端面（加工工艺夹头 ϕ25mm×5mm）	
2	调头装夹工艺夹头，卡爪靠实台阶钻中心孔	
3	粗车外圆轮廓、R2mm 圆弧及 M16 螺纹外圆 注意： 1）粗加工时应随时注意加工情况，保证刀具与卡盘、尾座不发生干涉，并保证充分加注切削液 2）刀具切削部分的主偏角大于 90°，刀尖的圆弧半径要进行正确补偿防止圆弧尺寸公差超差	
4	精车外圆轮廓 注意： 1）在满足加工要求的情况下，刀具伸出有效距离应比工件半径大3～5mm 2）刀具切削刃应保持锋利，切削用量应根据加工情况合理调整 3）精车加工时刀具应保持锋利并具有良好的强度 4）刀具的中心高应与工件的回转中心严格等高，防止圆弧的几何公差超差	

（续）

序　号	加工过程注解	加工过程示意图
5	车螺纹退刀槽 1）切槽前，刀具切削部分的对称中心高应与主轴轴线垂直 2）刀具的中心高应与工件的回转中心等高 3）切槽刀的两个主偏角应相等	
6	车削螺纹 M16×1.75/2 注意： 1）粗加工时应注意加工情况并合理地分配加工余量，保证充分加注切削液 2）进行切削时刀尖应在起点前 4～5mm 3）刀具应保持锋利并具有良好的强度，保证牙型两侧的平整度和光洁度 4）刀具的中心高应与工件的回转中心等高，防止加工时出现"扎刀"现象 5）为了保证正确的牙型，刀具切削部分 60° 刀尖角的对称中心应与主轴线垂直	
7	调头装夹 φ28mm 外圆，车削加工工艺夹头，保证总长 注意： 1）工件找正时，应将找正精度控制在 0.02mm 的范围内 2）刀具和工件应装夹牢固 3）为避免端面不平，刀具中心高应与工件回转中心严格等高	

步骤四　后处理形成 NC 文件，通过 RS232 接口传输至机床储存

（1）打开界面　在"刀具路径"选项卡中单击"Toolpath Group-1"按钮 **G1**，系统弹出图 2-219 所示的"后处理程式"对话框。

（2）设置参数　单击对话框中"NC 文件"复选项，NC 文件的扩展名为".NC"，其他参数按照默认设置，单击"确定"按钮 ，系统打开图 2-220 所示的"另存为"对话框。

图 2-219 "后处理程式"对话框

图 2-220 "另存为"对话框

（3）生成程序　在图 2-220 所示的"另存为"对话框内的"文件名"文本框中输入程序名称，在此使用"锥度螺纹轴"，完成文件名的选择，单击"保存（s）"按钮，生成NC 代码，如图 2-221 所示。

（4）检查 NC 程序　根据所使用的数控机床的实际情况，在图 2-221 所示的文本框中对程序进行修改，包括 NC 代码、起刀点位置、换刀点位置和中间的空走刀程序。

经过检查后的程序既可符合数控机床正常运行的要求，又可以节约加工时间，提高加工效率。

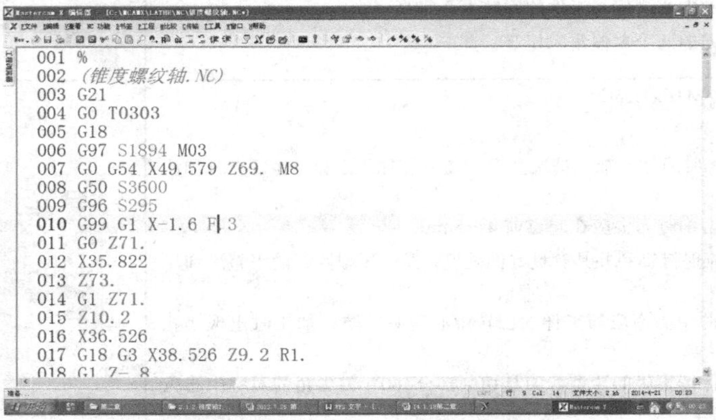

```
001 %
002 (锥度螺纹轴.NC)
003 G21
004 G0 T0303
005 G18
006 G97 S1894 M03
007 G0 G54 X49.579 Z69. M8
008 G50 S3600
009 G96 S295
010 G99 G1 X-1.6 F.3
011 G0 Z71.
012 X35.822
013 Z73.
014 G1 Z71.
015 Z10.2
016 X36.526
017 G18 G3 X38.526 Z9.2 R1.
018 G1 Z-.8
```

图 2-221　NC 代码

第3章 盘类零件车削加工自动编程实例

盘类零件是机械加工中常见的典型零件之一，主要起传动、连接、支承及密封等作用。它的应用范围很广，如手轮、法兰盘、夹具上的导向套、汽缸套、皮带盘、各种端盖和压盖等。不同的盘类零件有很多的相同点，如主要表面基本上都是圆柱形的，有较高的精度和表面质量要求，而且有高的同轴度要求等，这就要求适合的加工工艺。

盘类零件的技术要求一般是：盘类零件的端面不能凸起，只能凹陷；精度高的盘类零件平面孔系位置度要高，两端面的平行度要好；密封盘类零件密封面的表面粗糙度值要小，不能有划伤，平面度要好。加工时，盘类零件常用的装夹方法如下：

1）在通用夹具上装夹。如自定心卡盘、单动卡盘。

2）在自制工装夹具上装夹。如花盘角铁、各种芯棒胎膜。

加工时根据零件的特点设置夹具装夹，关键是保证工件定位精确，有足够的夹紧力而又不划伤工件和不使工件变形，当然装夹时要安全、方便和省力。

下面结合实例讲解盘类零件的加工特点和自动编程的操作规律。

3.1 实例一 自定心槽盘的车削加工

本实例加工的零件是由两个凹槽、锥体和内孔组成。凹槽配合皮带，要求形状准确；锥体自动定位，要求形状精确；内孔配合轴要求紧配合，其零件图如图 3-1 所示。材料为 HT200，规格为 $\phi62\text{mm}\times44\text{mm}$ 的坯料，正火处理后硬度为 20HBC。通过对实例零件的加工来介绍如何使用 Mastercam X 的车削功能对盘类零件进行自动编程。

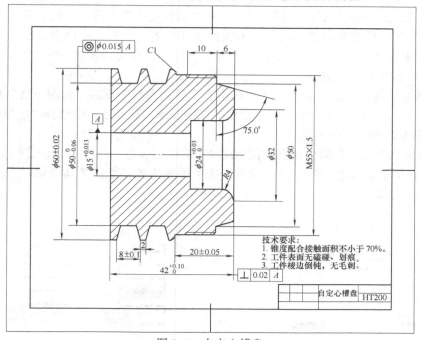

图 3-1 自定心槽盘

自定心槽盘加工的自动编程操作首先根据零件图运用 Mastercam X 中的 CAD 模块给零件绘图建模，并分别按照零件图的要求制订工艺工序。本车削综合实例的具体操作步骤如下：

步骤一　绘图建模

（1）打开 Mastercam X　使用以下方法之一打开 Mastercam X，其界面如图 3-2 所示。

1）选择"开始"→"程序"→"Mastercam X"→"Mastercam X"命令。

2）在桌面上双击 Mastercam X 的快捷方式图标 。

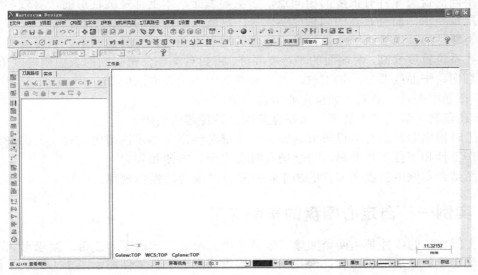

图 3-2　Mastercam X 界面

（2）建立文件

1）启动 Mastercam X 后，选择"文件"→"新建文件"命令，系统自动新建了一个空白的文件，文件的后缀名为".mcx"，本实例文件名定为"自定心槽盘.mcx"。

2）或者单击"文件"工具栏中的"新建"按钮，也可以新建一个空白的文件。

（3）相关属性状态设置

1）构图面设置。在属性状态栏的"线型"下拉列表框中单击"构图平面"按钮，打开菜单，根据车床加工的特点及编程原点设定的原则要求，从该菜单中选择"<u>D</u>车床直径"→"+D -Z"命令，如图 3-3 所示。

2）线型属性设置。在属性状态栏的"线型"下拉列表框中选择"中心线"线型，在"线宽"下拉列表框中选择表示粗实线的线宽，颜色设置为黑，如图 3-4 所示。

图 3-3　构图平面设置

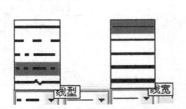

图 3-4　线型属性设置

3）构图深度、图层设置。在属性状态栏中设置构图深度为 0，这个零件的图层从 2 开始设置，如图 3-5 所示。

图 3-5 构图深度、图层设置

（4）绘制中心线 盘类零件绘制 CAD 图建模，采用先绘制中心线，画出回转零件体的一半，然后使用"镜像"操作，画出零件全图，这样操作使绘制图形变得简单。

1）激活绘制直线功能。

① 在菜单栏中选择"绘图"→"直线"→"绘制任意线"命令。

② 在"绘图"工具栏中单击"绘制任意线"按钮 ，系统弹出"直线"操作栏。

2）输入点坐标。第一种方法，在图 3-6 所示的"自动抓点"操作栏中输入坐标轴数值，按<Enter>键确认。

图 3-6 "自动抓点"操作栏

第二种方法，在图 3-7 所示的"坐标点"文本框的右边单击"快速绘点"按钮 ，弹出图 3-7 所示的坐标输入框，在坐标输入框中输入"D=0Z=0"，按<Enter>键确认。

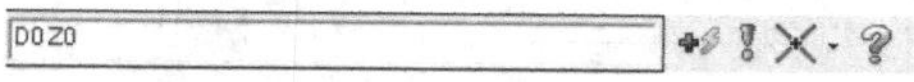

图 3-7 坐标输入框

3）在图 3-8 所示的"直线"操作栏的文本框 中输入"-46.0"，在文本框 中输入"0.0"。

图 3-8 "直线"操作栏

然后单击"确定"按钮 ，完成该中心线在+D+Z 坐标系中的绘制，如图 3-9 所示。

图 3-9 绘制中心线

（5）绘制轮廓线中的直线

1）对所要绘制的图素属性进行设置，将当前图层设置为 2，颜色设置为黑色，线型设置为实线，如图 3-10 所示。

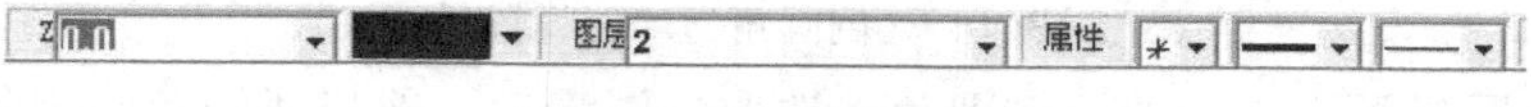

图 3-10 图素属性设置

2）在"绘图"菜单选择"直线"→"绘制任意直线"命令；或者在"绘图"工具栏中

单击"绘制任意线"按钮 ＼ ▾ ，系统弹出"直线"操作栏。在"直线"操作栏中单击"连续线"按钮 ，接着在"自动抓点"操作栏中单击"快速绘点"按钮 ，或者直接按空格键，在出现的坐标输入框中输入"0，0"，并按<Enter>键确认。

也可以运用第二种方法，在"自动抓点"操作栏中直接输入坐标点的坐标值，并按<Enter>键确认。

3）使用上述坐标输入的方法，依次输入其他外圆轮廓直线上点的坐标，其他点的坐标依次为（D15，Z0）、（D60，Z0）、（D60，Z-2）、（D50，Z-3.33）、（D50，Z-8.66）、（D60，Z-10）、（D60，Z-12）、（D50，Z-13.33）、（D50，Z-18.66）、（D60，Z-21）、（D58，Z-22）、（D56，Z-22）、（D56，Z-35）、（D54，Z-36）、（D50，Z-36）、（D46.78，Z-42）、（D24，Z-42）、（D24，Z-27）、（D15，Z-27）、（D15，Z0），按<Esc>键退出绘制直线功能，绘制出图 3-11 所示的外圆轮廓线。

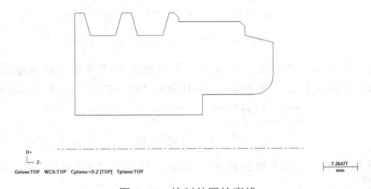

图 3-11　绘制外圆轮廓线

（6）倒内孔圆角

1）在菜单栏选择"构图"→"倒角"命令，出现图 3-12 所示的"倒角"菜单；或者在"绘图"工具栏中单击"倒角"按钮 ，系统弹出图 3-13 所示的"倒角"操作栏，按照提示步骤操作。

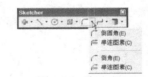

图 3-12　"倒角"菜单　　　　　　　　图 3-13　"倒角"操作栏

2）单击按钮 倒圆角(E)，出现图 3-14 所示"倒圆角"属性设置栏。在该属性栏的文本框中输入倒圆角半径"4.0"。

图 3-14　"倒圆角"属性设置栏

3）按照绘图界面中提示的"倒圆角：选取一图素"，选择要倒角的相邻两个图素。

4）按照上述操作步骤进行倒圆角工作。

5）按照直线绘制方法绘制螺纹线，操作完成图 3-15 所示的倒圆角后轮廓。

6）利用"镜像"功能完成零件轮廓图的绘制。

① 选取需要镜像的图素。

② 在菜单栏选择"转换"→"镜像"命令，或者在"绘图"工具栏中单击"镜像"按钮 ，出现"镜像选项"对话框，在该对话框中选中"复制"单选项并选取"D 轴"为镜像轴，结果如图 3-16 所示。

③ 单击"确定"按钮 完成镜像选项设置，并补齐轮廓直线，绘制出图 3-17 所示的自定心槽盘零件。

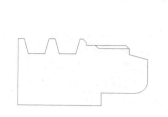

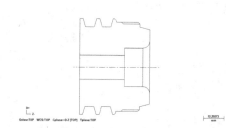

图 3-15　倒圆角后轮廓　　图 3-16　"镜像选项"对话框　　图 3-17　自定心槽盘零件

（7）创建立体模型　创建自定心槽盘零件的立体模型，检验零件是否符合图样要求。创建时按下列步骤完成：

1）点选图素。创建立体模型时需要完整的串连图素，如果点选图素时系统提示"串连必须封闭"，我们需要做下列工作：

① 在"绘图"工具栏中单击"修剪图素"按钮 ，在系统弹出的"修剪图素"操作栏 中单击"修剪单一图素"按钮 。按照绘图界面提示的"选取图素去修剪或延伸"操作来修剪，修剪时点选需要保留的图素，修剪结果使轮廓线闭合。

② 利用其他绘图工具使零件轮廓线首尾相连。

2）建模。

① 在主菜单栏中选择"实体"→"旋转实体"命令，系统弹出图 3-18 所示的"串连选项"对话框。在对话框中单击 按钮，选取要进行旋转操作的串连曲线，选中后轮廓图素出现箭头表示（图 3-19），如需要改变箭头方向单击图 3-20 所示的 R 反向按钮。

单击"确定"按钮 完成串连曲线的选取。

② 单击中心线图素，选取水平中心线作为旋转轴，同时系统弹出"方向"对话框，如图 3-20 所示。在图形界面中用箭头显示出旋转方向，可以通过该对话框来重新选取旋转轴或改变旋转方向，单击"确定"按钮 ，完成旋转轴的选取。

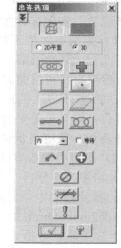

图 3-18　"串连选项"对话框

105

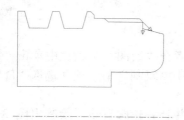

图 3-19　选中轮廓图素　　　　　　　　　图 3-20　"方向"对话框

③ 单击"确定"按钮 ☑ ，产生的旋转轴方向如图 3-21 所示，同时弹出"旋转实体的设置"对话框，如图 3-22 所示。该对话框有"旋转"和"薄壁"两个选项卡，可以进行旋转参数的设置。选择选项时应该注意以下事项："旋转实体的设置"对话框与"实体挤出的设置"对话框相似，"角度/轴向"选项用区域来指定旋转实体的起始角度和终止角度，其他选项的如图 3-22 所示。

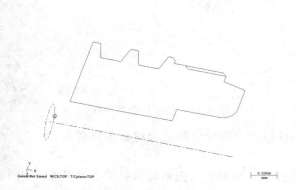

a)　　　　　　　　　　　b)

图 3-21　旋转轴方向　　　　　　　　　图 3-22　"旋转实体的设置"对话框

完成参数设置后，单击"确定"按钮 ☑ ，完成旋转实体的构建，如图 3-23 所示。

步骤二　实例零件加工工艺流程分析

（1）实例零件加工特点分析　盘类零件的加工要求端面不能凸起，只能凹陷；平面孔系的位置精度要高，两端面的平行度要好；密封面表面质量要求高，不能有划伤，平面度要求高。鉴于以上的技术要求，加工时根据零件特点设置夹具装夹，装夹时要安全、方便和省力，不得划伤工件和不使工件变形，关键是保证工件定位精确和夹紧力要求。

图 3-23　自定心槽盘实体建模

（2）自定心槽盘零件加工工艺分析

1）零件结构分析。本实例零件是由两个凹槽、锥度和内孔组成。凹槽配合皮带要求形状准确、锥度自动定位且形状精确，内孔配合轴要求紧配合，如图 3-23 所示，材料为 HT200，规格为 ϕ62mm×44mm 的坯料，正火处理后硬度为 20HBC。

2）加工路径分析。自定心槽盘零件存在高台阶外圆、内圆弧孔及台阶内孔等结构，因此在加工时应考虑刚性、刀尖圆弧半径补偿及切削用量等问题，尤其应重点考虑加工锥面时刀具不与内孔发生干涉或碰撞现象。

3）精度分析。内孔 $\phi15^{+0.013}_{0}$ mm 为基准 A，75° 外圆锥体作为自定位基准，其配合面保证 70% 以上及圆锥母线的正确；表面粗糙度 Ra 值要求为 1.6μm；端面与基准 A 的垂直度要求 为 $\boxed{\perp\ |\ 0.02\ |\ A}$，外圆 $\phi50^{0}_{-0.06}$ 与基准 A 的同轴度要求为 $\boxed{\odot\ |\ 0.015\ |\ A}$，槽与内孔基准 A 要求一次装 夹完成；M55×1.5 外螺纹旋合长度保证 10mm。

4）定位及装夹分析。根据其技术要求特点及工件毛坯材料长度短，加工自定心槽盘零 件的装夹方法采用三爪加工右边，调头采用螺纹联接，圆锥体自动定位，保证实例零件的 同轴度和垂直度。

5）加工工步分析。经过以上剖析，零件有斜面凹槽、基准孔 $\phi15^{+0.013}_{0}$ mm、沉孔 $\phi24^{+0.03}_{0}$ mm 及定位圆锥的车削加工，外圆形状较复杂，特别是斜面凹槽在加工时形状复杂，加工难度 大，车削斜面凹槽分多次粗、精车削，内孔镗刀采用盲孔镗孔刀且刀杆宽度要保证不碰撞 内圆表面。具体的加工顺序如下：

① 自定心卡盘装夹零件毛坯时伸出长度为 22mm，依次进行车加工端面，外圆车刀粗 加工右边各外圆表面，$\phi13$mm 麻花钻钻削加工内孔的预孔，外圆车刀对右边的各外圆表面、 外圆锥精加工，加工螺纹至精度要求，内孔粗、精镗刀加工内圆倒角及内孔。

② 设计专用夹具（略），调头以 75° 外圆锥体与夹具体内圆锥配合自动定位，螺纹配合旋紧 装夹，外圆车刀粗加工左边各外圆及端面，保证外圆 $\phi60^{+0.02}_{0}$ mm、外圆 $\phi50^{0}_{-0.06}$ mm 斜面凹槽尺寸， 并保证零件总长；外圆切槽车刀精加工外圆 $\phi60^{+0.02}_{0}$ mm 及外圆 $\phi50^{0}_{-0.06}$ mm 斜面凹槽至要求尺寸。

（3）刀具安排　自定心槽盘实例的车加工所需刀具根据以上工艺分析，将所选定的刀 具参数填入表 3-1 中，便于编程和操作管理。

表 3-1　数控加工刀具卡　　　　　　　（单位：mm）

产品名称或代号				零件名称	自定心槽盘	零件图号	JBG-1	
刀具号	刀具名称	刀具规格名称		材料	数量	刀尖半径	刀杆规格	备注
T0101	外圆粗车刀	刀片	CCMT06204-UM	PMCPT30	1	0.4	25×25	
		刀杆	MCFNR2525M16	GC4125				
T0202	外圆精车刀	刀片	VMNG160404-MF	MCPT25	1	0.2	25×25	
		刀杆	MVJNR2525M08	GC4125				
T0303	硬质合金60° 外螺纹车刀	刀片	16AGER60	CKS35	1	0.3	20×20	
		刀杆	SER1212H16T	GC4125				
T0404	钻头		$\phi13$	W6Mo5CrV2	1	$\phi13$	莫氏4号	
T0505	盲孔粗镗刀	刀片	TLCR10	PMCPT25	1	0.2	20×20	
		刀杆	S20Q-STLCR10	GC4125				
T0606	盲孔精镗刀	刀片	TLPR10	PMCPT25	1	0.2	20×20	
		刀杆	S20Q-STLCR10	GC4125				
T0707	切槽车刀	刀片	GE20D300	WPG35	1	0.3	20×20	
		刀杆	GDAR2020K200-08	GC4125				

切削用量选择，自定心槽盘零件材料为铸铁，应区别于钢件的切削三要素。

① 背吃刀量的选择。轮廓粗车时选 a_p=2.5mm，精车时选 a_p=0.35mm；螺纹粗车循环 时选 a_p=0.4mm，精车时选 a_p=0.1mm。

② 主轴转速的选择。车直线轮廓时，查切削手册，选粗车切削速度 v_c=50m/min、精车切削速度 v_c=70m/min；利用公式 $n \leqslant \dfrac{1000}{P} - K$ ⊖ 来计算主轴转速：粗车时为 300r/min、精车时为 450r/min 及车螺纹时为 200 r/min。

③ 进给速度的选择。查切削手册，粗车、精车的进给量分别为 0.3mm/r 和 0.15mm/r，再根据公式计算粗车、精车的进给速度分别为 200mm/min 和 180mm/min，具体见表 3-2。

（4）工序流程安排

根据加工工艺分析，自定心槽盘的工序流程安排见表 3-2。

表 3-2　自定心槽盘工序流程安排

单位		产品名称及型号		零件名称	零件图号
扬州大学				自定心槽盘	004
工序	程序编号	夹具名称		使用设备	工件材料
001	Lathe-04	自定心卡盘、专用夹具		CK6140-A	HT200
工步	工步内容	刀号	切削用量	备注	工序简图
1	粗车端面	T0101	n=300r/min f=0.3mm/r a_p=1mm	三爪装夹	
2	粗加工右边各外圆表面、75°外圆锥面	T0101	n=300r/min f=0.25mm/r a_p=2mm	外圆粗车刀	

⊖ P ——工件螺纹的螺距或导程（mm）；
　K ——保险系数，一般取为 80。

（续）

工步	工步内容	刀号	切削用量	备注	工序简图
3	钻削加工内孔的预孔	T0404	n=300r/min f=0.28mm/r	ϕ13mm 麻花钻	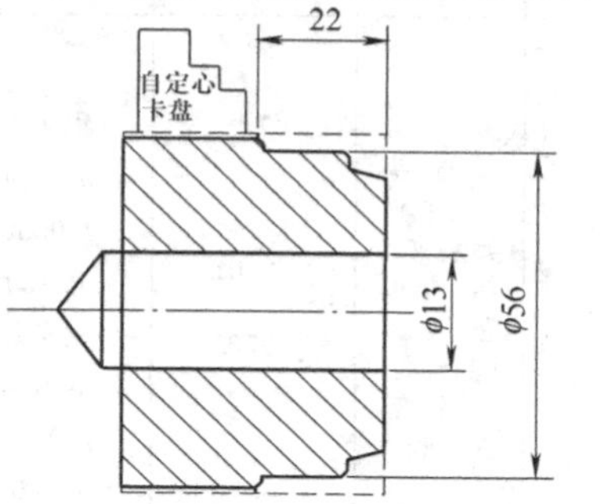
4	粗、精车加工基准孔 A、沉孔及倒圆角	T0505 T0606	粗车加工（留0.2mm 余量） n=350r/min f=0.2mm/r a_p=1.5mm 精车加工 n=450r/min f=0.08mm/r a_p=0.6mm	盲孔粗、精镗刀	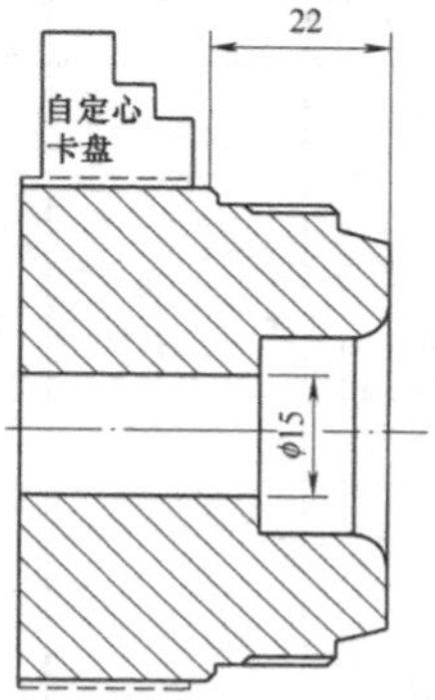
5	精加工右边外圆表面、75°外圆锥面	T0202	n=350r/min f=0.08mm/r a_p=0.5mm	外圆精车刀	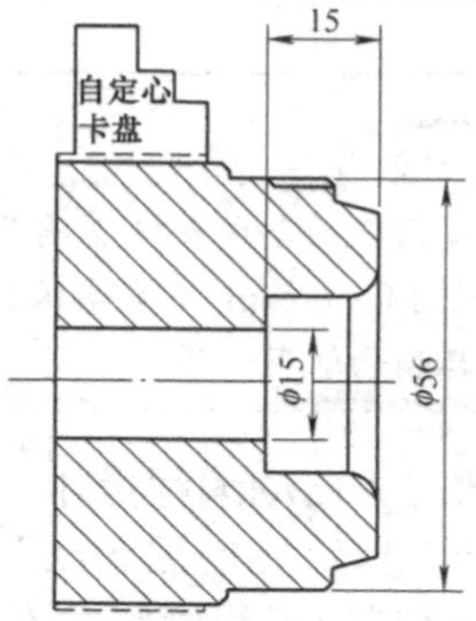
6	车加工外螺纹	T0303	n=200r/min f=1.5mm/r a_p=0.5mm	60° 螺纹车刀	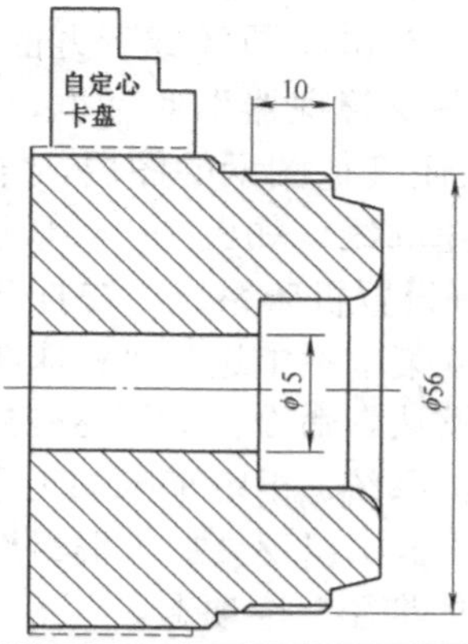

（续）

工步	工步内容	刀号	切削用量	备注	工序简图
7	调头专用夹具装夹，粗、精车左边外圆表面，保证零件总长	T0101 T0202	粗车加工 $n=300r/min$ $f=0.2mm/r$ $a_p=1.5mm$ 精车加工 $n=400r/min$ $f=0.08mm/r$ $a_p=0.6mm$	外圆粗、精车刀	专用夹具 台阶螺母 零件 自定心卡盘
8	切槽刀粗、精车斜槽，保证斜槽宽度	T0707	粗切槽 $n=200r/min$ $f=0.2mm/r$ $a_p=1.5mm$ 精切槽 $n=200r/min$ $f=0.08mm/r$ $a_p=0.5mm$	切槽刀	专用夹具 零件斜槽 自定心卡盘

技巧提示

　　将各项内容综合成表 3-2 自定心槽盘工序流程安排，此表是自动编制加工程序的主要依据，也是操作人员配合 Mastercam X 自动编制数控程序进行数控加工的指导性文件，主要内容包括工步顺序、工步内容、刀具和切削用量等。

步骤三　自动编程操作

打开"自定心槽盘.mcx"文件。

（1）绘制加工轮廓线　在打开的 Mastercam X 系统中，单击绘图区域下方的"属性栏"，系统弹出"图层管理器"对话框，打开零件轮廓线图层 2，关闭其他图素的图层，结果显示所需的粗加工外轮廓线，如图 3-24 所示。

（2）设置机床系统　在打开的 Mastercam X 系统中，从菜单栏中选择"机床类型"→"车床"→"系统默认"命令，如图 3-25 所示可采用默认的车床加工系统。指定车床加工系统后，在"刀具路径"选项卡中出现"加工群组属性"树节菜单，如图 3-26 所示，设置结束后打开菜单栏中的"刀具路径"选项卡。

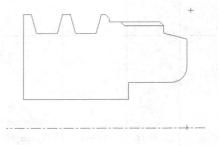

WCS:TOP　Cplane:+D-Z [TOP]　Tplane:TOP

图 3-24　粗加工外轮廓线

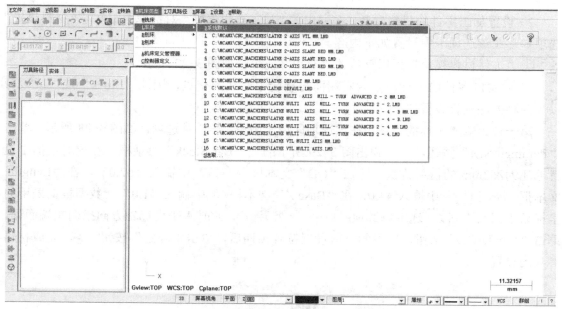

图 3-25　机床选择

（3）设置加工群组属性　在"加工群组属性"树节菜单中包含"材料设置""刀具设置""文件设置""安全区域"四项内容。文件设置一般采用默认设置，安全区域根据实际的情况设定，本加工实例主要介绍刀具设置和材料设置。

1）打开设置界面。

① 单击"机床类型"→"车床"→"系统默认"命令后，出现"刀具路径"选项卡。

② 在图 3-26 所示的"加工群组属性"树节菜单下单击的"材料设置"选项。

③ 系统弹出"加工群组属性"对话框，如图 3-27 所示，并自动切换到"材料设置"选项卡。

图 3-26　"加工群组属性"树节菜单

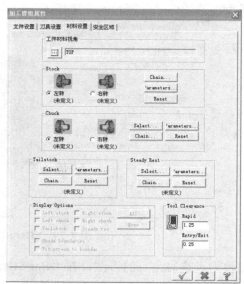

图 3-27　"加工群组属性"对话框

111

2）设置加工零件的材料参数。在弹出的"加工群组属性"对话框中，单击"材料设置"选项卡，在该选项卡中设置如下内容。

① "工件材料视角"采用默认的"TOP"视角，如图 3-27 所示。

② 此实例零件的坐标原点为右端面与旋转中心线的交点，因此"Stock"选项区域可以用两种方法进行设置：

第一种为输入坐标的方法：在该选项区域选中"左转"单选项，如图 3-28 所示；单击"Parameters…"按钮，系统弹出图 3-29 所示的""Bar Stock"对话框，在该对话框中设置毛坯为 ϕ62mm 的盘形铸铁，即在"OD"文本框 OD: 62.0 中输入"62.0"，在"Length"文本框 Length: 44.0 中输入 44.0，在"Base Z"文本框 Base Z 1.0 中输入"1.0"（数据根据采用的坐标系不同而不同），选中单选项 ○ On left face ● On right face ，此时水平坐标轴方向指向左端面处，单击"Preview…"按钮，出现的材料设置符合预期后，单击"确定"按钮 ✓ ，完成材料参数的设置。

图 3-28 "Stock"选项区域

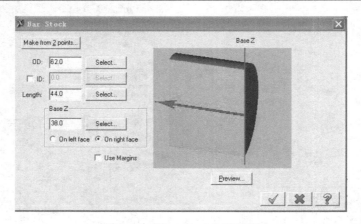

图 3-29 "Bar Stock"对话框

第二种为点选对角点的方法：在"Bar Stock"对话框中单击"Make from 2 points…"按钮，在 D 62.0 Z 42.0 Y 0.0 提示下依次输入两点坐标（D=0，Z=0）、

（D=62，Z=42）来定义工件外形（也可以在需要的位置点直接单击获取），设置结果如图 3-30 所示，选中单选项 On left face ○ On right face ○ ，此时水平坐标轴方向指向左端面处，单击 "Preview…" 按钮，出现的毛坯设置符合预期后，然后单击 "确定" 按钮 ✓ 返回。

　　在 "材料设置" 选项卡中 "Chuck" 区域的 "夹爪的设定" 选项组中选中 "左转" 单选项，如图 3-31 所示。

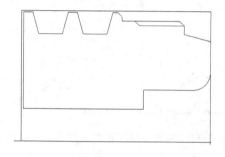

图 3-30　点选对角点

图 3-31　"Chuck" 区域

　　③ 单击该选项组中的 "Parameters" 按钮，系统弹出 "Chuck Jaw" 对话框，如图 3-32 所示。在 "Position" 选项区域选中 "从素材算起" 复选项 ☑ From stock 和 "夹在最大直径处" 复选项 ☑ Grip on maximum diameter ，设置卡爪与工件大小匹配的尺寸以及其他的参数，设置结果如图 3-32 所示。

　　自定位斜槽零件不需要尾座支撑，故不设置。

　　在 "Chuck Jaw" 对话框最下边的 "Display Options" 选项区域中设置图 3-33 所示的显示选项。

　　④ 设置刀具参数，在 "加工群组属性" 对话框中单击 "刀具设置" 选项卡，在选项卡中默认设置参数。单击该对话框中的 "确定" 按钮 ✓ ，完成实例零件工件毛坯和夹爪显示的设置，如图 3-34 所示。

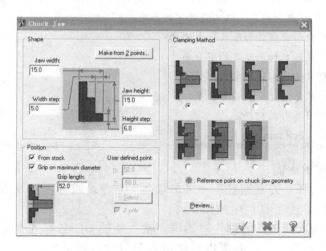

图 3-32　"Chuck Jaw" 对话框

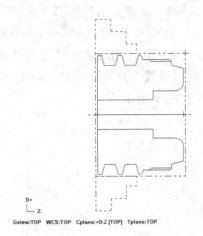

Gview:TOP　WCS:TOP　Cplane:+D-Z [TOP]　Tplane:TOP

图 3-33　设置显示选项　　　　　图 3-34　实例零件工件毛坯和夹爪显示的设置

技巧提示 🔍

　　"左转"的判断原则，要根据所使用机床的实际情况和具体特点来进行设置，一般斜导轨转塔式数控车床和水平导轨四方刀架数控车床的主轴转向不一样。

拓展思路 🔍

切削速度和进给率的确定

　　"车床材料定义"对话框可为新毛坯材料定义切削速度和进给率，并改变现存毛坯材料的速度和进给率，当定义一种新程序或编辑一种现存的材料时，必须懂得在多数车床上操作的基本知识，才能定义材料切削速度和进给率，主轴速度使用常数表面速度（CSS）来进行编程，刀具的切削速度总是保持不变。

　　除钻削和车螺纹外，都用单位 r/min 来编程，车螺纹进给率不包括在材料定义中，必须用螺纹车刀定义，当调整默认材料和定义新材料时，必须设置下列参数：

　　① 设置使用该材料的所有操作和基本切削速度。

　　② 设置每种操作形式基本切削速度的百分率。

　　③ 设置所有刀具形式的基本进给率。

　　④ 设置每种刀具形式基本进给率的百分率。

　　⑤ 选用加工材料的刀具形式材料。

　　⑥ 设定已定的单位（in、mm、m）。

　　（4）车削实例零件端面

　　1）在菜单栏中选择"刀具路径"→"车端面"命令；或者直接单击菜单栏中的"刀具路径"选项卡，接着单击工具栏中的按钮。

　　2）系统弹出"输入新 NC 名称"对话框，输入新的 NC 名称为"实例一自定位斜槽零件"，单击"确定"按钮，高版本直接进入参数设置对话框。

3）系统弹出"Lathe Face 属性"（车床-车端面 属性）对话框。在"Toolpath parameters"选项卡中选择 T0101 外圆车刀，并按照以上工艺分析的工艺要求设置参数数据，设置结果如图 3-35 所示。

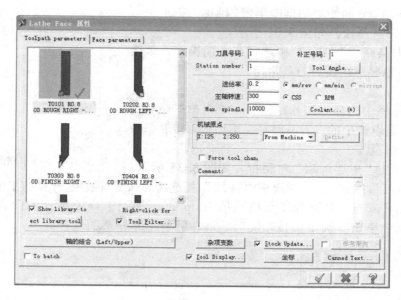

图 3-35　设置车刀和刀具路径参数

4）切换至"Face parameters"选项卡，在设置预留量选项框 中输入"0.0"，以及根据工艺要求设置车端面的其他参数，如图 3-36 所示。

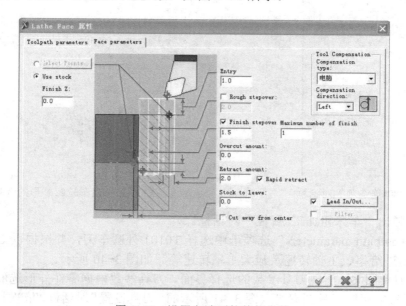

图 3-36　设置车端面的其他参数

5）选中"Select Points…"单选项并单击，在绘图区域分别选择车削端面区域对角线的两点坐标来定义，确定后回到"Face parameters"选项卡；或者选中 "使用材料 Z 轴坐标"单选项，在输入框内输入零件端面的 Z 向坐标，这里输入"0.0"。

6）在 Lathe Face 属性对话框中单击"确定"按钮，生成车端面的刀具路径，如图 3-37 所示。

7）在"刀具路径"项目栏中选择车端面操作，单击按钮，从而隐藏车端面的刀具路径。

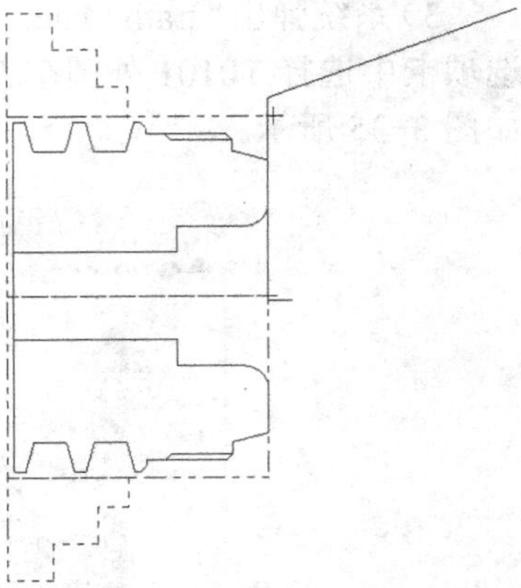

（5）粗车外圆

1）在菜单栏中选择"刀具路径"→"粗车"命令；或者直接单击菜单栏中的"刀具路径"选项卡，接着单击工具栏中的按钮。

2）系统弹出"串连选项"对话框，如图 3-38 所示；

图 3-37 生成车端面的刀具路径

单击"部分串连"按钮，并选中"接续"复选项，按顺序指定所要加工的外圆轮廓，按照以上的工艺安排，外圆加工至离三爪 1mm 处，选中图 3-39 所示的图素。在"串连选项"对话框中单击"确定"按钮，完成粗车轮廓外形的选择。

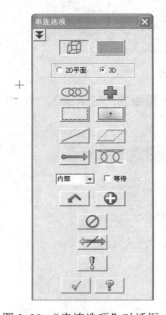

图 3-38 "串连选项"对话框

图 3-39 粗车轮廓外形的选择

3）系统弹出"车床粗加工 属性"对话框。

① 在"Toolpath parameters"选项卡中选择 T0101 外圆车刀，并根据以上工艺分析要求设置相应的进给率、主轴转速及最大主轴转速等，如图 3-40 所示。

② 双击刀具图案，出现刀具参数的选择界面。刀具参数根据零件外形选取，如刀具参数不合适，可双击相似刀具图案进入图 3-41 所示的"刀具设置"对话框，依次打开"Inserts""Type-General Turning""Holders"及"Parameters"选项卡，根据需要自行设置刀具，在对话框中单击"确定"按钮后返回。

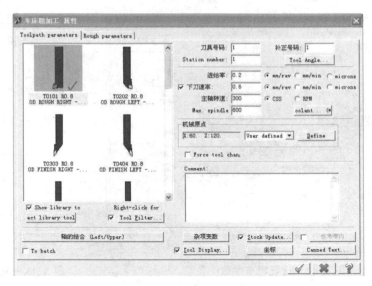

图 3-40　"Toolpath parameters"选项卡对话框

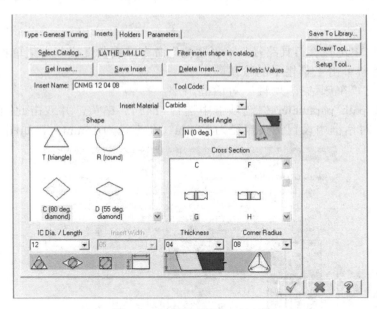

图 3-41　"刀具设置"对话框

③更改机械原点即换刀点时，在"机械原点"选项区域 左边的下拉列表中
选择"User defined"，单击"Define"按钮，在弹出的"Home Position-User D..."对话框中
单击"Define..."按钮，在弹出的零件图形中点选换刀点后返回。在输入框中输入坐标值（X60、
Z120），将该点作为换刀点位置。直接单击"From Machine"按钮采用默认值。

4）切换至"Quick rough parameters"选项卡，根据工艺分析设置图 3-42 所示的粗车
参数。

5）在"Lathe Quick Rough 属性"对话框中单击"确定"按钮 ，生成的粗车刀具路
径如图 3-43 所示。

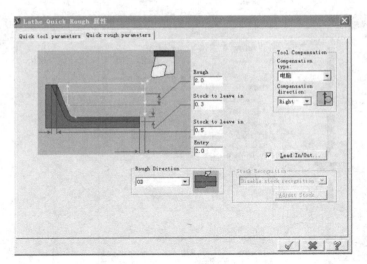

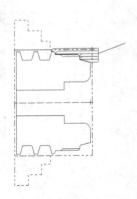

图 3-42　设置粗车参数　　　　　图 3-43　生成粗车刀具路径

6）在"刀具路径"项目栏中选择该粗车操作，单击按钮 ≋，从而隐藏车端面的刀具路径。

（6）钻孔

1）在菜单栏中选择"刀具路径"→"钻孔"命令；或者直接单击菜单栏中的"刀具路径"选项卡，接着单击工具栏中的按钮 ⛏。

2）系统弹出"车床钻孔 属性"对话框。

① 在"Toolpath parameters"选项卡中选择 T4545 钻头，并双击此图标，在出现的"Define Tool"对话框中设置钻头直径为 13mm（孔直径为 15mm），如图 3-44 所示。

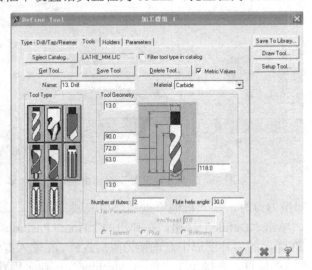

图 3-44　"Define Tool"对话框

② 在图 3-45 中使用下列方法之一更改机械原点，

a. 在"机械原点"选项区域 内左边的下拉列表中选择"User defined"，单击"Define…"按钮，在弹出的"Home Position-User D…"（换刀点-使用者定义）对话框中单击"Define..."按钮，在弹出的零件图形中点选换刀点后返回。

b．在输入框中输入坐标值（X0，Z120），将该点作为换刀点位置。

c．直接单击 From Machine 按钮，采用默认值。

3）在"车床钻孔 属性"对话框中切换至"Simple drill-no peck"选项卡，如图3-46所示，此选项采用增量坐标。

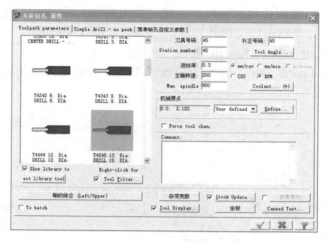

图 3-45　设置刀具路径参数

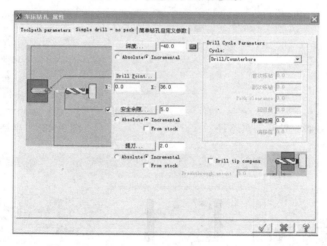

图 3-46　"Simple drill-no peck"选项卡设置

① 设置钻孔深度。单击"深度..."按钮后，在弹出的零件图形中点选左端面与中心线的交点后返回，或者在输入框中直接输入-40。

② 设置钻孔起始位置。单击"Drill Point..."按钮后，在弹出的零件图形中点选右端面与中心线的交点后返回，或者在输入框中直接输入坐标值（X0，Z36）。

③ 设置提刀安全高度。单击"提刀..."按钮后，在弹出的零件图形中点选右端面钻头起点后返回，或者在输入框中直接输入 5。

④ 设置退刀参考高度。在输入框 中直接输入 3，其他参数采用默认设置。

4）在"车床钻孔 属性"对话框中单击"确定"按钮，创建的钻孔刀具路径如图

3-47 所示。

（7）粗车加工内孔

1）在菜单栏中选择"刀具路径"→"精车"命令，或者直接单击菜单栏中的"刀具路径"对话框，接着单击工具栏中的按钮 。

2）系统弹出"串连选项"对话框，如图 3-48 所示。选中"部分串连"按钮 ⊡⊡⊡，并选中"接续"复选项，按顺序指定加工轮廓，指定加工轮廓后在"串连选项"对话框中单击"确定"按钮 ✓，完成粗车加工内孔轮廓的选择，如图 3-49 所示。

3）系统弹出"Lathe Quick Rough 属性"对话框。

① 在"Quick tool parameters"选项卡中选择 T1010 镗孔车刀，并按工艺要求设置相应的参数，如图 3-50 所示。

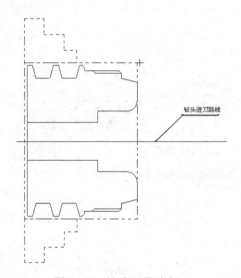

图 3-47 钻孔刀具路径

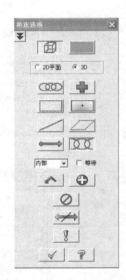

图 3-48 "串连选项"对话框

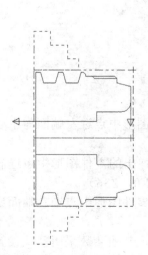

图 3-49 指定加工轮廓

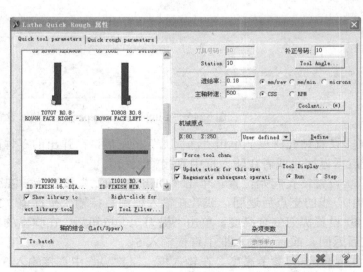

图 3-50 设置刀具路径参数

② 双击刀具图案，出现刀具参数的选择界面。刀具参数根据零件内孔直径大小选取，如刀具参数不合适，可双击相似刀具图案进入"Define Tool"对话框，依次打开"Inserts""Type-Boring bar""Boring Bars"及"Parameters"选项卡，根据需要自行设置刀具，Boring Bars 选项卡的设置如图 3-51 所示，，单击"确定"按钮 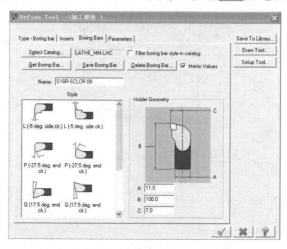 后返回。

图 3-51　"Define Tool"对话框

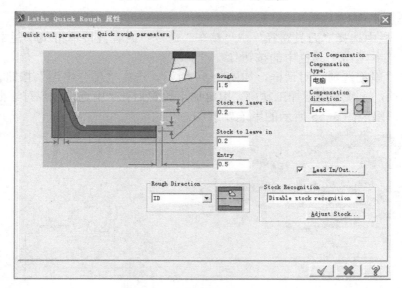

图 3-52　设置内孔车加工参数

③ 更改机械原点即换刀点的方法如下：

a．在"机械原点"选项区域 内左边的下拉列表中选择"User defined"，单击"Define"按钮，在弹出的"Home Position-User D…"对话框中单击"Define…"按钮，在弹出的零件图形中点选换刀点后返回。

b．在输入框中输入坐标值（X60，Z120），将该点作为换刀点位置。

c．直接单击"From Machine"按钮采用默认值，完成"刀具路径"选项卡的设置，并根据工艺要求设置相应的进给率、主轴转速及最大主轴转速等。

4）切换至"Quick rough parameters"选项卡，设置图 3-52 所示的内孔车加工参数，直径、长度方向留 0.2mm 的精加工余量。

5）在"Lathe Quick Rough 属性"对话框中单击"确定"按钮 ☑，创建的粗车内孔加工刀具路径如图 3-53 所示。

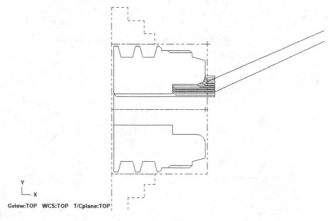

图 3-53 粗车内孔加工刀具路径

（8）精车加工内孔

1）在菜单栏中选择"刀具路径"→"精车"命令；或者直接单击菜单栏中的"刀具路径"选项卡，接着单击工具栏中的按钮 ☎。

系统弹出"串连选项"对话框，如图 3-54 所示。选中"部分串连"按钮 ☒☒，并选中"接续"复选项，按顺序指定加工轮廓，指定加工轮廓后在"串连选项"对话框中单击"确定"按钮 ☑，出现图 3-55 所示的串连轮廓图。

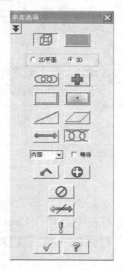

图 3-54 "串连选项"对话框

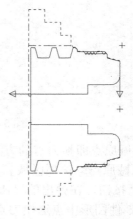

图 3-55 串连轮廓图

2）系统弹出"车床精加工 属性"对话框。

① 在"Toolpath parameters"选项卡中选择 T0909 车刀，并按工艺要求设置相应的参数，如图 3-56 所示。

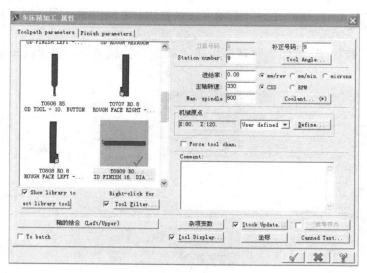

图 3-56　设置刀具路径参数

② 双击刀具图案，出现刀具参数的选择界面。刀具参数根据零件内孔直径大小选取，如刀具参数不合适，可双击相似刀具图案进入"Define Tool"对话框，依次打开"Inserts""Type-Boring bar""Boring Bars"及"Parameters"选项卡，根据需要自行设置刀具，"Boring Bars"选项卡的设置如图 3-57 所示，单击"确定"按钮后返回。

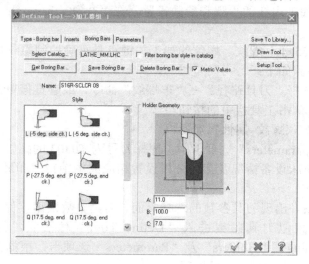

图 3-57　"Define Tool"对话框

③ 更改机械原点即换刀点，在"机械原点"选项区域内左边的下拉列表中选择"User defined"，单击"Define"按钮，在弹出的"Home Position–User D..."对话框中单击"Define..."按钮，在弹出的零件图形中点选换刀点后返回；在输入框中输入坐标值（X80，Z120），将该点作为换刀点位置；直接单击"From Machine"按钮，采用默

认值，完成"刀具路径"选项卡的设置，并根据工艺要求设置相应的进给率、主轴转速及最大主轴转速等。

3）切换至"Finish parameters"选项卡，设置 X、Z 向的预留量为 0，其余默认设置如图 3-58 所示。

4）在"车床精加工 属性"对话框单击"确定"按钮 ，创建精车加工刀具路径，如图 3-59 所示。

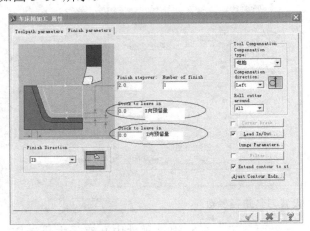
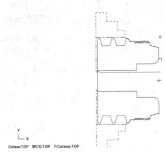

图 3-58　设置内孔精车参数　　　　　　图 3-59　精车加工刀具路径

（9）精加工右边外圆表面及 75°外圆锥面　在菜单栏中选择"刀具路径"→"精车"命令；或者直接单击菜单栏中的"刀具路径"选项卡，接着单击工具栏中的按钮 。其余操作按照（8）精车加工内孔的步骤和参数设置，在"Toolpath parameters"选项卡中选择外圆车刀即可。

（10）车加工 M55×1.5 螺纹　螺纹的加工关键点是正确控制螺纹切削深度和螺纹车刀的各个角度，具体步骤如下：

1）在菜单栏中选择"刀具路径"→"车螺纹"命令，或者直接单击菜单栏中的"刀具路径"选项卡，接着单击工具栏中的按钮 。

2）系统弹出"车床螺纹 属性"对话框。

① 在"Toopath parameters"选项卡中，选择刀号为 T0303 的螺纹车刀（或其他适合的螺纹车刀），并根据车床设备情况及工艺分析设置相应的主轴转速和最大主轴转速等，如图 3-60 所示。

② 双击刀具图案，出现刀具参数的选择界面。刀具参数根据零件外形选取，如刀具参数不合适，可双击相似刀具图案进入"Define Tool"对话框，依次打开"Inserts""Type-General Turning""Holders"及"Parameters"选项卡，根据需要自行设置刀具，在对话框中单击"确定"按钮 后返回。

③ 更改机械原点即换刀点的方法如下：

a．在"机械原点"选项区域 内左边的下拉列表中选择"User defined"，单击"Define"按钮，在弹出的"Home Position-User D…"对话框中单击"Define…"按钮，在弹出的零件图形中点选换刀点后返回。

b．在输入框中输入坐标值（X60，Z120），将该点作为换刀点位置；

c．直接单击"From Machine"按钮，采用默认值。

3）切换至"Thread shape parameters"（螺纹形状的参数）选项卡，如图 3-61 所示。

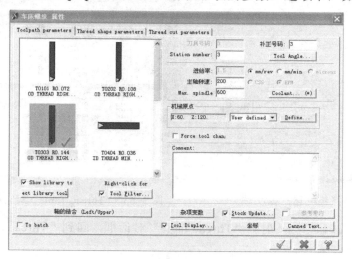

图 3-60　刀具路径参数设置

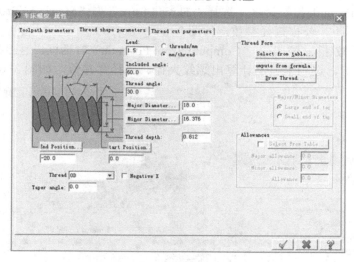

图 3-61　"Thread shape parameters"选项卡

① 在"Thread shape parameters"选项卡中选择螺纹起、终点位置的方法如下：

a．单击"Start Position…"按钮，系统回到显示零件图的界面，点选螺纹加工的起始点如图 3-62 所示，单击后返回；

b．单击"End Position…"按钮，系统回到显示零件图的界面，点选螺纹加工的起始点如图 3-62 所示，单击后返回；

c．在起始位置点、终止位置点坐标输入框内填入相应的数据。

② 单击"Thread Form"选项区域中的"Select from table…"按钮，系统弹出"Thread Table"对话框。在该对话框的指定螺纹表单列表中根据螺纹的尺寸要求选择图 3-63 所示的螺纹螺距、公称直径及螺纹底径等规格参数。

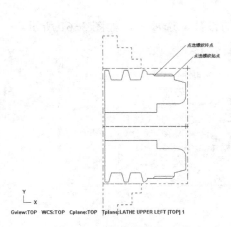

图 3-62　选择螺纹起、终点

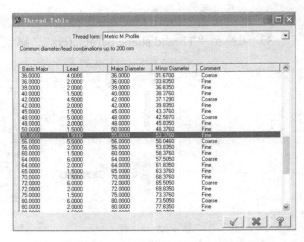

图 3-63　"Thread Table"对话框中参数设置

单击"确定"按钮 ，退出"Thread table"对话框，回到"Thread shape parameters"选项卡。

或者单击"Thread Form"选项区域中的"Compute from formula"按钮，系统弹出"Compute From Formula"对话框，选择"Thread form"为"Metric M Profile"，在该对话框中指定螺纹的螺距、公称直径参数，如图 3-64 所示。

单击"确定"按钮 ，退出"Compute From Formula"对话框，返回到"Thread shape parameters"选项卡，选项卡自动计算出螺纹大径、底径等参数，如图 3-65 所示。

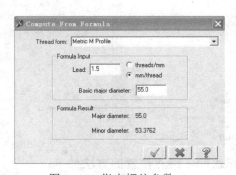

图 3-64　指定螺纹参数

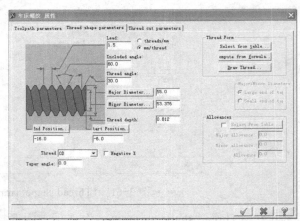

图 3-65　螺纹形状的参数设置

图 3-65 中"Toolpath parameters"选项卡各个参数选项的意义如下：

选　项	意　义	选　项	意　义
Lead: 1.5　threads/mm　mm/thread	螺纹导程	Included angle: 60.0	螺纹牙型角
Thread angle: 30.0	螺纹牙型半角	Major Diameter...	螺纹大径
Minor Diameter...	螺纹小径	Ind Position...	螺纹结束位置
tart Position.	螺纹开始位置	Thread OD	螺纹类型
Taper angle: 0.0	螺纹锥度角	Select from table...	由表单计算
Compute from formula..	运用公式计算	Draw Thread...	绘出螺纹图形

4）切换至"Thread cut parameters"选项卡。

① 根据工艺要求设置图 3-66 所示的参数。

② 单击"多重开始"按钮 ☑ ulti Start.. ，出现"Multi Start Thread Parameters"（多线参数设置）对话框，如图 3-67 所示。在"Number of thread starts:"文本框中输入"1"，螺距移动方式可选默认；或者关闭此对话框默认为单头。

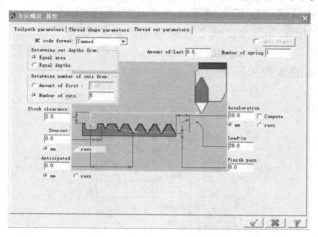

图 3-66　设置车螺纹参数

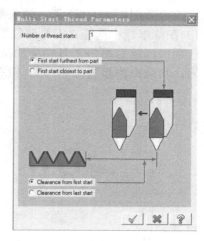

图 3-67　"Multi Start Thread Parameters"对话框

单击"确定"按钮 ☑ ，返回"Thread cut parameters"选项卡对话框。

图 3-66 中"Thread cut parameters"选项卡各个参数选项的意义如下：

选　项	意　义	选　项	意　义
Determine cut depths from	切削深度的决定因素	Equal area	相等的切削量
Equal depths	相等的深度	Determine number of cuts	切削次数的决定因素
Amount of first	第一次切削量	Number of cuts:	切削次数
Stock clearance 2.0	素材的安全距离	Overcut 0.0	退刀延伸量
Anticipated 0.0	预先退刀距离	Acceleration 10.0	退刀加速距离
Lead-in 29.0	进刀角度	Finish pass 0.0	精车削预留量
Amount of last	最后一刀的切削量	Number of spring	最后深度的精车次数

加工技巧 💡

为保证在数控车床上车削螺纹的顺利进行，车削螺纹时主轴转速必须满足一定的要求。

① 数控车床车削螺纹必须通过主轴的同步运行功能实现，即车削螺纹需要有主轴脉冲发生器（编码器）。当其主轴转速选择过高、编码器的质量不稳定时，会导致工件螺纹产生乱纹（俗称"烂牙"）。

② 为保证螺纹车削加工零件的正确性，车削螺纹时必须要有一个提前量。螺纹的车削加工是成型车削加工，切削进给量大，刀具强度较差，一般要求分多次进给加工。刀具在其位移过程的始点、终点都将受到伺服驱动系统升速、降速频率和数控装置插补运算速度的约束，所以在螺纹加工轨迹中应设置足够的提前量（即升速进刀段 δ_1）和退刀量（即降速退刀段 δ_2），以消除伺服滞后造成的螺距误差，一般在程序段中指定。

5）"车床螺纹 属性"对话框中的参数设置完成后，单击对话框右下角的"确定"按钮，系统按照所设置的参数来生成图 3-68 所示的车螺纹刀具路径。

6）在"刀具路径"选项卡中选择该精车操作，单击按钮≋，从而隐藏车端面的刀具路径。

（11）调头专用夹具装夹，粗、精车左边外圆表面，保证零件总长，操作步骤如下：

首先将调头加工的加工轮廓图绘制出来，绘制轮廓图采用镜像功能，并绘制专用夹具，调头后的轮廓图如 3-69 所示。调头专用夹具装夹粗车实例零件左半边的操作如下：

1）在菜单栏中选择"刀具路径"→"粗车"命令；或者直接单击菜单栏中的"刀具路径"选项卡，接着单击工具栏中的按钮。在"Toolpath parameters"选项卡中选择外圆粗车刀，其余操作步骤参照（5）粗车外圆的步骤和参数设置。

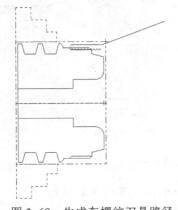

图 3-68　生成车螺纹刀具路径

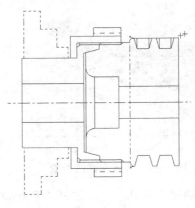

图 3-69　调头后的轮廓

2）在菜单栏中选择"刀具路径"→"粗车"命令；或者直接单击菜单栏中的"刀具路径"选项卡，接着单击工具栏中的按钮。在"Toolpath parameters"选项卡中选择外圆粗车刀，其余操作按照（5）粗车外圆的步骤和参数设置。

通过以上操作完成车加工斜槽前的粗、精车外圆的刀具路径，如图 3-70 所示。

3）在"刀具路径"选项卡中选择该粗车操作，单击按钮≋，从而隐藏车端面的刀具路径。

（12）车削斜槽

1）在菜单栏中选择"刀具路径"→"径向车槽"命令；或者直接单击菜单栏中的"刀具路径"选项卡，接着单击工具栏中的按钮。

2）系统弹出"Grooving Options"对话框，如图 3-71 所示，选中"2points"单选项，然后单击"确定"按钮，完成加工图素方式的选择。

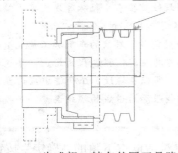

图 3-70　生成粗、精车外圆刀具路径

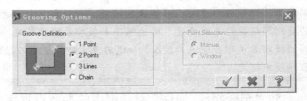

图 3-71　"Grooving Options"对话框

　　在出现的车削加工轮廓线中依次单击两个斜槽区域对角线上的点，如图 3-72 所示，接着按<Enter>键。

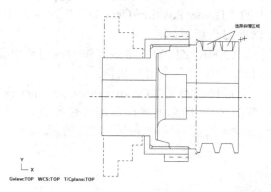

图 3-72　切槽区域选择

　　3）系统弹出"车床开槽 属性"对话框，如图 3-73 所示。

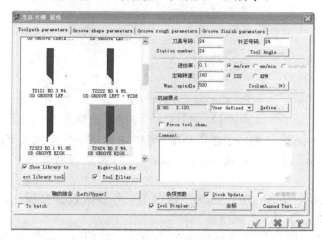

图 3-73　"车床开槽 属性"对话框

　　① 在"Toolpath parameters"选项卡中选择 T2424 外圆车刀，并根据工艺分析要求设置进给率为 0.1mm/r、主轴转速为 160r/min 及 Max.spindle 为 500r/min 等，如图 3-73 所示。

　　② 双击刀具图案，出现刀具参数的选择界面。刀具参数根据零件斜槽的大小选取，如 T2424 刀具参数不合适，可双击相似刀具图案进入"Define Tool"对话框，依次打开"Inserts""Type-General Turning""Holders"及"Parameters"选项卡，根据需要自行设置刀具参数，"Holders"选项卡的设置如图 3-74 所示，单击"确定"按钮 后返回。

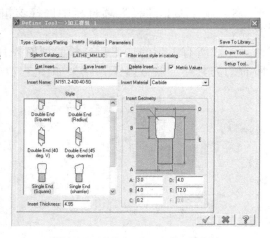

图 3-74　"Define Tool"对话框

129

③ 更改机械原点即换刀点的方法如下：

a. 在"机械原点"选项区域 内左边的下拉列表中选择"User defined"，单击"Define"按钮，在弹出的"Home Position-User D…"对话框中单击"Define…"按钮，在弹出的零件图形中点选换刀点后返回。

b. 在输入框中输入坐标值（X80，Z120），将该点作为换刀点位置；

c. 直接单击"From Machine"按钮，采用默认值。

4）将"车床开槽 属性"对话框切换至"Groove shape parameters"选项卡。

① 根据工艺分析要求设置图 3-75 所示的径向车削外形参数。

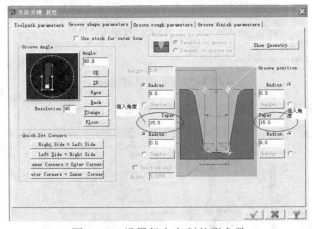

图 3-75　设置径向车削外形参数

② 根据斜槽的要求在左、右的"槽壁角度参数"文本框 中输入"15"，其余默认设置。

5）切换至"Groove rough parameters"选项卡，各参数设置参照 2.1 实例一锥度螺纹轴加工切槽的参数设置。

6）切换至"Groove finish parameters"选项卡，各参数设置参照 2.1 实例一锥度螺纹轴加工切槽的参数设置。

7）在"车床开槽 属性"对话框中单击"确定"按钮 ，生成的开槽刀具路径如图 3-76 所示。

8）在"刀具路径"项目栏中选择该粗车操作，单击按钮 ≋，从而隐藏车端面的刀具路径。

完成所有工步的加工后，检验所有操作的正确性；选取所有操作，再次单击按钮 ≋，所有的刀具路径就被显示，结果如图 3-77 所示。

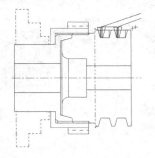

图 3-76　生成开槽刀具路径

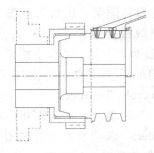

图 3-77　所有加工操作刀具路径

步骤四　车削加工验证模拟

（1）首先打开"自定心槽盘.mcx"零件加工右边部分的自动编程刀具路径文件。

1）打开界面。在"刀具路径"选项卡中单击"选择所有的操作"按钮 ，选择所有的加工操作，激活"刀具路径"选项卡，如图 3-78 所示。

2）选择操作。在"刀具路径"选项卡中单击"验证已选择的操作"按钮 ，系统弹出"验证"对话框，如图 3-79 所示。单击"模拟刀具及刀头"按钮 ，设置加工模拟的其他参数。

图 3-78　"刀具路径"选项卡

图 3-79　"验证"对话框

3）实体验证。单击"开始"按钮 ，系统开始实体验证加工模拟。每道工步的刀具路径被动态显示出来，图 3-80 所示为以等角视图显示的实体验证加工模拟最后结果（左），具体的工步实体验证加工模拟见表 3-3 中 1～6。

（2）打开"自定心槽盘.mcx"加工左边部分的自动编程刀具路径文件　操作与上述步骤一样，最后单击"开始"按钮 ，系统开始实体验证加工模拟。每道工步的刀具路径被动态显示出来，图 3-81 所示为以等角视图显示的实体验证加工模拟最后结果（右），具体的工步实体验证加工模拟见表 3-3 中 7 和 8。

图 3-80　以等角视图显示的实体
验证加工模拟最后结果（左）

图 3-81　以等角视图显示的实体
验证加工模拟最后结果（右）

（3）实体验证加工模拟分段讲解　过程见表 3-3。

表 3-3　实体加工验证过程

序　号	加工过程注解	加工过程示意图
1	自定心卡盘装夹零件毛坯，伸出长度为 22mm，车端面	
2	粗车加工右边各外圆表面，75°外圆锥面	
3	钻削加工内孔的预孔	
4	粗、精车加工基准孔 A、沉孔及倒圆角	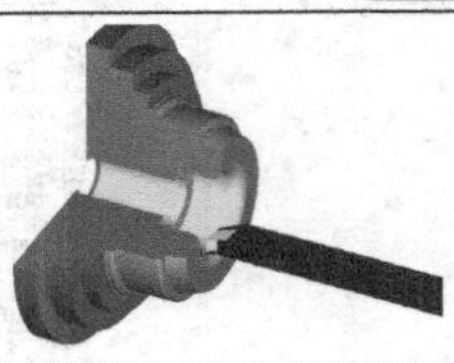
5	精车加工右边外圆表面、75°外圆锥面	
6	车加工外螺纹	
7	调头专用夹具装夹，粗、精车左边外圆表面，保证零件总长	
8	切槽刀粗、精车斜槽，保证斜槽宽度	

步骤五　后处理形成 NC 文件，通过 RS232 接口传输至机床储存

（1）打开界面　在"刀具路径"选项卡中将需要后处理的刀具路径选中，接着单击 "Toolpath Group-1"按钮 **G1**，系统弹出图 3-82 所示的"后处理程式"对话框。

（2）设置参数　选中"后处理程式"对话框中的"NC 文件"复选项，在"NC 文件的扩展名"文本框中输入".NC"，如需要将程序传送到数控机床，选中"将 NC 程式传输至"复选项。传送前调整后处理程式的数控系统与数控机床的数控系统匹配，其他参数按照默认设置，单击"确定"按钮 ☑，系统打开图 3-83 所示的"另存为"对话框。

图 3-82　"后处理程式"对话框

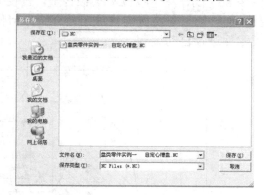

图 3-83　"另存为"对话框

（3）生成程序　在图 3-83 所示的"另存为"对话框中的"文件名"文本框内输入程序名称，在此使用"自定心槽盘"，完成文件名的选择。单击"保存（S）"按钮，出现图 3-84 所示的生成后处理文件过程中图案后，即生成 NC 代码，如图 3-85 所示。

图 3-84　生成后处理文件过程中

图 3-85　NC 代码

（4）检查生成 NC 程序　根据所使用数控机床的实际情况，在图 3-85 所示的文本框中对程序进行检查、修改，包括 NC 代码、起刀点位置、换刀点位置和中间的空进给程序。经过检查后的程序可减少空行程、节约加工时间、符合数控机床要求并能正常运行。

（5）通过 RS232 接口传输至机床储存　经过以上操作设置，并通过 RS232 联系功能界面，打开机床传送功能，机床参数设置参照机床说明书，单击软件菜单栏中的"传送"功能。传送前要调整后处理程式的数控系统与数控机床的数控系统匹配，传送的程序即可在数控机床存储，调用此程序时就可正常运行加工，节约加工时间，提高生产率。

3.2 实例二 椭圆柄的车削加工

本实例加工的零件是由椭圆柄、连接座和内螺纹组成，椭圆柄和连接座由凹槽连接。零件如图 3-86 所示，材料为 LY12 铝合金，直径为 52mm 的棒料，加工一面后切断，调头加工另外一面。通过对实例零件加工，介绍如何使用 Mastercam X 的车削功能对带有特型面的盘类零件进行自动编程。

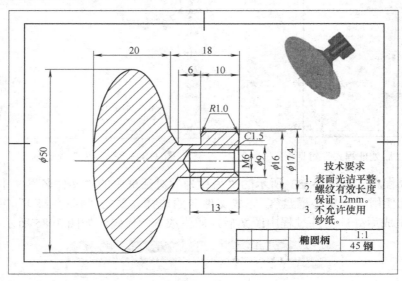

图 3-86 椭圆柄

对于椭圆柄加工的自动编程操作,首先根据零件图运用 Mastercam X 中的 CAD 模块给零件绘图建模，并分别按照图样的要求制订工艺工序。本车削综合实例的具体操作步骤如下。

步骤一 椭圆柄的绘图建模

（1）打开 Mastercam X 使用以下方法之一打开 Mastercam X，如图 3-87 所示。

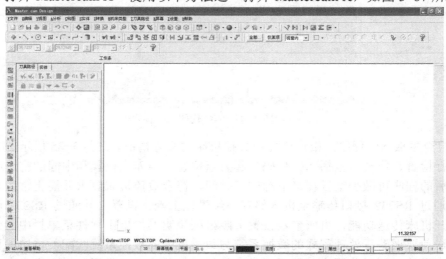

图 3-87 Mastercam X 界面

134

1）选择"开始"→"程序"→"Mastercam X"→"Mastercam X"命令。

2）在桌面上双击 Mastercam X 的快捷方式图标。

（2）建立文件

1）启动 Mastercam X 后，选择"文件"→"新建文件"命令。系统自动新建了一个空白的文件，文件的后缀名是".mcx"，本实例文件名定为"椭圆柄.mcx"。

2）或者单击"文件"工具栏中的"新建"按钮，也可新建一个空白的文件。

（3）相关属性状态设置 参照上述实例中相关属性设置的操作步骤设置如下内容：

1）构图面。

2）线型属性。

3）构图深度、图层。

（4）绘制中心线 盘类零件绘制 CAD 图建模，采用先绘制中心线，绘画出回转零件体的一半，然后使用"镜像"操作，画出零件全图，这样操作使绘制图形变得简单。

1）激活绘制直线功能。

① 在菜单栏中选择"绘图"→"直线"→"绘制任意线"命令。

② 在"绘图"工具栏中单击"绘制任意线"按钮，系统弹出"直线"操作栏。

2）在"自动抓点"操作栏的左边单击"快速绘点"按钮，弹出图 3-88 所示的坐标输入框，在坐标输入框中输入"D0 Z0"，按<Enter>键确认。

图 3-88 坐标点输入框

3）在图 3-89 所示的"直线"操作栏中 文本框输入长度"-46.0"，在文本框 中输入角度"0.0"。

图 3-89 "直线"操作栏

然后单击"确定"按钮，完成该中心线在+D-Z 坐标系中绘制，如图 3-90 所示。

图 3-90 绘制中心线

（5）绘制轮廓线中的直线

1）对所要绘制的图素属性进行设置，将当前图层设置为 1，颜色设置为黑色，线型设置为实线。

2）在"绘图"工具栏中选择"直线"→"绘制任意直线"命令；或者在"绘图"工具栏中单击"绘制任意线"按钮，系统弹出"直线"操作栏。在"直线"操作栏中单击"连续线"按钮，接着在"自动抓点"操作栏中单击"快速绘点"按钮，或者直接按<空格>键，在图 3-88 所示的坐标点输入框中输入"D0 Z0"，并按<Enter>键确认。

3）使用上述坐标点输入的方法，依次输入轮廓直线点的坐标，其他点的坐标依次为（D16，Z0）、（D16，Z-10）、（D9，Z-10）、（D9，Z-16），按<Esc>键，退出绘制此段连续线段功能。绘制出外圆轮廓线，接着输入内螺纹轮廓线点坐标依次为（D6，Z0）、（D6，Z-13）、（D9，Z-10）、（D0，Z-14.73），绘制出内螺纹轮廓线。

4）激活绘制椭圆功能的方法如下：在菜单栏中选择"绘图"→"画椭圆"命令；在"绘图"工具栏中单击 按钮，在弹出的子菜单中单击"画椭圆"选项，如图 3-91 所示。

5）在图 3-92 所示的"椭圆形选项"对话框中设置椭圆的长半轴与短半轴，根据零件图其长半轴为 25mm、短半轴为 10mm。选中"产生中心点"复选项，其他默认设置。接着在绘图区域点选椭圆中心的位置，或者利用输入点坐标功能的工具输入中心坐标（D0，Z28），然后单击"确定"按钮 ，生成的椭圆如图 3-93 所示。

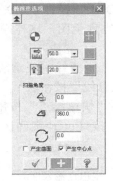

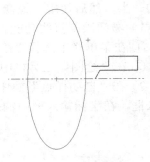

图 3-91 "画椭圆"选项　　　图 3-92 "椭圆形选项"对话框　　　图 3-93 生成椭圆

6）绘制椭圆与连接座连接部分的轮廓直线，单击按钮 打开"直线"操作栏，输入点坐标（D9，Z-16），接着在"长度"文本框中输入"8.0"，"角度"文本框中输入"122.0"，如图 3-94 所示；按<Enter>键确认，生成轮廓直线，通过按钮 修剪多余直线。

图 3-94 绘制直线工具

7）通过倒角功能完成图样要求的倒角。

① 在菜单栏选择"构图"→"倒角"命令；或者在"绘图"工具栏中单击 按钮，系统弹出"倒角"操作栏。

按照上述实例介绍倒角步骤操作，单击按钮 倒圆角(E)，出现"倒圆角"属性设置栏目，设置完成后，按照绘图界面中提示的"倒圆角：选取一图素"，选择要倒角的两个相邻图素。

② 按照上述操作步骤进行倒圆角操作，将绘制轮廓线设置为图层 2。

8）利用"镜像"功能完成零件轮廓图的绘制，按照直线绘制方法绘制内螺纹线，绘制出图 3-95 所示的椭圆柄零件。

（6）建立体模型　创建椭圆柄零件的立体模型，检验零件是否符合图样要求。创建时按下列步骤完成：

1）点选图素。创建立体模型时需要完整的串连图素，零件轮廓线需首尾相连。

2）建模。在菜单栏中选择"实体"→"旋转实体"命令。按照上述实例介绍的操作步骤，完成参数设置，单击"确定"按钮 ，完成旋转实体的建模，如图 3-96 所示。

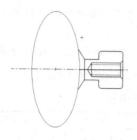

图 3-95　椭圆柄零件

图 3-96　椭圆柄旋转实体建模

步骤二　实例零件加工工艺流程分析

（1）实例零件加工特点分析　椭圆柄零件的加工材料一般采用铝合金，要求光洁平整，对尺寸和几何公差的要求不高。本实例加工材料是直径为 52mm 的 LY12 铝合金棒料，加工连接座和内螺纹的一边后切断，调头软三爪装夹加工另外一面。加工过程中不得划伤工件。

（2）椭圆柄零件加工工艺分析

1）零件结构分析。本实例零件结构简单，由椭圆柄、连接座和内螺纹组成，椭圆柄、连接座由凹槽连接，连接座两边倒圆弧角，材料加工时刀具角度采用较大的角度。

2）加工路径分析。椭圆柄由特型面外圆、内螺纹孔构成，因此在加工时应考虑刀尖圆弧半径补偿、切削用量等问题，尤其应重点考虑加工椭圆时刀具角度应加大，加工时不能发生干涉及碰撞现象，所以加工椭圆时采取两边加工的方法。

3）精度分析。椭圆加工尺寸和几何公差要求不高，只要求表面光洁平整，一次装夹完成连接座、凹槽及椭圆左半边的加工，调头装夹跳动保证为 0.02mm，使椭圆左半边与右半边轮廓的连接贴切融合，保证 M6×1 内螺纹旋合长度为 12mm。

4）定位及装夹分析。根据其技术要求特点，毛坯材料应为棒料，椭圆柄零件装夹采用三爪加工右边的方法，加工连接座和内螺纹后切断，调头软三爪装夹加工另外一面。

5）加工工步分析。经过以上剖析，加工顺序为：

① 自定心卡盘装夹零件毛坯，伸出长度为 50mm，首先车加工端面。外圆粗车刀粗加工右边各外圆表面及椭圆右半边。麻花钻钻削 ϕ5mm 加工内螺纹底孔，M6 丝锥加工内螺纹，保证旋合长度为 12mm。外圆精车刀对右边的连接座外圆表面精加工。切槽刀对凹槽进行加工，外圆啄嘴车刀对椭圆右半边进行精加工。切断加工好的工件，切断过程中利用切槽刀对椭圆左端进行粗加工。

② 调头软三爪装夹连接座，卡爪端面尽可能靠近椭圆右端，保证跳动为 0.02mm，对椭圆左边轮廓进行精加工。

（3）刀具安排

1）根据以上工艺分析决定椭圆柄车加工所需刀具。将所选定的刀具参数填入表 3-4 所示的数控加工刀具卡片中，便于编程和操作管理。

2）椭圆柄零件材料为 LY12 铝合金棒料，其切削用量区别于钢件的切削三要素。

① 背吃刀量的选择。轮廓粗车时 a_p=2.5mm，精车时 a_p=0.1mm；

② 主轴转速的选择。车直线轮廓时查切削手册，选粗车切削速度 v_c=100m/min、精车切削速度 v_c=150m/min。

利用公式计算主轴转速：粗车时为 500r/min、精车时为 1000r/min。

内螺纹加工时主轴转速：钻削螺纹底孔时主轴转速为 800r/min，丝攻切削螺纹时主轴转速为 600r/min。

③ 进给速度的选择。查切削手册，粗车、精车进给率分别为 0.3mm/r 和 0.08mm/r，再根据公式计算粗车、精车进给速度分别为 120mm/min 和 60mm/min。

表 3-4　数控加工刀具卡片　　　　　　　　　（单位：mm）

产品名称或代号			零件名称		椭圆柄		零件图号	TYB-1
刀具号	刀具名称	刀具规格名称		材料	数量	刀尖半径	刀杆规格	备注
T0101	外圆粗车刀	刀片	CCMT06204-UM	PMCPT30	1	0.4	25×25	
		刀杆	MCFNR2525M16	GC4125				
T0303	麻花钻	φ5		W6Mo5CrV2	1			
T0404	丝锥	M6		W6Mo5CrV2	1			
T0202	外圆啄式精车刀	刀片	VMNG160404-MF		1	0.2	20×20	
		刀杆	MVJNR2525M08	GC4125				
T0505	切槽刀	刀片	GE22D300	WPG25	1	0.3	20×20	
		刀杆	GDAR2020M300-10	GC4125				

（4）工序流程安排　根据加工工艺分析，椭圆柄零件工序流程安排见表 3-5。

表 3-5　椭圆柄零件工序流程安排

单位		产品名称及型号		零件名称		零件图号	
扬州大学				椭圆柄		005	
工序	程序编号		夹具名称	使用设备		工件材料	
001	Lathe-05		自定心卡盘、专用夹具	CK6140-A		LY12	
工步	工步内容	刀号	切削用量	备注	工序简图		
1	粗车端面	T0101	$n=500$r/min $f=0.3$mm/r $a_p=2.5$mm	三爪装夹			
2	钻削加工内螺纹底孔，M6 丝锥加工内螺纹	T0303	$n=300$r/min $f=0.28$mm/r	φ5mm 麻花钻、M6 丝攻			
3	粗加工右边各外圆表面及椭圆右半边	T0101	$n=300$r/min $f=0.25$mm/r $a_p=2$mm	外圆粗车刀			

（续）

工步	工步内容	刀号	切削用量	备注	工序简图
4	加工凹槽，精加工椭圆右半边	T0505 T0202	切槽 $n=450r/min$ $f=0.2mm/r$ $a_p=4mm$ 精车外圆 $n=1000r/min$ $f=0.08mm/r$ $a_p=0.1mm$	切槽刀、外圆啄式车刀	
5	切断工件，切断过程中利用切槽刀对椭圆左端进行粗加工	T0505	切断 $n=450r/min$ $f=0.2mm/r$ $a_p=4mm$ 左端粗车 $n=400r/min$ $f=0.1mm/r$ $a_p=1mm$	切断刀	
6	调头软三爪装夹连接座，卡爪端面尽可能靠近椭圆右端，保证跳动在0.02mm，对椭圆左边轮廓进行精加工	T0202	$n=350r/min$ $f=0.08mm/r$ $a_p=0.5mm$	外圆啄式车刀	

步骤三　自动编程操作

打开"椭圆柄.mcx"文件，椭圆柄自动编程具体操作步骤如下：

（1）激活加工轮廓线　在打开的 Mastercam X 中，单击绘图区域下方的"属性栏"，系统弹出"图层管理器"对话框，打开零件轮廓线图层 2，关闭其他图素的图层，结果显示所需要的粗加工外轮廓线，如图 3-97 所示。

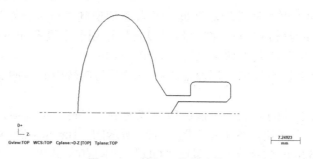

图 3-97　粗加工外轮廓线

（2）设置机床系统　从菜单栏中选择"机床类型"→"车床"→"系统默认"命令，如图 3-98 所示可采用默认的车床加工系统。指定车床加工系统后，在"刀具路径"选项卡中出现"加工群组属性"树节菜单，设置结束后打开菜单栏的"刀具路径"菜单。

图 3-98　机床选择

（3）设置加工群组属性　在"加工群组属性"树节菜单中包含"材料设置""刀具设置""文件"及"安全区域"四项内容。文件设置一般采用默认设置，安全区域根据实际的情况设定，本加工实例主要介绍设置夹具、刀具和材料。

1）打开设置界面。

① 单击"机床系统"→"车床"→"系统默认"命令，出现"刀具路径"选项卡。

② 在"刀具路径"选项卡含有"加工群组属性"树节菜单，如图 3-99 所示，单击加工群组属性树节菜单下的"材料设置"选项。

图 3-99　加工群组属性树节菜单

③ 系统弹出"加工群组属性"对话框，并自动切换到"材料设置"选项卡。

2）设置加工零件的材料参数。在"材料设置"选项卡中设置如下参数。

① "工件材料视角"：采用默认设置"TOP"视角。

② "stock"：此实例零件的坐标原点设在右端面与旋转中心线的交点处，因此有两种方法进行设置。

第一种为，输入坐标的方法：在该选项区域选中"左转"单选项，如图 3-100 所示。单击"parameters，…"按钮，系统弹出图 3-101 所示的"Bar Stock"对话框。在该对话框中设置毛坯材料为ϕ52mm 的铝合金，即在"OD"文本框 OD: 52.0 中输入"52.0"，在"Length"文本框 Length: 120.0 中输入"120.0"，在"Base Z"文本框 Base Z 1.0 中输入"1.0"（数据根据采用的坐标系不同而不同），选中单选项 On left face On right face ，此时水平坐标轴方向指向左端面处，单击"Preview…"按钮，出现的材料设置符合预期后，单击该对话框中的"确定"按钮，完成材料参数的设置。

图 3-100 "Stock" 选项区域

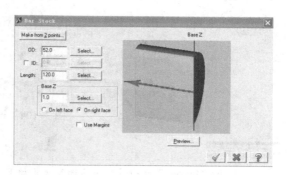

图 3-101 "Bar Stock" 对话框

第二种为点选"对角点"的方法：单击"Make from 2 points..."按钮，单击工具栏中的  按钮，按照提示依次输入两点坐标（D0，Z0）、（D52，Z120）来定义工件外形（也可以在需要的位置点直接单击获取），选中单选项 ○ On left face ● On right face ，此时水平坐标轴方向指向左端面处，单击"Preview..."按钮，出现的毛坯设置符合预期后，单击该对话框中"确定"按钮 ✓ 。

在"材料设置"选项卡的"Chuck"夹爪的设定选项区域中选中"左转"单选项，如图 3-102 所示。

图 3-102 设置 "Chuck" 选项区域

单击该选项区域中的"Parameters"按钮，系统弹出"Chuck Jaw"对话框，如图 3-103 所示。在"Position"选项区域选中"从素材算起"复选项 ☑ From stock 和"夹在最大直径处"复选项 ☑ Grip on maximum diameter ，设置卡爪尺寸与工件大小匹配以及其他的参数，设置结果如图 3-103 所示。

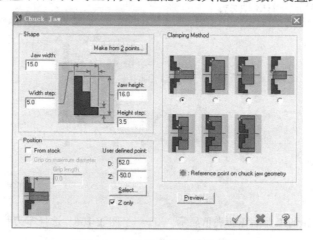

图 3-103 机床组件夹爪的设定

椭圆柄不需要尾座支撑，故不设置。

在"Chuck Jaw"对话框，最下边的"Display Options"选项区域中设置图 3-104 所示的显示选项。

图 3-104　设置显示选项

"Display Options" 选项区域中各选项含义如下：

选　项	含　义	选　项	含　义
Left stock	左侧素材	Right stock	右侧夹头
Left chuck	左侧夹头	Right chuck	右侧夹头
Tailstock	尾座	Steady res	中心架
Shade bonudaries	设置范围着色	Fit screen to bonudar	显示适度化范围

③ 设置刀具参数，在"加工群组属性"树节菜单中单击"刀具设置"选项，在选项卡中默认设置参数。

单击该对话框中的"确定"按钮 ✓ ，完成实例零件设置的工件毛坯和夹爪显示，如图 3-105 所示。

（4）车削实例零件端面

1）在菜单栏中选择"刀具路径"→"车端面"命令；或者直接单击菜单栏中的"刀具路径"选项卡，接着单击工具栏中的按钮 ⫿⫿⫿ 。

2）按照车端面操作步骤设置"Lathe Face 属性"对话框。

在"Toolpath parameters"选项卡中选择 T0101 外圆车刀，按照工艺分析的要求设置参数数据，设置结果如图 3-106 所示。

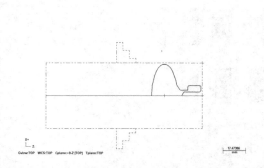

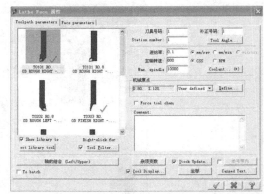

图 3-105　实例零件设置的工件毛坯和夹爪显示　　　　图 3-106　选择车刀和刀具路径参数

3）切换至"Face parameters"选项卡，在"设置预留量"文本框 中输入"0.0"，以及根据工艺要求设置车端面的其他参数，如图 3-107 所示。

4）在"Lathe Face 属性"对话框中单击"确定"按钮 ✓ ，生成车端面的刀具路径，如图 3-108 所示。在"刀具路径"选项卡中选择车端面操作，单击按钮 ≈ ，从而隐藏车端面的刀具路径。

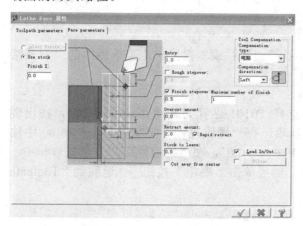

图 3-107 设置车端面的其他参数　　　图 3-108 生成车端面的刀具路径

（5）钻孔加工 M6 内螺纹底孔

1）在菜单栏中选择"刀具路径"→"钻孔"命令；或者直接单击菜单栏中的"刀具路径"选项卡，接着单击工具栏中的按钮 。

2）系统弹出"车床钻孔 属性"对话框。

① 在"Toolpath parameters"选项卡中选择 T0101 的麻花钻并设置适合参数。

② 更改机械原点即换刀点在（D0，Z120），并根据工艺要求设置相应的进给率、主轴转速及 Max. spindle 等，如图 3-109 所示。

3）"车床钻孔 属性"对话框中单击"Simple drill-no peck"选项卡，此选项采用增量坐标。

① 设置钻孔深度为 16mm。

② 设置钻孔起始位置点为右端面与中心线的交点。

③ 设置提刀安全高度为 5mm。

④ 设置退刀参考高度为 3mm，其他参数采用默认设置，根据工艺要求设置图 3-110 所示的钻孔参数。

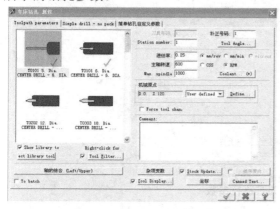
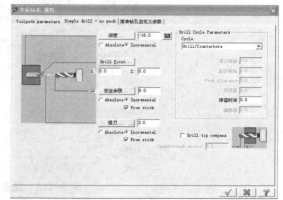

图 3-109 设置刀具路径参数　　　图 3-110 "Simple drill-no peck"选项卡对话框

4）在"车床钻孔 属性"对话框中单击"确定"按钮 ，创建的钻孔刀具路径如图 3-111 所示。

（6）M6 丝锥加工内螺纹

1）在菜单栏中选择"刀具路径"→"钻孔"命令；或者直接单击菜单栏中的"刀具路径"选项卡，接着单击工具栏中的按钮 。

2）系统弹出"车床钻孔 属性"对话框。

① 在"Toolpath parameters"选项卡中选择 T0101 钻孔刀具，并双击此图标，在出现的"Define Tool"对话框中单击 图标设置丝攻。在"螺纹直径"文本框 Number of flutes: |6 中输入"6"，在"螺纹角" 文本框 Flute helix angle: |0.0 中输入"0.0"，在"螺纹螺距"文本框 mm/thread |1 中输入"1"，其他参数设置如图 3-112 所示。然后单击"确定"按钮 返回到"Toolpath parameters"选项卡对话框。

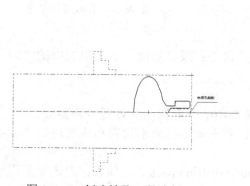

图 3-111　创建钻孔刀具路径

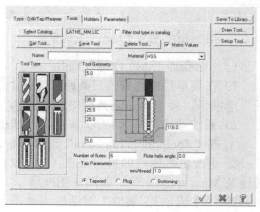

图 3-112　设置刀具

② 更改机械原点即换刀点在（D0，Z120），并根据工艺要求设置相应的进给率、主轴转速及 Max. spindle 等，如图 3-113 所示。

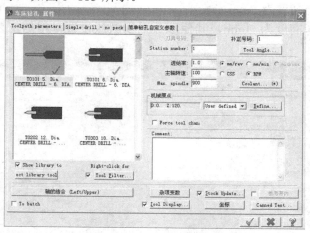

图 3-113　设置刀具路径参数

3）"车床钻孔 属性"对话框中单击"Simple drill-no peck"选项卡，此选项采用增量坐标。

① 设置钻孔深度为 16mm。

② 设置钻孔起始位置点为右端面与中心线的交点。

③ 设置提刀安全高度为 5mm。

④ 设置退刀参考高度为 2mm，停顿时间设置为 1s，其他参数采用默认设置，根据工艺要求设置图 3-114 所示的钻孔参数。

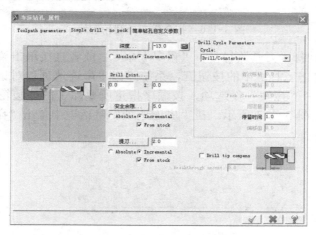

图 3-114　"Simple drill-no peck" 选项卡对话框

技巧提示

钻孔加工时，"刀具路径参数"选项卡显示所有规格的钻头，刀具号码排序按照系统默认的顺序排列，在 Mastercam X 中选刀时，只考虑刀具的实际直径，不考虑刀具号码，因此选择 T0101 号中心钻。

钻孔位置是钻孔的起始坐标，根据绘图区钻孔实际坐标确定；中心钻加工是钻孔或镗孔的前道工序，一般中心孔深度较浅。

4）在"车床钻孔 属性"对话框中单击"确定"按钮 ✓ ，创建的攻螺纹刀具路径如图 3-115 所示。

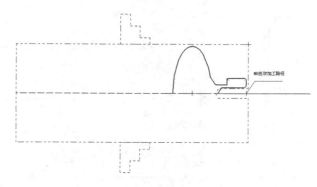

图 3-115　创建攻螺纹刀具路径

（7）粗加工右边各外圆表面及椭圆右半边　考虑到本实例粗加工过程中有凹槽，应在凹槽处补全粗车外圆的轮廓线，如图 3-116 所示。

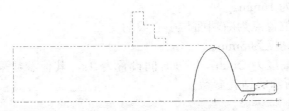

图 3-116　补全粗车外圆轮廓线

1）在菜单栏中选择"刀具路径"→"粗车"命令；或者直接单击菜单栏中的"刀具路径"选项卡，接着单击工具栏中的按钮，系统弹出"串连选项"对话框。单击"部分串连"按钮，并选中"接续"复选项，按顺序指定所要加工的外圆轮廓，按照以上工艺安排，选中图素，如图 3-117 所示。在"串连选项"对话框中单击"确定"按钮，完成粗车轮廓外形的选择。

图 3-117　粗车轮廓外形的选择

2）系统弹出"车床粗加工 属性"对话框。

① 在"Toolpath parameters"选项卡中选择 T0101 外圆车刀，并根据以上工艺分析要求设置相应的进给率、主轴转速及 Max. spindle 等，如图 3-118 所示。

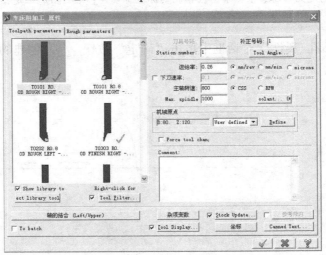

图 3-118　"刀具路径参数"选项卡

② 双击刀具图案，出现"刀具参数"对话框。根据零件外形选取刀具，如刀具参数不合适，双击刀具图案，依次打开"Inserts""Type-General Turning""Holders"及"Parameters"

选项卡，根据需要自行设置刀具参数，在对话框中单击"确定"按钮 ✓ 后返回。

3）切换至"Rough parameters"选项卡，根据工艺分析按图 3-119 所示设置粗车参数。

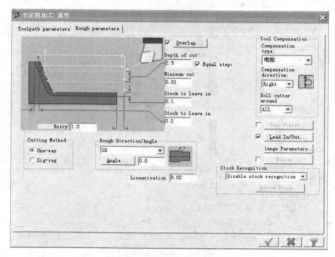

图 3-119　设置粗车参数

4）在"车床粗加工 属性"对话框中单击"确定"按钮 ✓，生成粗车刀具路径如图 3-120 所示。

5）在"刀具路径"选项卡中选择该粗车操作，单击按钮 ≈，从而隐藏车端面的刀具路径。

（8）连接座外圆的精加工

1）在菜单栏中选择"刀具路径"→"精车"命令；或者直接单击菜单栏中的"刀具路径"选项卡，接着单击工具栏中的按钮 ⌒。

在系统弹出的"串连选项"对话框中按顺序指定加工轮廓，单击"确定"按钮 ✓，出现图 3-121 所示的串连轮廓图。

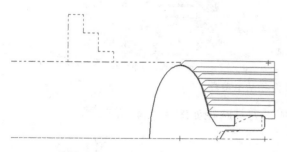

图 3-120　生成粗车刀具路径

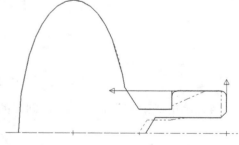

图 3-121　串连轮廓图

2）系统弹出"车床精加工 属性"对话框。

① 在"Toolpath parameters"选项卡中选择 T0101 车刀，并按工艺要求设置相应的参数，如图 3-122 所示。

② 双击刀具图案，出现"刀具参数"选项卡。根据零件外形选取刀具，如刀具参数不合适，双击刀具图案，依次打开"Inserts""Type-General Turning""Holders"及"Parameters"

选项卡，根据需要自行设置刀具参数，在对话框中单击"确定"按钮 ✓ 后返回。

3）切换至"Finish parameters"选项卡，设置 X、Z 向的预留量为 0，其余默认设置，如图 3-123 所示。

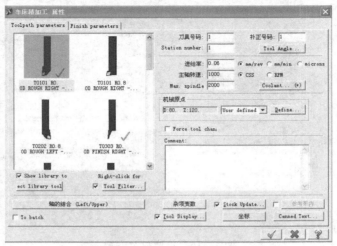

图 3-122　设置刀具路径参数

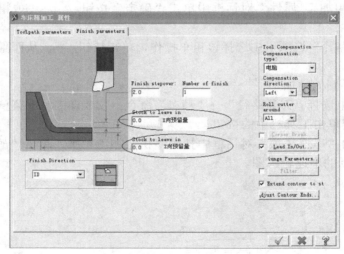

图 3-123　设置内孔精车参数

4）单击"确定"按钮 ✓ ，创建的精车加工刀具路径如图 3-124 所示。

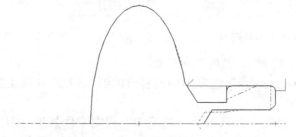

图 3-124　精车加工刀具路径

5）在"刀具路径"选项卡中选择该粗车操作，单击按钮 ≋，从而隐藏车端面的刀具路径。

（9）车凹槽

1）在菜单栏中选择"刀具路径"→"径向车槽"命令；或者直接单击菜单栏中的"刀具路径"选项卡，单击工具栏中的按钮 ▥。

2）系统弹出"Grooving Options"对话框，如图 3-125 所示。选中"2points"单选项，然后在"Grooving Options"对话框中单击"确定"按钮 ✔，完成加工图素方式的选择。

在出现的车削加工轮廓线中依次单击两个斜槽区域中对角线上的点，如图 3-126 所示，接着按<Enter>键。

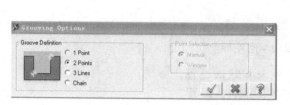

图 3-125　"Grooving Options"对话框

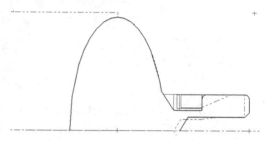

图 3-126　区域选择

3）系统弹出"车床开槽 属性"对话框，如图 3-127 所示。

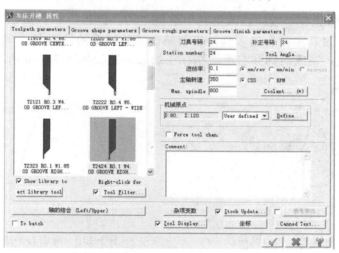

图 3-127　"车床开槽 属性"对话框

① 在"Toolpath parameters"选项卡中选择 T2424 外圆车刀，并根据工艺分析的要求设置进给率为 0.1mm/r、主轴转速为 350r/min 及 Max. spindle 为 800r/min，如图 3-127 所示。

② 双击刀具图案，依次打开"刀具参数"对话框中的"Inserts""Type-General Turning""Holders"及"Parameters"选项卡，根据需要自行设置刀具参数，然后单击"确定"按钮 ✔后返回。

4）将"车床开槽 属性"对话框切换至"Groove shape parameters"选项卡。根据工艺分析要求及凹槽形状设置图 3-128 所示的径向车削外形参数。

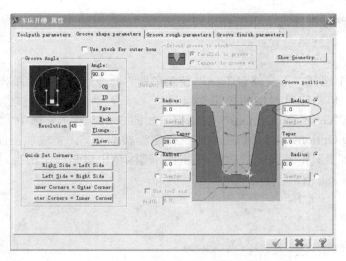

图 3-128　设置径向车削外形参数

5）切换至"Groove rough parameters"选项卡并默认设置。

6）切换至"Groove finish parameters"选项卡并默认设置。

7）单击"确定"按钮 ✓ ，生成的开槽刀具路径如图 3-129 所示。

8）在"刀具路径"选项卡中选择该粗车操作，单击按钮 ≋ ，从而隐藏车端面的刀具路径。

（10）精加工椭圆右半边　在菜单栏中选择"刀具路径"→"精车"命令；或者直接单击菜单栏中的"刀具路径"选项卡，接着单击工具栏中的按钮 ≋ ，其余操作按照（9）的步骤和参数设置，完成的椭圆右半边精加工的刀具路径如图 3-130 所示。

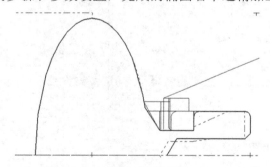

图 3-129　生成的开槽刀具路径

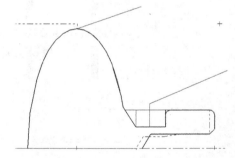

图 3-130　椭圆右半边精加工刀具路径

（11）粗车椭圆左半边　其操作过程如同（10）一样，加工尺寸为 8mm×10.5 mm 的工艺凹槽，生成的刀具路径如图 3-131 所示。

（12）切断椭圆柄零件　在尺寸为 8mm×10.5 mm 的工艺凹槽内切断应保证总长，生成的刀具路径如图 3-132 所示。在"刀具路径"选项卡中选择该粗车操作，单击按钮 ≋ ，从而隐藏车端面的刀具路径。

完成所有工步加工后，检验所有操作的正确性：选取所有操作，再次单击按钮 ≋ ，所有刀具路径就被显示出来，结果如图 3-133 所示。

（13）调头软三爪装夹连接座　卡爪端面尽可能靠近椭圆右端，保证跳动为 0.02mm，对椭圆左边轮廓进行精加工，操作步骤如下：

1）在菜单栏中选择"刀具路径"→"粗车"命令；或者直接单击菜单栏中的"刀具路径"选项卡，单击工具栏中的按钮 🖜。在系统弹出的"串连选项"对话框中按顺序指定加工轮廓，单击"确定"按钮 ✅ ，出现图3-134所示的串连轮廓图。

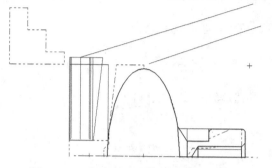

图3-131 粗车椭圆左半边刀具路径

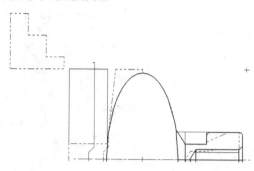

图3-132 切断刀具路径

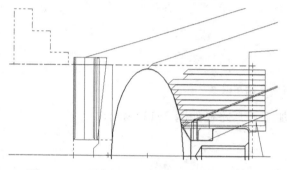

图3-133 所有加工操作步骤的刀具路径

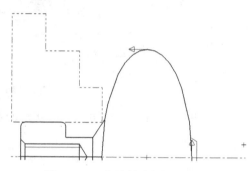

图3-134 串连轮廓图

2）系统弹出"车床精加工 属性"对话框。

① 在"Toolpath parameters"选项卡中选择 T0101 车刀，并按工艺要求设置相应的参数，如图3-135所示。

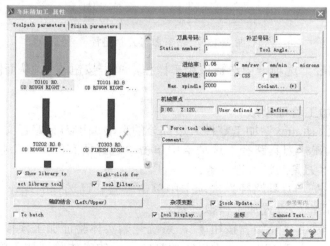

图3-135 设置刀具路径参数

151

② 双击刀具图案，出现"刀具参数"选项卡，根据零件外形选取刀具，如刀具参数不合适，双击刀具图案，依次打开"Inserts""Type-General Turning""Holders"及"Parameters"选项卡，根据需要自行设置刀具参数，在对话框中单击"确定"按钮 后返回。

3）切换至"Finish parameters"选项卡，设置 X、Z 向的预留量为 0，"切削次数"设置为 3，其余默认设置，如图 3-136 所示。

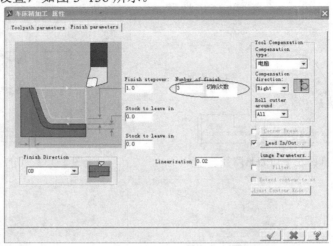

图 3-136　设置内孔精车参数

4）单击"确定"按钮 ，创建的精车加工刀具路径如图 3-137 所示。

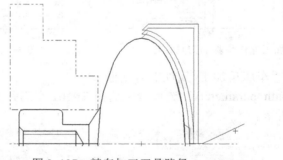

图 3-137　精车加工刀具路径

5）在"刀具路径"选项卡中选择该粗车操作，单击按钮 ，从而隐藏车端面的刀具路径。

步骤四　车削加工验证模拟

（1）打开"椭圆柄.mcx"加工零件右边部分的自动编程刀具路径文件

1）打开界面。在"刀具路径"选项卡中单击"选择所有的操作"按钮 ，选择所有的加工操作，激活"刀具路径"选项卡。

2）选择操作。在"刀具路径"选项卡中单击"验证已选择的操作"按钮 ，系统弹出"实体验证"对话框，设置加工模拟参数。

3）实体验证。单击"开始"按钮 ，系统开始实体验证加工模拟。每道工步的刀具路径被动态显示出来，图 3-138 所示为以等角视图显示的实体验证加工模拟最后结果（右），具体的工步实体验证加工模拟见表 3-6。

（2）打开"椭圆柄.mcx"加工零件左边部分的自动编程刀具路径文件

实体验证操作与上述步骤一样，最后单击"开始"按钮 ▶，系统开始实体验证加工模拟。每道工步的刀具路径被动态显示出来，图 3-139 所示为以等角视图显示的实体验证加工模拟最后结果（左）。

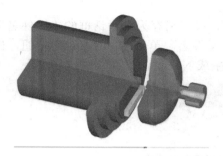

图 3-138　以等角视图显示的实体
验证加工模拟最后结果（右）

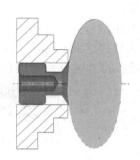

图 3-139　以等角视图显示的实体
验证加工模拟最后结果（左）

（3）实体验证加工模拟分段讲解　过程见表 3-6。

表 3-6　实体验证加工模拟过程

序　号	加工过程注解	加工过程示意图
1	自定心卡盘装夹零件毛坯，伸出长度为 45mm，车端面	
2	麻花钻钻削加工内螺纹底孔，M6 丝锥加工内螺纹，保证旋合长度为 12mm	
3	外圆车刀粗加工右边各外圆表面及椭圆右半边	
4	切槽刀对凹槽进行加工，外圆啄式车刀对椭圆右半边进行精加工	
5	切断加工好的工件，切断过程中利用切槽刀对椭圆左端进行粗加工	
6	调头软三爪装夹连接座，卡爪端面尽可能靠近椭圆右端，保证跳动为 0.02mm，对椭圆左边轮廓进行精加工	

步骤五　后处理形成 NC 文件，通过 RS232 接口传输至机床储存

（1）打开界面　在"刀具路径"选项卡中将需要后处理的刀具路径选中，接着单击"Toolpath Group-1"按钮 G1，选中"后处理程式"对话框中的"NC 文件"复选项，在"NC 文件的扩展名"文本框输入为".NC"，选中"将 NC 程式传输至"复选项。传送前调整后处理程式的数控系统与数控机床的数控系统匹配，其他参数按照默认设置，单击"确定"按钮 ✓。

（2）生成程序　系统打开"另存为"对话框，在"另存为"对话框的"文件名"文本框内输入程序名称，本实例在此使用"椭圆柄"文件名，单击"保存（s）"按钮，出现图3-140 所示的"组合后处理程序"对话框后，即生成 NC 代码，如图 3-141 所示。

图 3-140　"组合后处理程序"对话框

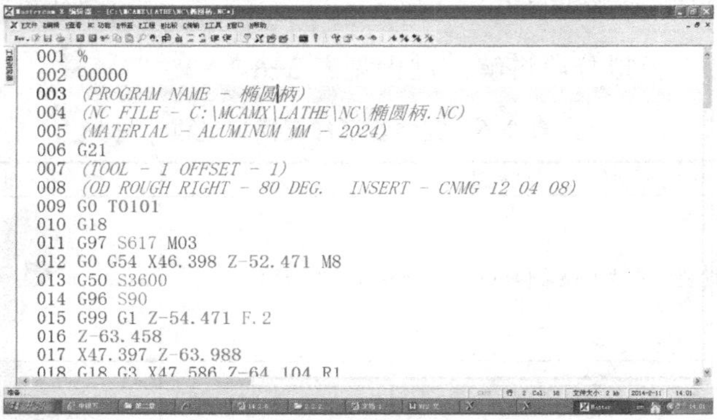

```
001 %
002 00000
003 (PROGRAM NAME - 椭圆柄)
004 (NC FILE - C:\MCAMX\LATHE\NC\椭圆柄.NC)
005 (MATERIAL - ALUMINUM MM - 2024)
006 G21
007 (TOOL - 1 OFFSET - 1)
008 (OD ROUGH RIGHT - 80 DEG.    INSERT - CNMG 12 04 08)
009 G0 T0101
010 G18
011 G97 S617 M03
012 G0 G54 X46.398 Z-52.471 M8
013 G50 S3600
014 G96 S90
015 G99 G1 Z-54.471 F.2
016 Z-63.458
017 X47.397 Z-63.988
018 G18 G3 X47.586 Z-64.104 R1
```

图 3-141　NC 代码

（3）检查生成 NC 程序　根据所使用数控机床的实际情况在图 3-141 所示的文本框中对程序进行检查、修改，包括 NC 代码、起刀点位置、换刀点位置和中间的空进给程序。经过检查后的程序可减少空行程、节约加工时间、符合数控机床要求并能正常运行。

（4）通过 RS232 接口传输至机床储存　经过以上操作设置，并通过 RS232 联系功能界面，打开机床传送功能，机床参数设置参照机床说明书，单击软件菜单栏中的"传送"功能。传送前要调整后处理程式的数控系统与数控机床的数控系统匹配，传送的程序即可在数控机床存储，调用此程序时就可正常运行加工，节约加工时间，提高生产率。

第4章 综合形状零件车削加工自动编程实例

综合形状零件外形的结构复杂，包括外圆柱面、圆锥面、圆弧面、槽、螺纹及倒角等表面组成，更加适合用 Mastercam X 进行自动编程，可以方便快捷的编制出加工程序，大大简化了计算工作量，但需要注意以下几点：

1）应用 Mastercam X 进行自动编程首先在 Mastercam X 中画图建模，自动编程前进行工艺分析，根据工艺分析的可行性进行工艺参数、刀具路径、刀具、切削参数的设定，最后后处理形成 NC 文件，通过传输软件或直接输入机床进行加工。

2）正确使用 Mastercam X 的工件毛坯设置车削加工刀具路径的方法，工艺安排中注意粗车及精车加工的合理性，采用保证加工精度的合理措施及方法。

3）对各类圆锥面零件进行工艺分析，合理安排并进行加工工艺设计。

4）掌握数控车床加工典型锥度类零件的编程方法和加工工艺设计。

5）对锥度类零件的加工误差进行正确分析。

6）根据加工情况合理选择刀柄、刀片及切削用量。

7）掌握锥度类零件加工过程中的注意事项。

8）掌握锥度类零件配合件的配合精度和调整的方法、技巧。

4.1 实例一 球头轴的车削加工

如图 4-1 所示，本实例加工的是带有锥度的球头轴，材料为 45 钢、规格为 $\phi30mm$ 的圆柱棒料，粗车后正火处理，硬度为 200HBW。通过实例零件轴和锥度套配合加工的介绍并使读者了解和掌握如何使用 Mastercam X 的车削功能自动编程进行加工。

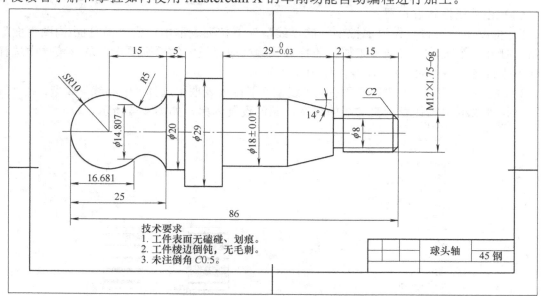

图 4-1 综合形状零件—球头轴

155

在该零件加工的自动编程操作时,首先应给球头轴绘制图形建模,然后检查绘制图形的正确性并定制工艺再编程。本车削综合实例的具体操作步骤如下:

步骤一　绘图建模

(1)打开 Mastercam X　使用以下方法之一打开 Mastercam X,如图 4-2 所示:

图 4-2　Mastercam X 界面

1)选择"开始"→"程序"→"Mastercam X"→"Mastercam X"命令。

2)在桌面上双击 Mastercam X 的快捷方式图标 。

(2)使用下列方法建立文件档案

1)启动 Mastercam X 后,选择"文件"→"新建文件"命令,系统就自动新建了一个空白的文件,文件的后缀名是".mcx",本实例文件名定为"球头轴.mcx"。

2)或者单击"文件"工具栏的"新建"按钮 ,也可新建一个空白的".mcx"文件。

(3)相关属性状态设置

1)构图面的设置。在"属性"栏的"线型"下拉列表框中单击"刀具面/构图平面"按钮,打开一个菜单,根据车床加工的特点及编程原点设定的原则要求,从该菜单中选择"D 车床直径"→"+D-Z"命令,如图 4-3 所示。

2)线型属性设置。在"属性"栏的"线型"下拉列表框中选择"中心线"线型,在"线宽"下拉列表框中选择表示粗实线的线宽,颜色设置为黑,如图 4-4 所示。

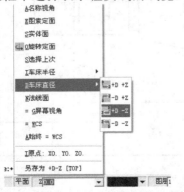

图 4-3　刀具平面或构图面的设置

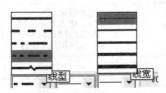

图 4-4　线型属性设置

3）构图深度、图层设置。在"属性"栏中设置构图深度为 0，图层设置为 1，如图 4-5 所示。

图 4-5　构图深度、图层设置

（4）绘制中心线　车床零件绘制 CAD 图建模时，一般采用先绘制中心线，画出回转零件体的一半，然后再使用"镜像"操作，画出零件的全图，这样可减少绘制图形时的操作，使绘制图形变得简单。

在相关属性状态设置完成后，继续下列操作：

1）采用下列方法之一激活绘制直线功能：

① 在菜单栏中选择"绘图"→"直线"→"绘制任意线"命令。

② 在"绘图"工具栏中单击"绘制任意线"按钮＼·，系统弹出"直线"操作栏。

2）采用下列方法之一输入点坐标：

第一种方法：在如图 4-6 所示的"自动抓点"操作栏中输入坐标轴数值，按＜Enter＞键确认。

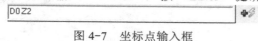

图 4-6　"自动抓点"操作栏

第二种方法：在"自动抓点"操作栏左边单击"快速绘点"按钮 ，弹出图 4-7 所示的坐标输入框，在坐标输入框中输入"D0Z2"，按＜Enter＞键确认。

图 4-7　坐标点输入框

3）在"直线"操作栏 中输入长度"−88.0"，在"角度"操作栏 中输入角度"0.0"，单击"确定"按钮 ，完成该中心线在+D−Z 坐标系中的绘制，如图 4-8 所示。

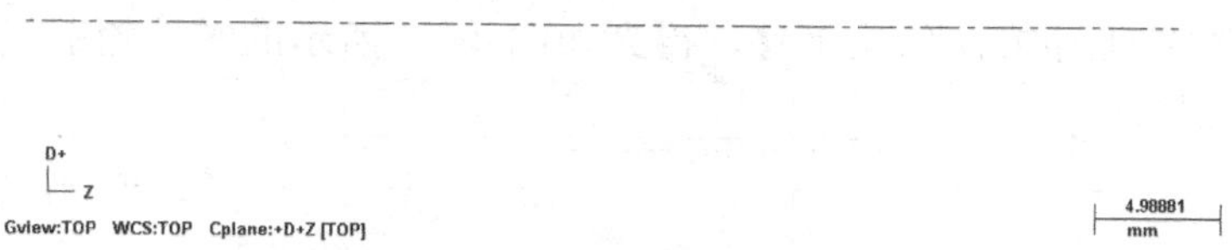

图 4-8　绘制中心线

（5）绘制轮廓线中的直线

1）对所要绘制的图素属性进行设置，将当前图层设置为 2，颜色设置为黑色，线型设置为实线，如图 4-9 所示。

图 4-9　图素属性设置

2）点选中心线作为平移对象（图素），在"绘图"工具栏中选择"转换"→"平移"命令；或者在"绘图"工具栏中单击按钮 ，系统弹出"平移选项"对话框，如图 4-10 所示。

在"输入角度向量"选项区域中"ΔX"文本框 中输入平移的距离，本实例最大轮廓线离中心线距离 14.5mm，故输入"14.5"，单击图标框 中的 ，平移后得到的图素经过线型属性的改变成为实线，如图 4-11 所示。

图 4-10 "平移选项"对话框　　　　　　图 4-11 平移图素

单击"绘制任意线"按钮，绘图界面的光标移动到直线的左端点，单击端点的显示处生成端点连线，如图 4-12 所示。

图 4-12 连线

其他外轮廓线按上述方法依次平移，得到如图 4-13 所示的零件轮廓线草图。

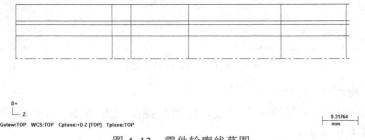

图 4-13 零件轮廓线草图

3）运用修剪工具去除多余的图素，采用下列方法之一激活"修剪"功能：

① 在菜单栏中选择"编辑"→"修剪/打断"→"修剪/打断"命令。

② 在"绘图"工具栏中单击按钮，系统弹出"修剪"工具栏如图 4-14 所示。

图 4-14 "修剪"工具栏

4）在弹出的"修剪"工具栏中，单击按钮 ￼ 绘制出图 4-15 所示的外圆轮廓线。

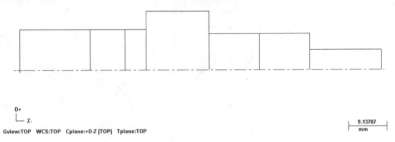

图 4-15　绘制外圆轮廓线

5）绘制左边圆球，采用下列方法之一激活"画圆"功能：

① 在菜单栏中选择"构图"→"画圆弧"→"圆心点"命令。

② 在"绘图"工具栏中单击按钮 ￼，系统弹出"画圆"工具栏，如图 4-16 所示。

图 4-16　"画圆"工具栏

在 ￼ 文本框中输入圆的半径或直径，本实例圆弧半径为 10mm，画出圆弧后激活"修剪"功能，绘制出图 4-17 所示的带圆弧外圆轮廓线。

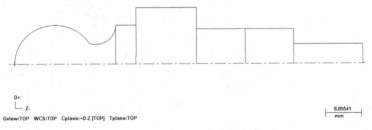

图 4-17　带圆弧外圆轮廓线

6）绘制螺纹退刀槽及倒角，按照上述实例介绍的螺纹退刀槽、倒角的绘制操作步骤完成图 4-18 所示的球头轴零件轮廓。

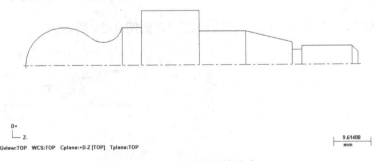

图 4-18　球头轴零件轮廓

7）使用"镜像"操作绘制完整的球头轴零件图，将图层设置为 2，选取要镜像的图素。在菜单栏中选择"转换"→"镜像"命令；或者在"绘图"工具栏中单击"镜像"按钮 ￼，出现"镜像选项"对话框，如图 4-19 所示。

图 4-19　"镜像选项"对话框

在"镜像选项"对话框中选中"复制"单选项，在"选取镜像轴"选择区域中选取"任意直线" ⌈ ⟷ 为镜像轴，结果出现完整的球头轴零件图形，如图 4-20 所示。单击"确定"按钮 ☑ 完成镜像选项设置，确定生成的结果。

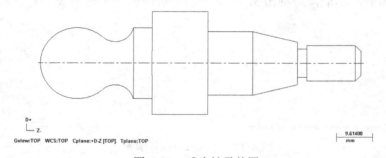

图 4-20　球头轴零件图

（6）建立体模型　加工零件建立体模型有利于直观地检验零件是否正确。球头轴立体模型按下列步骤完成：

1）关闭图层 2，打开图层 1，并使轮廓线闭合如图 4-21 所示。

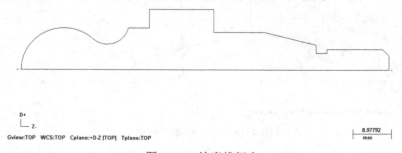

图 4-21　轮廓线闭合

2）在菜单栏中选择"实体"→"旋转实体"命令，系统弹出图 4-22 所示的"串连选项"对话框，在该对话框中单击 ◉◉◉ 按钮，选取要进行旋转操作的串连曲线，选中后轮廓图素出现箭头表示如图 4-23 所示，如需要改变箭头方向单击"串联选项"对话框中的按钮 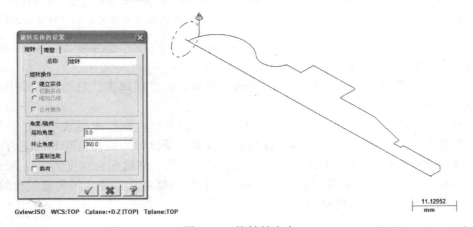，单击"确定"按钮 ☑ 完成串连曲线的选取。

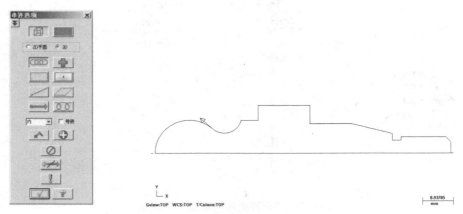

图 4-22　"串连选项"对话框　　　　　　图 4-23　选中轮廓图素

3）点选中心线图素时选取水平中心线作为旋转轴，同时系统弹出"方向"对话框，如图 4-24 所示，在软件的图形界面中用箭头显示出旋转方向，可以通过该对话框来重新选取旋转轴或改变旋转方向，单击"确定"按钮 ☑，完成旋转轴的选取。

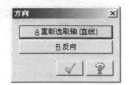

图 4-24　"方向"对话框

4）单击"确定"按钮 ☑，产生旋转轴方向如图 4-25 所示。

图 4-25　旋转轴方向

同时弹出"旋转实体的设置"对话框如图 4-26 所示，可以通过该对话框进行旋转参数的设置，该对话框有"旋转"和"薄壁"两个选项卡。

a)　　　　　　　　　　　　　　　　b)

图 4-26　"旋转实体的设置"对话框

完成参数设置后，单击"确定"按钮 ✓ ，完成旋转实体的构建，如图 4-27 所示。

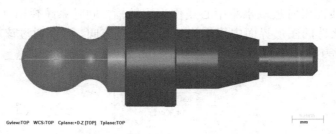

图 4-27　球头轴旋转实体的构建

加工技巧

选择选项时应该注意以下事项："旋转实体的设置"对话框与"实体挤出的设置"对话框相似，"角度/轴向"选项用区域来指定旋转实体的起始角度和终止角度，其他选项的意义参见"实体挤出的设置"对话框。

步骤二　零件加工工艺流程分析

（1）球头轴实例零件分析　如图 4-1 所示，该零件由左端球头、右端螺纹和中间的圆柱、圆锥及圆弧组成。

左端球头与圆弧连接，要求连接处平整光洁，台阶外圆柱面精度要求不高，长度有尺寸要求；锥度为 14°的圆锥体要求由锥体检验套检验，圆锥体与锥体检验套的配合面保证70%以上及圆锥母线的正确；M12 外螺纹与螺母配合旋紧，螺纹配合精度为 6g、配合长度为 12mm。本实例零件加工总体安排顺序：先加工台阶外圆右边，调头装夹连接台阶外圆，加工的右边圆柱体，加工零件左边。

（2）加工工艺分析

1）零件结构分析。零件由台阶外圆 ϕ29mm、ϕ20mm 及 ϕ18±0.01mm 和外圆弧 SR10、R5 等组成，长度与直径精度要求不高，只有圆锥体和螺纹有精度要求，其余要求平整光洁。

2）加工刀具使用分析。使用刀具分析：零件球头轴存在高台阶外圆、圆锥体、外螺纹，在加工时考虑刚性、刀具装夹高度、刀尖圆弧半径补偿、切削用量为首要考虑问题。

3）精度分析。零件要求圆锥度保证自由公差 14°±0.28°；M12×1.75 螺纹中径尺寸精度保证在 10.679～10.829μm 范围内；保证外圆 φ18±0.01mm 的直径尺寸及长度要求；本实例零件没有几何公差的要求。

4）定位及装夹分析。零件采用自定心卡盘装夹，本实例加工采用 φ30mm×88mm 的棒料，毛坯采用轴向定位装夹。伸出适当长度装夹加工右边部分，完成加工后调头装夹 $\phi18^{+0.01}_{-0.01}$ mm 外圆处，之后加工零件左边部分。

5）加工路径（工步）分析。经过以上剖析，零件表面形状复杂，加工难度较大，主要考虑加工刚性，所以车削时刀具采用较大的角度，保证刀具的锋利。加工工步安排：毛坯伸出长度为 28mm，采用三爪卡盘装夹，加工右边部分，包括用外圆车刀粗、精车加工右边各外圆表面，用切槽刀加工退刀槽，用螺纹刀加工螺纹。完成加工后调头装夹 $\phi18^{+0.01}_{-0.01}$ mm 外圆处，之后加工零件的左边部分，包括左端圆球、台阶外圆及连接圆球与左边外圆的凹圆弧，加工凹圆弧时刀具副偏角要大，以防止刀具副刀面与凹圆弧干涉。

6）刀具安排。根据以上工艺分析，球头轴零件车加工所需刀具安排见表 4-1。

表 4-1　球头轴零件车加工所需刀具安排

（单位：mm）

产品名称或代号		锥度螺纹轴		零件名称	锥度螺纹轴		零件图号	HDJG-1
刀具号	刀具名称	刀具规格名称		材料	数量	刀尖半径	刀杆规格	备注
T0101	外圆机夹粗车刀	刀片	CCMT06204-UM	PMCPT30	1	0.4	25X25	
		刀杆	MCFNR2525M16	GC4125				
T0202	外圆精车刀	刀片	VMNG160404-MF	MCPT25	1	0.2	25X25	
		刀杆	MVJNR2525M08	GC4125				
T0303	切槽刀	刀片	GE20D300	WPG35	1	0.2	20X20	
		刀杆	GDAR2020K200-08	GC4125				
T0404	螺纹刀	刀片	16AGER60	CKS35	1	0.3	20X20	
		刀杆	SER1212H16T	GC4125				
T0505	切断刀	刀片	GE20D300	WPG35	1	0.3	20X20	
		刀杆	GDAR2020K200-08	GC4125				
T0606	外圆啄式精车刀	刀片	VMNG160404-MF	WPG35	1	0.2	20X20	
		刀杆	MVJNR2020M08	GC4125				
T0707	左外圆啄式车刀	刀片	VMNG160404-MF	WPG35	1	0.2	20X20	
		刀杆	MDJNL2020M08	GC4125				

7）切削用量选择。切削用量的选择见表 4-2。

（3）工序流程安排　根据加工工艺分析，球头轴的工序流程安排见表 4-2。

表 4-2　球头轴工序流程安排

单位			产品名称及型号			零件名称	零件图号
扬大机械工程学院						球头轴	008
工序	程序编号		夹具名称			使用设备	工件材料
001	Lathe-08		自定心卡盘			CK6140-A	45 钢
工步	工步内容	刀号	切削用量	备注	工序简图		
1	车端面，钻中心孔	T0101	n=800r/min f=0.2mm/r a_p=1mm	三爪装夹			
2	粗、精车加工右边各外圆表面	T0101	n=600r/min f=0.2mm/r a_p=2mm	顶上尾座			
3	加工退刀槽及螺纹	T0303 T0404	n=300r/min f=0.35mm/r a_p=0.3mm	退刀槽、60°螺纹车刀			
4	车加工端面、左端圆球及台阶外圆	T0101 T0202	n=600r/min f=0.1mm/r a_p=0.35mm	调头装夹 ϕ18mm 外圆处，保证总长			
5	切槽	T0505	n=600r/min f=0.1mm/r	切槽刀 B=3mm			
6	加工凹圆弧右边	T0707	n=900r/min f=0.08mm/r a_p=0.3mm	左啄式车刀			
7	加工凹圆弧左边	T0606	n=900r/min f=0.08mm/r a_p=0.3mm	外圆啄式精车刀			

步骤三　自动编程操作

球头轴零件自动编程具体操作步骤如下：打开"球头轴.mcx"文件。

（1）激活加工轮廓线　在打开的 Mastercam X 中，单击绘图区域下方的"属性"工具栏，系统弹出"图层管理器"选项卡，打开零件轮廓线图层 1，关闭其他图层的图素，结果显示所需要的粗加工外轮廓线如图 4-28 所示。

图 4-28　粗加工外轮廓线

（2）设置机床系统　在打开的 Mastercam X 系统中，从菜单栏中选择"机床类型"→"车床"→"系统默认"命令，如图 4-29 所示可采用默认的车床加工系统。

图 4-29　机床选择

（3）设置加工群组属性

1）打开设置窗口。

① 选择"机床系统"→"车床"→"默认"命令后，出现"刀具路径"选项卡，在"刀具路径"选项卡中出现"加工群组属性"树节菜单，如图 4-30 所示。

② 如图 4-31 所示，单击"加工群组属性"树节菜单下的"材料设置"选项。

③ 系统弹出"加工群组属性"对话框，在"加工群组属性"对话框中包含"材料设置""刀具设置""文件设置"及"安全区域"四个选项卡。"文件设置"一般采用默认设置，"安全区域"根据实际情况设定，操作者主要对"材料设置"及"刀具设置"选项卡的内容进行设置。

图 4-30 "刀具路径"选项卡　　　　图 4-31 "加工群组属性"树节菜单

2）设置"材料设置"选项卡中参数。

① 在"加工群组属性"对话框中，单击"材料设置"选项卡，在该选项卡中设置如下内容。

② "工件材料视角"采用默认设置"TOP"视角。

③ "Stock"：针对此实例零件的坐标原点设在右端面与旋转中心线的交点，软件提供两种方法进行设置。

第一种方法为输入坐标的方法：在该选项区域选中"左转"复选项，如图 4-32 所示。单击"parameters"按钮，系统弹出图 4-33 所示的"Bar Stock"对话框。本实例球头轴零件毛坯材料为ϕ30mm 的棒料，即在"OD"文本框 OD: 30.0 中输入"30.0"，在"Length"文本框 Length: 88.0 中输入"88.0"，单击"Preview…"按钮，出现的材料设置符合预期后，单击"确定"按钮 ✓ ，完成材料参数的设置。

图 4-32 "Stock"选项区域

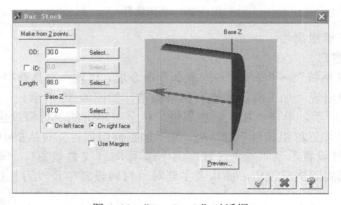

图 4-33 "Bar Stock"对话框

第二种方法为点选"对角点"的方法：单击"Make from 2 points…"按钮，单击工具栏中的 按钮，根据坐标原点的设置输入两点坐标（D0，Z0）、（D30，Z88）定义工件外形（也可以在需要的位置点直接单击获取）。选中复选项按钮 On left face ● On right face ，此时水平坐标轴方向指向左端面处，单击"Preview…"按钮，出现的毛坯设置符合预期后，单击"确定"按钮 。

④ 在"材料设置"选项卡中"Chuck"选项区域内选中"左转"复选项，如图 4-34 所示。

图 4-34　"Chuck"选项区域

接着单击该选项区域中的"parameters"按钮，系统弹出"Chuck Jaw"对话框如图 4-35 所示。在"Position"选项区域内选中"从素材算起"复选项 ☑ From stock 和"夹在最大直径处"复选项 ☑ Grip on maximum diameter ，设置卡爪尺寸与工件大小匹配的其他参数，设置结果如图 4-35 所示。

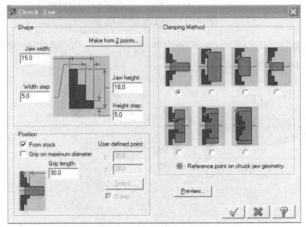

图 4-35　机床组件夹爪的设定

⑤ 设置卡爪尺寸的另一方法：单击"Chuck Jaw"对话框上端的"Make from 2 points…"按钮，按提示在输入坐标的界面内输入卡爪对角尺寸（定义卡爪外形大小），也可以在需要的位置点直接单击获取。在"Chuck Jaw"对话框中单击"Preview…"按钮，出现的卡爪大小设置符合预期后，单击"确定"按钮 ，回到"加工组件属性"对话框的"材料设置"选项卡中。

⑥ 在"Tailstock（尾座）"对话框中根据零件大小设置"顶尖"如图 4-36 所示，在"Extension（顶尖圆柱长度）"文本框中输入"15.0"，在"Diameter（顶尖圆柱直径）"文本框中输入"10.0"，在"Length（尾座长度）"文本框中输入"40.0"，在"Width（尾座宽度）"文本框中输入"30.0"，在"Z Position（顶尖 Z 点）的位置"文本框中输入"83.8"。

单击"Preview…"按钮，出现的位置设置符合预期后，单击"确定"按钮 ，回到"加工组件属性"对话框的"材料设置"选项卡中。

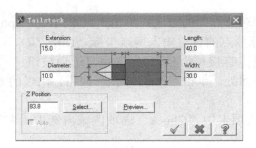

图 4-36　设置"顶尖"

⑦ 在"材料设置"选项卡最下边的"Display Options"选项区域中设置图 4-37 所示的显示选项。

图 4-37　设置显示选项

设置完成后，单击该对话框中的"确定"按钮 ✓，完成实例零件设置的工件毛坯、夹爪和尾座显示如图 4-38 所示。

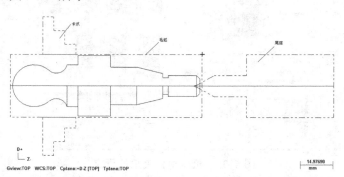

图 4-38　实例零件设置的工件毛坯、夹爪和尾座显示

（4）车削端面

1）在菜单栏中选择"刀具路径"→"车端面"命令；或者直接单击菜单栏中的"刀具路径"选项卡，接着单击工具栏中的按钮 ▥ 。

2）系统弹出"输入新 NC 名称"对话框，输入新的 NC 名称为"综合件实例—球头轴"，单击"确定"按钮 ✓ 。

3）系统弹出"Lathe Face 属性"对话框，在"Toolpath parameters"选项卡中选择 T0101 外圆车刀，并按照以上工艺分析的工艺要求设置参数数据，此实例换刀点的设置为（D120，Z20），设置结果如图 4-39 所示。

4）切换至"Face parameters"选项卡，在文本框 ▭ 中设置车削次数为 2，根据工艺要求设置车端面的其他参数，如图 4-40 所示。

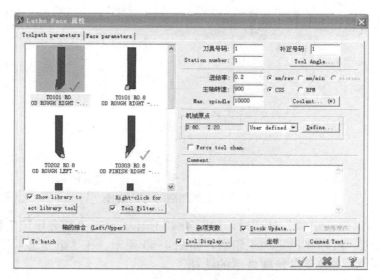

图 4-39　选择车刀和设置刀具路径参数

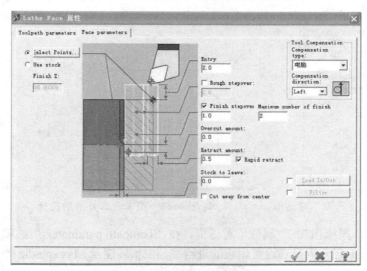

图 4-40　设置车端面的其他参数

5）端面车削区域的选择方法如下：

① 选中"选点"单选项 ⊙ Select Points...|，在绘图区域分别选择车削端面区域对角线的两点坐标来定义，确定后回到"Face parameters"选项框。

② 或者选中"使用材料 Z 轴坐标"单选项 （数据根据坐标系原点不同而不同），在文本框内输入零件端面的 Z 向坐标，这里为 86。

6）在"Lathe Face 属性"对话框中单击"确定"按钮 ✓，生成车端面的刀具路径，如图 4-41 所示。

7）在"刀具路径"窗口中选择车端面操作，单击按钮 ≋，从而隐藏车端面的刀具路径。

（5）粗车外圆

1）在菜单栏中选择"刀具路径"→"粗车"命令；或者直接单击菜单栏中的"刀具路

径"选项卡，接着单击工具栏中的按钮 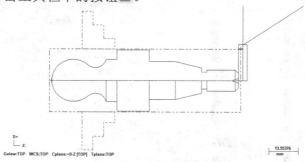。

图 4-41 生成车端面的刀具路径

2）系统弹出"串连选项"对话框，如图 4-42 所示。单击"部分串连"按钮 ，并选中"接续"复选项，按顺序指定加工轮廓，如图 4-43 所示。在"串连选项"对话框中单击"确定"按钮 ，完成粗车轮廓外形的选择。

图 4-42 "串连选项"对话框

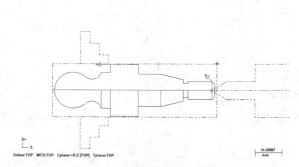

图 4-43 粗车轮廓外形的选择

3）系统弹出"车床粗加工 属性"对话框，在"Toolpath parameters"选项卡中选择 T0303外圆车刀，并根据工艺分析要求设置相应的进给率、主轴转速及 Max.spindle 等如图 4-44 所示。

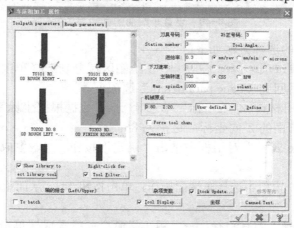

图 4-44 "Toolpath parameters"选项卡

4）切换至"Rough Parameters"选项卡，根据工艺分析设置图 4-45 所示的粗车参数。

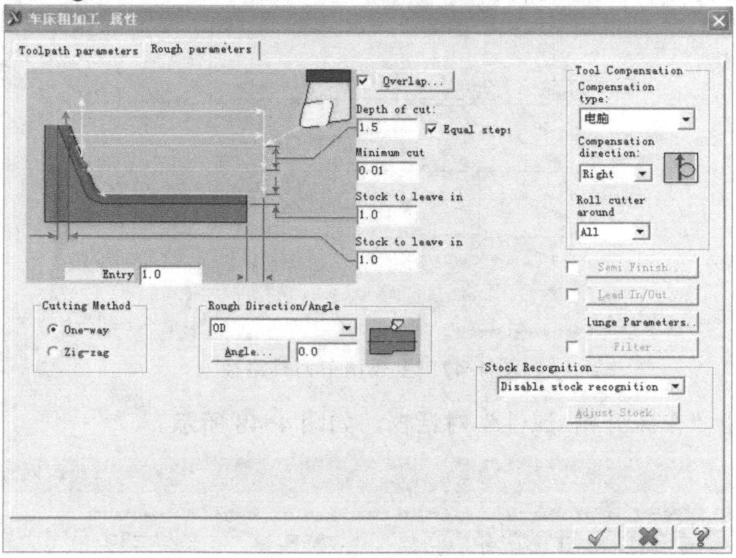

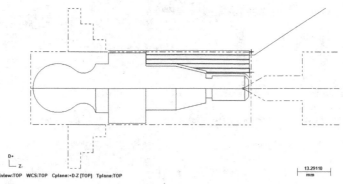

图 4-45　设置粗车参数

5）在"车床粗加工 属性"对话框中单击"确定"按钮 ✔ ，生成粗车刀具路径，如图 4-46 所示。

图 4-46　生成粗车刀具路径

6）在"刀具路径"选项卡中选择该粗车操作，单击按钮 ≋ ，从而隐藏车端面的刀具路径。

（6）精车外圆

在菜单栏中选择"刀具路径"→"精车"命令；或者直接单击菜单栏中的"刀具路径"选项卡，接着单击工具栏中的按钮 ⬂，其余步骤参考上述粗车步骤，生成精车刀具路径如图 4-47 所示。

（7）车削螺纹退刀槽

1）在菜单栏中选择"刀具路径"→"径向车槽"命令；或者直接单击菜单栏中的"刀具路径"选项卡，接着单击工具栏中的按钮 ⬛。

2）系统弹出"Crooving Options"对话框，选择"两点"方式确定退刀槽车削区域，操作步骤参照上述实例加工。

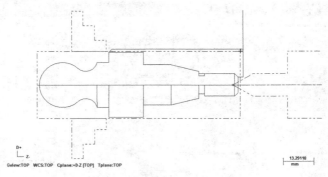

D+
└ Z

Gview:TOP   WCS:TOP   Cplane:+D·Z [TOP]   Tplane:TOP

13.29110
mm

图 4-47   生成精车刀具路径

3）系统弹出"车床开槽 属性"对话框，如图 4-48 所示。

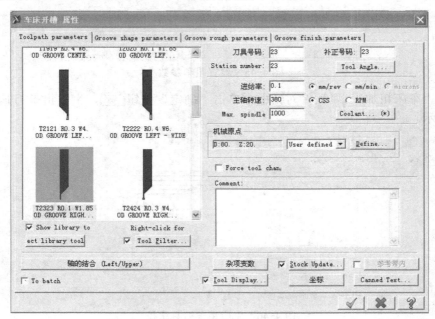

图 4-48   "车床开槽 属性"对话框

4）切换至"Groove shape parameters"选项卡，根据工艺分析要求设置径向车削外形参数。参数设置参照 2.1 实例一锥度螺纹轴加工切槽的参数设置。

5）切换至"Groove rough parameters"选项卡，根据工艺分析要求设置径向粗车参数。参数设置参照 2.1 实例一锥度螺纹轴加工切槽的参数设置。

6）切换至"Groove finish parameters"选项卡，根据工艺分析要求设置径向精车参数。参数设置参照 2.1 实例一锥度螺纹轴加工切槽的参数设置。

7）在"车床开槽 属性"对话框中单击"确定"按钮 ✓ ，生成开槽刀具路径如图 4-49 所示。

8）在"刀具路径"选项卡中选择该粗车操作，单击按钮 ≋ ，从而隐藏车端面的刀具路径。

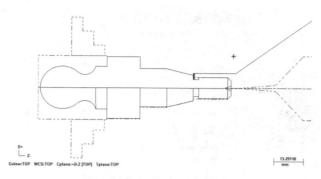

图 4-49　生成开槽刀具路径

（8）车加工 M12×1.75 螺纹

1）在菜单栏中选择"刀具路径"→"车螺纹"命令；或者直接单击菜单栏中的"刀具路径"选项卡，接着单击工具栏中的按钮 。

2）系统弹出"车床螺纹 属性"对话框。

在"Toopath parameters"选项卡中选择刀号为 T0303 的螺纹车刀钻头（或其他适合螺纹丝锥），并根据车床设备情况及工艺分析设置相应的主轴转速和最大主轴转速等，如图 4-50 所示。

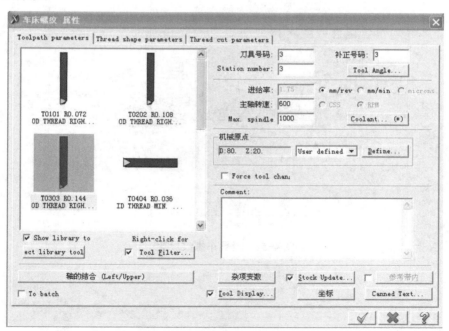

图 4-50　设置刀具路径参数

3）切换至"Thread shape parameters"选项卡，如图 4-51 所示。

4）切换至"Thread cut parameters"选项卡，根据工艺要求设置图 4-52 所示的参数。

5）"车床螺纹 属性"对话框中的参数设置完成后，单击对话框右下角的"确定"按钮 ，系统按照所设置的参数来生成图 4-53 所示的车螺纹刀具路径。

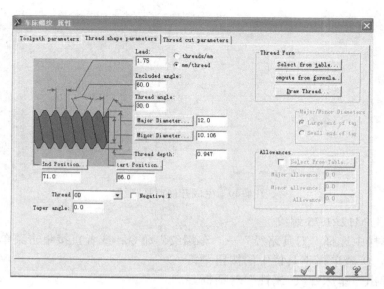

图 4-51　设置螺纹形状的参数

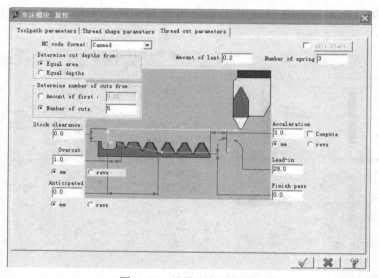

图 4-52　设置车螺纹参数

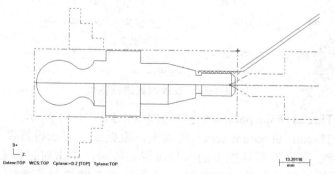

图 4-53　生成车螺纹刀具路径

6）在"刀具路径"选项卡中选择该精车操作，单击按钮 ≋，从而隐藏车端面的刀具路径。

7）选取所有操作再次单击按钮 ≋，所有加工操作步骤的刀具路径就被显示，结果如图 4-54 所示。

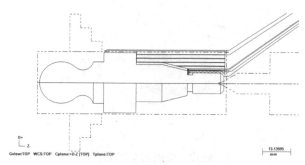

图 4-54　所有加工操作步骤的刀具路径

（9）调头装夹 $\phi18^{+0.01}_{-0.01}$ mm 外圆处，车加工端面，粗、精车加工左端圆球、台阶外圆，保证总长。

1）镜像加工轮廓线。其实质是图形以某一直线为对称中心，其加工方向相反，具体操作步骤参照 2.1 实例介绍。

2）设置机床系统。打开的 Mastercam X 系统中，从菜单栏中选择"机床类型"→"车床"→"系统默认"命令，具体操作步骤参照 2.1 实例介绍。

3）设置加工群组属性。具体操作步骤参照 2.1 实例介绍，设置完成后，单击该对话框中的"确定"按钮 ✓，完成实例零件设置的工件毛坯、夹爪和尾座显示如图 4-55 所示。

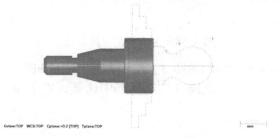

图 4-55　实例零件设置的工件毛坯、夹爪和尾座

4）车削端面。具体操作步骤参照 2.1 实例介绍，生成车端面的刀具路径如图 4-56 所示。刀具路径生成后，在"刀具路径"选项卡中选择车端面操作，单击"确定"按钮 ✓，从而隐藏车端面的刀具路径。

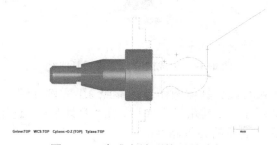

图 4-56　生成车端面的刀具路径

175

5）粗车外圆。具体操作步骤参照 2.1 实例介绍，生成粗车刀具路径如图 4-57 所示。刀具路径生成后，在"刀具路径"选项卡中选择该粗车操作，单击按钮 ≋，从而隐藏车端面的刀具路径。

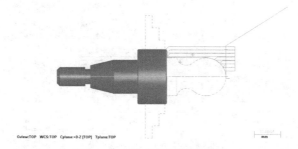

图 4-57　生成粗车刀具路径

6）精车外圆。具体操作步骤参照 2.1 实例介绍，生成精车刀具路径如图 4-58 所示。刀具路径生成后，在"刀具路径"选项卡中选择该精车操作，单击按钮 ≋，从而隐藏车端面的刀具路径。

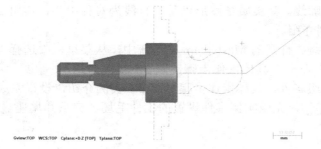

图 4-58　生成精车刀具路径

7）凹圆弧车槽。具体操作步骤参照 2.1 实例介绍，生成凹圆弧车槽刀具路径如图 4-59 所示。刀具路径生成后，在"刀具路径"选项卡中选择该粗车操作，单击按钮 ≋，从而隐藏车端面的刀具路径。

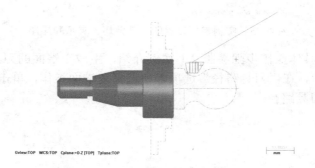

图 4-59　生成凹圆弧车槽刀具路径

8）粗、精加工凹圆弧右边。具体操作步骤参照 2.1 实例介绍，生成粗、精加工凹圆弧右边刀具路径如图 4-60 所示。刀具路径生成后，在"刀具路径"选项卡中选择该粗车操作，单击按钮 ≋，从而隐藏车端面的刀具路径。

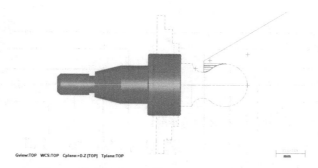

图 4-60　生成粗、精加工凹圆弧右边刀具路径

9）粗、精加工凹圆弧左边。具体操作步骤参照 2.1 实例介绍，生成粗、精加工凹圆弧左边刀具路径如图 4-61 所示。刀具路径生成后，在"刀具路径"选项卡中选择该粗车操作，单击按钮 ≋，从而隐藏车端面的刀具路径。

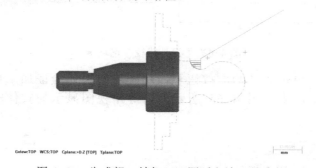

图 4-61　生成粗、精加工凹圆弧左边刀具路径

10）选取所有操作，再次单击按钮 ≋，所有刀具路径就被显示，结果如图 4-62 所示。

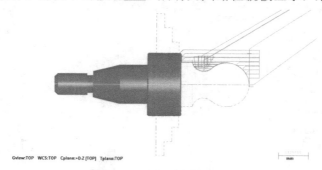

图 4-62　所有加工操作步骤的刀具路径

步骤四　车削加工验证模拟

（1）打开界面　在"刀具路径"选项卡中单击"选择所有的操作"按钮 ✓，从而选择所有的加工操作。"刀具路径"选项卡如图 4-63 所示。

（2）选择操作　在"刀具"选项卡中单击"验证已选择的操作"按钮 📄，系统弹出"实体验证"对话框如图 4-64 所示，单击"模拟刀具及刀头"按钮 ▼，并设置加工模拟的其他参数，例如可以设置停止选项为"碰撞停止"。

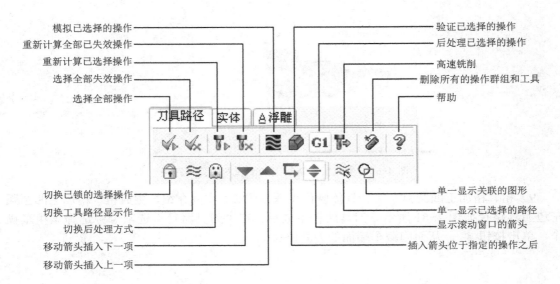

图 4-63 "刀具路径"选项卡

（3）实体验证　单击"开始"按钮▶，系统开始实体验证加工模拟。每道工步的刀具路径被动态显示出来，图 4-65 所示为以等角视图显示的实体验证加工模拟最后结果。

图 4-64 "实体验证"对话框

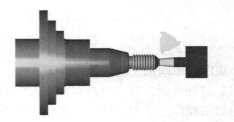

图 4-65 以等角视图显示的验证加工模拟最后结果

（4）实体验证加工模拟分段讲解　实体验证加工模拟过程见表 4-3。

表 4-3　实体验证加工模拟过程

序号	加工过程注解	加工过程示意图
1	车端面，钻中心孔	
2	顶上尾座，车刀粗、精车加工右边各外圆表面	
3	切槽刀加工退刀槽，螺纹刀加工螺纹	
4	调头，限位三爪装夹φ18mm 外圆处，车加工端面，保证总长，车加工左端圆球、台阶外圆 注意： 1）在满足加工要求的情况下，刀具伸出有效距离应大于工件半径的 3～5mm 2）刀具切削刃应保持锋利，切削用量应根据加工情况合理调整 3）精车加工时刀具应保持锋利并具有良好的强度 4）刀具中心高应与工件回转中心严格等高，防止圆弧几何公差超差	
5	凹圆弧切槽 注意： 1）切槽前，刀具切削部分的对称中心高应与主轴轴线垂直 2）刀具中心高应与工件回转中心等高 3）切槽刀两个主偏角应相等	
6	粗、精加工凹圆弧右边	
7	粗、精加工凹圆弧左边 注意： 1）工件找正时，应将找正精度控制在 0.02mm 的范围内 2）刀具和工件应装夹牢固 3）为避免端面不平，刀具中心高应与工件回转中心严格等高	

步骤五　后处理形成 NC 文件，通过 RS232 接口传输至机床储存

（1）打开界面　在"刀具路径"选项卡中将需要后处理的刀具路径选中，接着单击"Toolpath Group-1"按钮 **G1**，选中"后处理程式"对话框中的"NC 文件"复选项，在"NC 文件的扩展名"文本框输入为".NC"，选中"将 NC 程式传输至"复选项。传送前调整后处理程式的数控系统与数控机床的数控系统匹配，其他参数按照默认设置，单击"确定"按钮 **✓**。

（2）生成程序　系统打开"另存为"对话框，在"另存为"对话框中的"文件名"文本框输入程序名称，在此使用"综合件实例—球头轴"，完成文件名的选择。单击"保存（S）"按钮，出现如图 4-66 所示的"组合后处理程序"图案后，即生成 NC 代码，如图 4-67 所示。

图 4-66　组合后处理程序

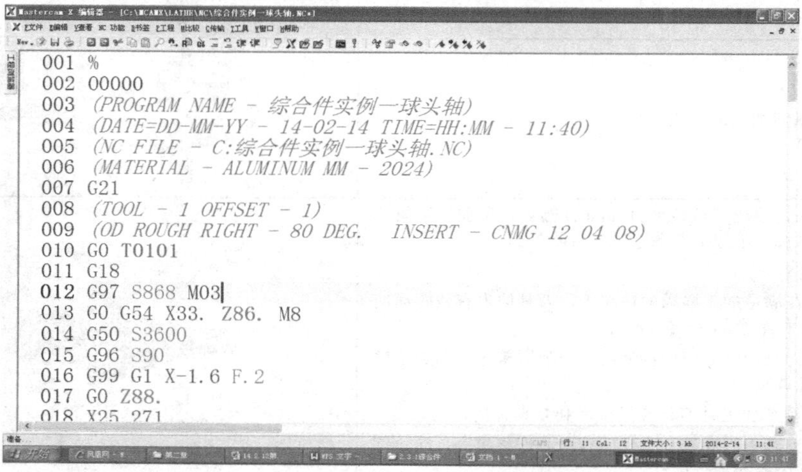

图 4-67　NC 代码

（3）检查生成 NC 程序　根据所使用的数控机床的实际情况在图 4-67 所示的文本框中对程序进行检查、修改，包括 NC 代码、起刀点位置、换刀点位置和中间的空走刀程序。经过检查后的程序可减少空行程、节约加工时间、符合数控机床要求并能正常运行。

（4）通过 RS232 接口传输至机床储存　经过以上操作设置，并通过 RS232 联系功能界面，打开机床传送功能，机床参数设置参照机床说明书，单击软件菜单栏中"传送"功能。传送前要调整后处理程式的数控系统与数控机床的数控系统匹配。传送的程序即可在数控机床存储，调用此程序时就可正常运行加工，节约加工时间，提高生产率。

4.2　实例二　宝塔的车削加工

宝塔是一种工艺品，其外形各异是工艺品中的上品。一般用于装饰，有时也设计用于轴柄一端，以便于拿握轴端的舒适性与美观，一般由铜或其他有色金属材料制成。这里介绍的宝塔是适合数控车削以特性面为主的圆柱组合体，其加工尺寸要求不高，外圆形状要求光洁平整，回转体表面连接处要求光滑。

如图 4-68 所示的宝塔是由多种旋转体表面组合起来的零件，下面介绍车削宝塔零件的加工过程，通过介绍了解由多个特形面组成、形状复杂、尺寸精度和几何精度要求不高的典型零件加工过程。

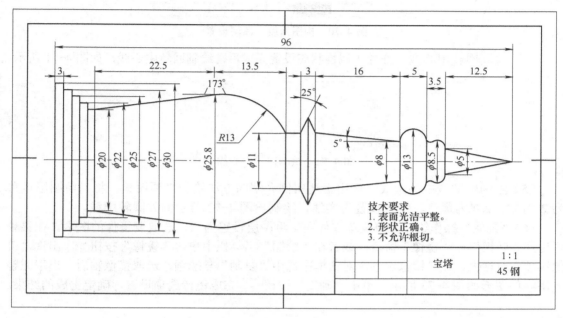

图 4-68　宝塔

宝塔零件加工的自动编程操作与其他零件加工一样，首先给宝塔零件绘制图形并建模，检查图形绘制的正确性并定制工艺后编程。车削综合件实例二宝塔零件加工的具体操作步骤如下：

步骤一　绘图建模

（1）打开 Mastercam X

（2）建立文件　启动 Mastercam X 后单击"新建"工具栏，新建"综合件实例二宝塔.mcx"文件。

（3）相关属性状态设置

1）构图面的设置。在"属性"状态栏设置图 4-69 所示的"刀具面/构图平面"。

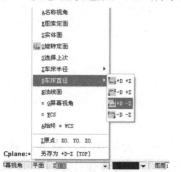

图 4-69　刀具面/构图平面的设置

2）线型属性设置。设置线型为"中心线"，在"线宽"下拉列表框中选择"粗实线"，颜色设置为黑。

3）构图深度、图层设置。在"构图深度"属性栏中设置构图深度为0，图层设置为1，如图 4-70 所示。

图 4-70　构图深度、图层设置

（4）绘制回转中心线　在相关属性状态设置完成后，绘制回转中心线，如图 4-71 所示。

图 4-71　绘制回转中心线

（5）绘制轮廓线中的直线　运用上述实例介绍的方法绘制需要图素，将当前图层设置为 2，颜色设置为黑色，线型设置为实线，绘制出图 4-72 所示的外圆轮廓线。

（6）"镜像"操作绘制完整宝塔零件图　将图层设置为 2，选取要镜像的图素。在菜单栏选择"转换"→"镜像"命令；或者在"绘图"工具栏中单击"镜像"按钮 ，出现"镜像选项"对话框，在"镜像选项"对话框中选中"复制"复选项，选取镜像轴后，出现完整宝塔零件图形如图 4-73 所示。单击"确定"按钮 完成镜像选项设置，确定生成的结果。

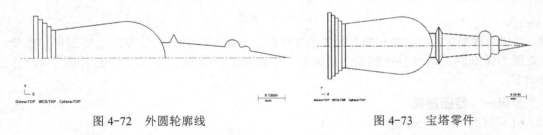

图 4-72　外圆轮廓线　　　　　　　　　　图 4-73　宝塔零件

（7）建立实体模型　加工零件建立体模型有利于直观地检验零件是否正确。宝塔的实体模型按下列步骤完成：

1）关闭图层 2，打开图层 1，调出闭合轮廓线，如图 4-74 所示。

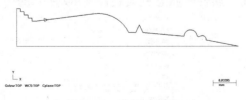

图 4-74　轮闭合廓线

2）创建实体。

① 在菜单栏中选择"实体"→"旋转实体"命令，系统弹出"串连选项"对话框，在该对话框中单击 按钮，选取要进行旋转操作的串连曲线，然后单击"确定"按钮 完

成串连曲线的选取。

② 单击中心线图素，选取水平中心线作为旋转轴，同时系统弹出"方向"对话框，如图 4-75 所示。软件图形界面中用箭头显示出旋转方向，可以通过"方向"对话框来重新选取旋转轴或改变旋转方向，单击"确定"按钮 ☑ ，完成旋转轴的选取。

③ 完成参数设置后，单击"确定"按钮 ☑ ，完成旋转实体的构建，如图 4-76 所示。

图 4-75 "方向"对话框

图 4-76 宝塔旋转实体建模

步骤二 零件加工工艺流程分析

（1）宝塔实例零件分析 如图 4-68 所示，该零件由多个台阶圆柱、圆柱、圆锥及圆弧组成。从左到右依次为五个台阶圆柱、大直径圆锥连接圆弧、深凹槽连接大锥度圆锥、小直径长圆锥连接两个直径不一的圆弧及右边连接尖顶圆锥。

（2）加工工艺分析 本实例零件加工总体安排顺序：三爪装夹一端伸出足够长度，先粗加工外圆轮廓，调换啄式车刀精车外圆轮廓，精车深凹槽左边圆弧及大直径圆弧时采用反切削方法加工。加工时因伸出长度较长，故切削三要素比正常取值偏小。

根据以上工艺分析，车加工宝塔零件所需刀具安排见表 4-4。切削用量的选择见表 4-5。

表 4-4 车加工宝塔零件所需刀具安排

（单位：mm）

产品名称或代号				零件名称		宝塔		零件图号		BT-1
刀具号	刀具名称	刀具规格名称		材料	数量		刀尖半径	刀杆规格		备注
T0101	外圆机夹粗车刀	刀片	CCMT06204-UM	MCPT25	1		0.4	25X25		
		刀杆	MCFNR2525M16	GC4125						
T0202	外圆啄式精车刀	刀片	VMNG160404-MF	MCPT25	1		0.2	20X20		
		刀杆	MVJNR2020M08	GC4125						
T0303	切断刀	刀片	GE20D300	MCPT25	1		0.3	20X20		
		刀杆	GDAR2020K200-08	GC4125						
T0404	外圆啄式左偏刀	刀片	VMNG160404-MF	MCPT25			0.2	20X20		
		刀杆	MVJNL2020M08	GC4125						
T0505	外圆啄式右偏车刀	刀片	VMNG160404-MF	WPG35	1		0.2	20X20		
		刀杆	MVJNR2020M08	GC4125						

（3）工序流程安排 根据加工工艺分析，宝塔零件的工序流程安排见表 4-5。

表 4-5　宝塔零件的工序流程安排

单位			产品名称及型号			零件名称	零件图号
扬大机械工程学院						宝塔	020
工序	程序编号		夹具名称			使用设备	工件材料
001	Lathe-20		自定心卡盘			CK6140-A	45 钢
工步	工步内容	刀号	切削用量	备注	工序简图		
1	端面见光	T0101	n=800r/min f=0.12mm/r a_p=0.5mm	三爪装夹			
2	粗、精加工外圆轮廓	T0202	n=600r/min f=0.2mm/r a_p=1mm				
3	车加工凹槽	T0303	n=300r/min f=0.1mm/r a_p=2mm	切断刀			
4	精车圆弧	T0505	n=600r/min f=0.08mm/r a_p=0.3mm	外圆啄式左偏刀，反切削法			
5	精车凹槽与圆弧连接处	T0404	n=700r/min f=0.08mm/r a_p=0.3mm	外圆啄式右偏刀			
6	切断	T0303	n=300r/min f=0.1mm/r a_p=2mm	采用切槽刀			

步骤三　自动编程操作

宝塔零件自动编程具体操作步骤如下：打开"宝塔.mcx"文件。

（1）激活加工轮廓线　在打开的 Mastercam X 中，单击绘图区域下方"属性"工具栏，系统弹出"图层管理器"选项卡，打开零件轮廓线图层 1，关闭其他图层的图素，显示所需要的粗加工外轮廓线。

（2）设置机床系统　在打开的 Mastercam X 中，从菜单栏中选择"机床类型"→"车床"→"系统默认"命令，指定车床加工系统。设置结束后单击菜单栏的"刀具路径"按钮设置车削参数。

（3）设置加工群组属性　在"加工群组属性"中设置夹具、刀具和材料参数。

1）打开设置界面。单击"机床系统"→"车床"→"默认"命令，出现"刀具路径"选项卡；在"刀具路径"选项卡的"加工群组属性"栏目中，单击"机器群组属性"树节点菜单下的"材料设置"选项。在弹出的"材料设置""刀具设置""文件设置""安全区域"选项卡中参数进行设置。

2）设置"材料设置"选项卡。打开图 4-77 所示的"Bar Stock"对话框，本实例宝塔零件毛坯材料为 ⌀32mm 的棒料，即在"OD"文本框 OD: [32.0] 中输入"32.0"，在"Length"文本框 Length: [111.0] 中输入"111.0"，单击"Preview..."按钮，出现的材料设置符合预期后，单击该对话框中的"确定"按钮 √ ，完成材料参数的设置。

在"材料设置"选项卡中的"Chuck"选项区域中选中"左转"复选项，如图 4-78 所示。

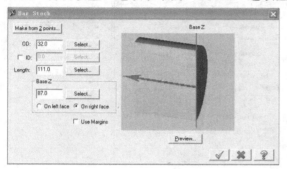

图 4-77　"Bar Stock"对话框

图 4-78　"Chuck"选项区域

单击"parameters"按钮，系统弹出"Chuck Jaw"对话框如图 4-79 所示。在"Position"选项区域内选中"从素材算起"复选项 From stock 和"夹在最大直径处"复选项 Grip on maximum diameter ，设置卡爪尺寸与工件大小匹配的其他参数，设置结果如图 4-79 所示。

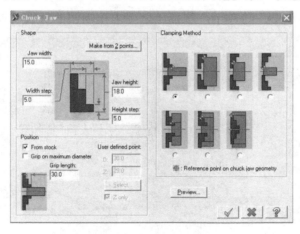

图 4-79　机床组件夹爪的设定

设置完成后，单击该对话框中的"确定"按钮 √ ，完成实例零件设置的工件毛坯和夹爪显示如图 4-80 所示。

（4）车削端面　单击工具栏中的按钮 ⅲ，建文件档案。弹出"Lathe Face"对话框。在"Toolpath parameters"选项卡中选择 T0101 外圆车刀，并按照以上工艺分析的工艺要求设置参数数据，设置结果如图 4-81 所示。

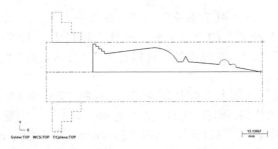

图 4-80　设置的工件毛坯和夹爪显示

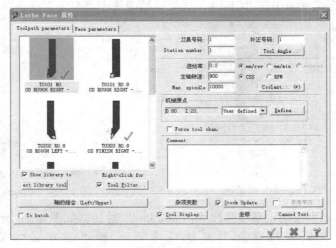

图 4-81　选择车刀和刀具路径参数

设置"Face parameters"选项卡，根据工艺要求车端面的参数设置如图 4-82 所示。

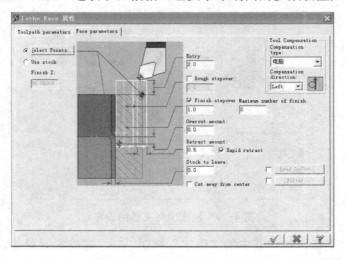

图 4-82　设置车端面的参数

在"Lathe Face 属性"对话框中，单击"确定"按钮 ，生成车端面的刀具路径，如图 4-83 所示，单击按钮 隐藏车端面的刀具路径。

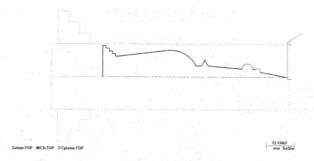

图 4-83　生成车端面的刀具路径

（5）粗车外圆　单击工具栏中的按钮 ，弹出"串连选项"对话框，选中加工轮廓，单击"确定"按钮 ，完成粗车轮廓外形的选择。

系统弹出"车床粗加工　属性"对话框，在"Toolpath parameters"选项卡中选择 T0303 外圆车刀，并根据工艺分析要求设置相应的进给率、主轴转速及 Max.spindle 等，如图 4-84 所示。

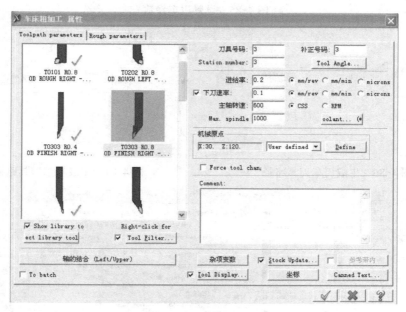

图 4-84　"Toolpath parameters"选项卡

切换至"Rough parameters"选项卡，根据工艺分析设置图 4-85 所示的粗车参数。

在"车床粗加工　属性"对话框中单击"确定"按钮 ，生成粗车刀具路径，如图 4-86 所示。在"刀具路径"选项卡中选择该粗车操作，单击按钮 隐藏车端面的刀具路径。

（6）精车外圆　单击工具栏中的按钮 ，其余步骤参考上述粗车步骤，生成精车刀具路径如图 4-87 所示。

（7）粗、精车深凹槽　单击工具栏中的按钮 ，选择"两点"方式确定退刀槽车削区域，操作步骤参照上述实例加工的介绍。系统弹出"车床开槽　属性"对话框，切换至"Toolpath parameters"选项卡如图 4-88 所示，根据工艺分析要求设置刀具路径参数。

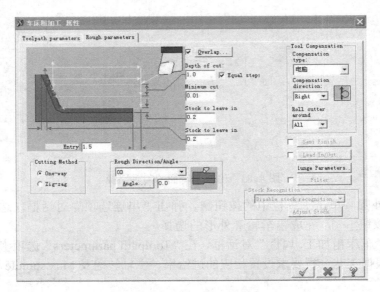

图 4-85　设置粗车参数

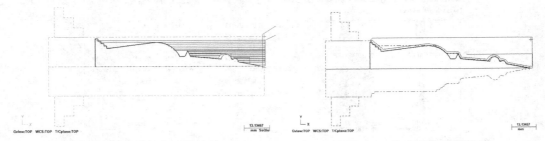

图 4-86　生成粗车刀具路径　　　　　　　　图 4-87　生成精车刀具路径

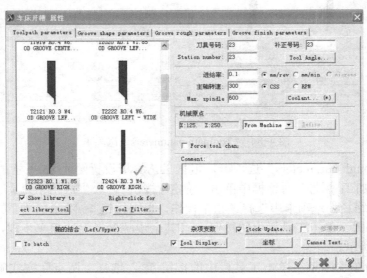

图 4-88　"Toolpath parameters"选项卡

切换至"Groove shape parameters"选项卡，根据工艺分析要求设置径向车削槽外形参数，设置结果如图 4-89 所示。

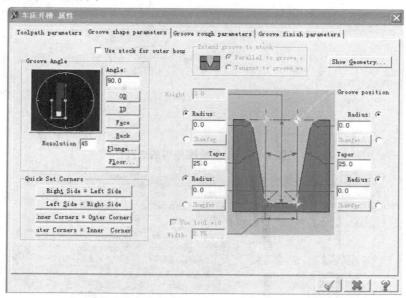

图 4-89　"Groove shape parameters"选项卡

切换至"Groove rough parameters"选项卡，根据工艺分析要求设置径向粗车参数，参照 4.1 实例介绍。

切换至"Groove finish parameters"选项卡，根据工艺分析要求设置径向精车参数，参照 4.1 实例介绍。

在"车床开槽 属性"对话框中单击"确定"按钮 ✓ ，生成开槽刀具路径，如图 4-90 所示。在"刀具路径"选项中选择该粗车操作，单击按钮 ≈ 隐藏车端面的刀具路径。

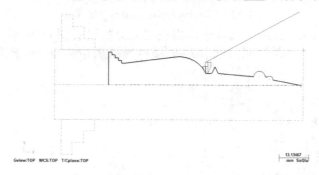

图 4-90　生成开槽刀具路径

（8）反切削方法精车圆弧　反切削过程中需要有下刀点，要求将连接圆弧段的圆锥轮廓线在适当地方打断，其余操作与上述实例介绍步骤相似，具体步骤如下：

单击工具栏中的按钮 ✎ ，弹出"串连选项"对话框，指定已经被打断了的圆弧段加工轮廓，如图 4-91 所示。在"串连选项"对话框中单击"确定"按钮 ✓ ，完成粗车轮廓外形的选择。

系统弹出"车床精加工 属性"对话框，在"刀具路径参数"选项卡中选择 T0404 外圆车刀，并根据工艺分析要求设置相应的进给率、主轴转速及最大主轴转速等，如图 4-92 所示。

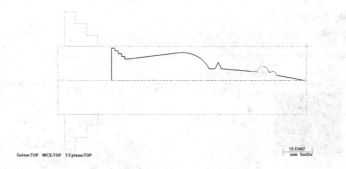

图 4-91　粗车轮廓外形的选择

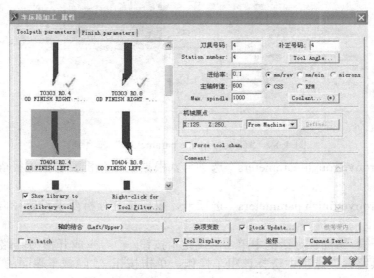

图 4-92　"Toolpath parameters" 选项卡

切换至 "Finish parameters" 选项卡，根据工艺分析设置图 4-93 所示的精车参数。

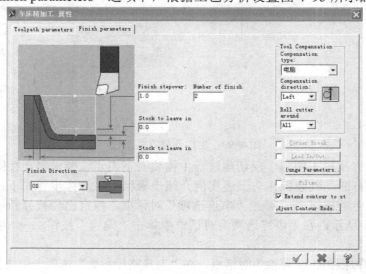

图 4-93　设置精车参数

在"车床精加工 属性"对话框中单击"确定"按钮 ☑，生成精车圆弧车刀具路径，如图 4-94 所示。在"刀具路径"选项卡中选择该粗车操作，单击按钮 ≋ 隐藏车端面的刀具路径。

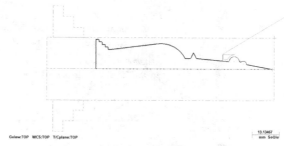

图 4-94　生成精车圆弧刀具路径

（9）精车深凹槽与圆弧连接处　此工序车加工过程中需要在适当地方设置一条直线引导刀具进入深槽下刀点，设置的引导直线如图 4-95 所示，其余操作与上述实例介绍步骤相似，具体步骤如下：

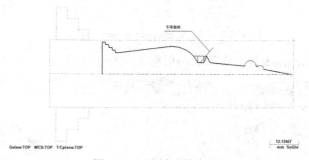

图 4-95　绘制引导直线

单击工具栏中的按钮 ≋，弹出"串连选项"对话框，指定加工轮廓线，加工轮廓线包括引导直线，结果如图 4-96 所示。在"串连选项"对话框中单击"确定"按钮 ☑，完成精车深凹槽与圆弧连接处的选择。

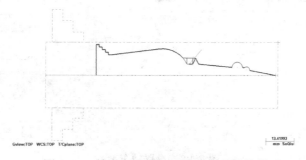

图 4-96　精车深凹槽与圆弧连接处的选择

系统弹出"车床精加工 属性"对话框，在"Toolpath parameters"选项卡中选择 T0303 外圆车刀，并根据工艺分析要求设置相应的进给率、主轴转速及 Max.spindle 等，如图 4-97 所示。

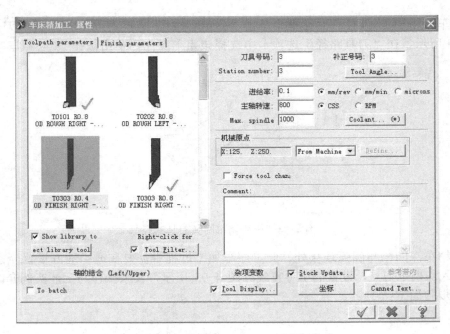

图 4-97 "Toolpath parameters"选项卡

切换至"Finish parameters"选项卡，根据工艺分析设置图 4-98 所示的精车参数。

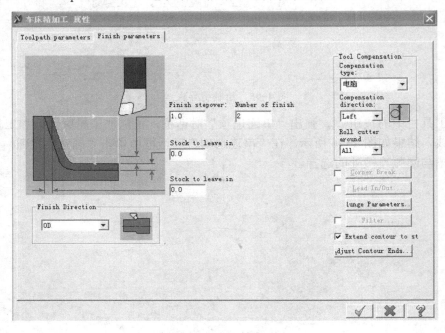

图 4-98 设置精车参数

单击"车床精加工 属性"对话框中的"确定"按钮 ，生成精车圆弧车刀具路径，如图 4-99 所示。在"刀具路径"选项卡中选择该精车操作，单击按钮 ≋ 隐藏车端面的刀具路径。

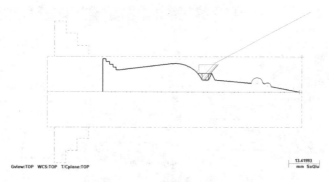

图 4-99　生成精车圆弧刀具路径

（10）工件切断

1）在菜单栏中选择"刀具路径"→"径向切断"命令；或者直接单击菜单栏中的"刀具路径"选项卡，接着单击工具栏中的按钮 ；或在菜单栏中选择"刀具路径"→"切断"命令；也可单击软件"刀具路径"选项卡左边工具栏的按钮 ，使用切槽的方法处理。这里介绍按钮 的使用方法。

2）根据系统弹出的提示"Select cutoff boundry point"切断起始点，单击选择的切断位置点（这里的切断位置点是加工好的工件左端点）。

3）系统弹出"Lathe Cutoff 属性"对话框，在图 4-100 所示的"刀具路径参数"选项卡及图 4-101 所示的"切断参数"选项卡中设置参数。

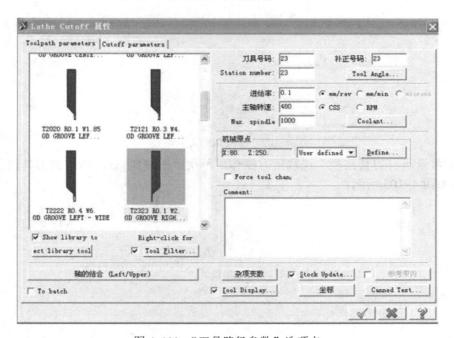

图 4-100　"刀具路径参数"选项卡

单击"车床开槽 属性"对话框中的"确定"按钮 ，生成切断刀具路径，如图 4-102所示。

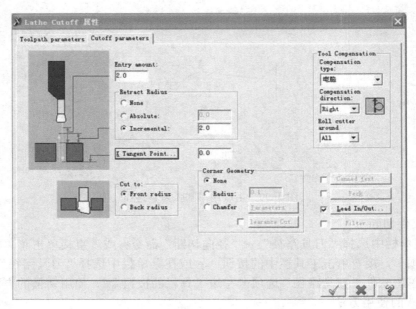

图 4-101 "切断参数"选项卡

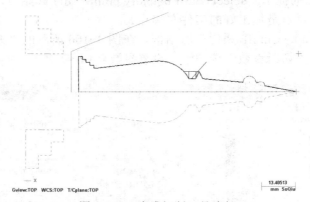

图 4-102 生成切断刀具路径

（11）显示所有刀具路径　选取所有操作，再次单击按钮 ≋，所有的刀具路径就被显示，结果如图 4-103 所示。

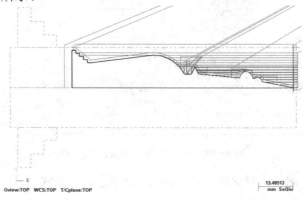

图 4-103 所有加工刀具路径

步骤四　车削加工验证模拟

（1）打开界面　在"刀具路径"选项卡中单击"选择所有的操作"按钮 ，从而选择所有的加工操作。

（2）选择操作　在"刀具路径"选项卡中单击"验证已选择的操作"按钮 ，系统弹出"实体验证"对话框，设置加工模拟参数。

（3）实体验证　单击"开始"按钮 ，系统开始实体验证加工模拟。每道工步的刀具路径被动态显示出来，图 4-104 所示为以等角视图显示的实体验证加工模拟最后结果。

图 4-104　以等角视图显示的实体验证加工模拟最后结果

（4）实体验证加工模拟分段讲解　宝塔实体验证加工模拟的过程见表 4-6。

表 4-6　宝塔实体验证加工模拟过程

序号	加工过程注解	加工过程示意图
1	端面见光，粗车外圆 外圆车刀车加工端面，外圆啄式左偏刀粗车外圆轮廓，刀具安装符合要求	
2	精车外圆轮廓 外圆啄式左偏刀精车外圆轮廓，刀具安装符合要求，注意刀刃与中心线等高	
3	车加工凹槽 粗、精车深凹槽，切槽刀具安装时应注意： 1）刀具刀头部分尽量短以保证加工强度，切槽刀的两个主偏角应相等 2）切槽前，刀具切削部分的中心线应与主轴轴线垂直 3）刀具中心高应与工件回转中心等高	
4	精车圆弧 反切削方法精车圆弧过程中应注意： 1）在满足加工要求的情况下，刀具伸出距离应尽可能短 2）刀具切削刃应保持锋利，切削用量应根据加工情况合理调整 3）精车加工时刀具应保持锋利并具有良好的强度 4）刀具中心高应与工件回转中心严格等高，防止圆弧几何公差超差	

（续）

序号	加工过程注解	加工过程示意图
5	精车深凹槽与圆弧连接处 注意：加工时应注意保证刀具副偏角，防止与工件发生干涉及碰撞	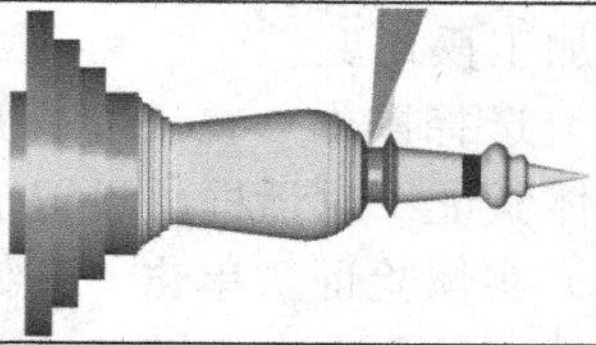
6	切断工件 注意：切断过程中合理安排退刀排屑	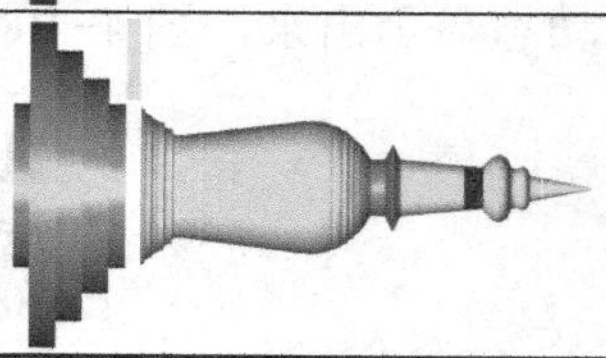

步骤五　后处理形成 NC 文件，通过 RS232 接口传输至机床储存

（1）打开界面　在"刀具路径"选项卡中将需要后处理的刀具路径选中，接着单击"Toolpath Group-1"按钮 **G1**，选中"后处理程式"对话框中的"NC 文件"复选项，在"NC 文件的扩展名"文本框输入为".NC"，选中"将 NC 程式传输至"复选项。传送前调整后处理程式的数控系统与数控机床的数控系统匹配，其他参数按照默认设置，单击"确定"按钮 ☑ 。

（2）生成程序　系统打开"另存为"对话框，在"另存为"对话框中的"文件名"文本框输入程序名称，在此使用"综合件实例二宝塔"，完成文件名的选择。单击"保存（S）"按钮，出现如图 4-105 所示的"组合后处理程序"图案后，即生成 NC 代码，如图 4-106 所示。

图 4-105　组合后处理程序

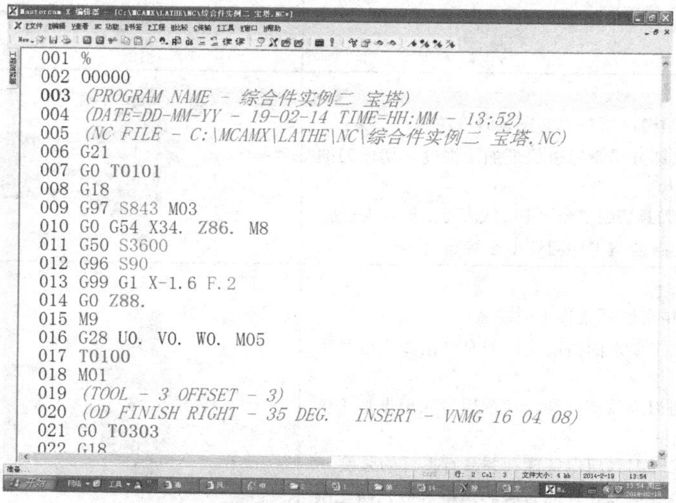

```
001 %
002 O0000
003 (PROGRAM NAME - 综合件实例二 宝塔)
004 (DATE=DD-MM-YY - 19-02-14 TIME=HH:MM - 13:52)
005 (NC FILE - C:\MCAMX\LATHE\NC\综合件实例二 宝塔.NC)
006 G21
007 G0 T0101
008 G18
009 G97 S843 M03
010 G0 G54 X34. Z86. M8
011 G50 S3600
012 G96 S90
013 G99 G1 X-1.6 F.2
014 G0 Z88.
015 M9
016 G28 U0. V0. W0. M05
017 T0100
018 M01
019 (TOOL - 3 OFFSET - 3)
020 (OD FINISH RIGHT - 35 DEG.  INSERT - VNMG 16 04 08)
021 G0 T0303
022 G18
```

图 4-106　NC 代码

　　（3）检查生成 NC 程序　根据所使用的数控机床的实际情况在图 4-106 所示的文本框中对程序进行检查、修改，包括 NC 代码、起刀点位置、换刀点位置和中间的空走刀程序。经过检查后的程序可减少空行程、节约加工时间、符合数控机床要求并能正常运行。

　　（4）通过 RS232 接口传输至机床储存　经过以上操作设置，并通过 RS232 联系功能界面，打开机床传送功能，机床参数设置参照机床说明书，单击软件菜单栏中"传送"功能。传送前要调整后处理程式的数控系统与数控机床的数控系统匹配。传送的程序即可在数控机床存储，调用此程序时就可正常运行加工宝塔零件。

第5章 铣削模块加工自动编程实例

数控铣削加工是用先进的计算机技术控制铣床切削运动，除了具有普通铣床加工的特点外，还有如下特点：

1）零件加工的适应性强、灵活性好，能加工轮廓形状特别复杂或难以控制尺寸的零件，如模具类零件以及壳体类零件等。

2）能加工普通机床无法加工或很难加工的零件，如用数学模型描述的复杂曲线零件以及三维空间曲面类零件。

3）能加工一次装夹定位后，需进行多道工序加工的零件。

4）加工精度高、加工质量稳定可靠，目前数控装置的脉冲当量一般为 0.001mm，高精度的数控系统可达 0.1μm；另外，数控加工还避免了操作人员的操作失误。

5）生产自动化程度高，可以减轻操作者的劳动强度，有利于生产管理自动化。

6）生产率高，数控铣床一般不需要使用专用夹具等专用的工艺设备，在更换工件时只需调用存储在数控装置中的加工程序，即可装夹工具和调整刀具数据，因而大大缩短了生产周期；其次，数控铣床具有铣床、镗床及钻床的功能，使工序高度集中，大大提高了生产率；另外，数控铣床的主轴转速和进给速度都是无级变速的，因此有利于选择最佳切削用量。

7）从切削原理上来讲，无论是端铣或是周铣都属于断续切削方式，而不像车削那样连续切削，因此要求刀具具有良好的抗冲击性、韧性和耐磨性；在干式切削状况下，还要求有良好的热硬性。

8）铣削模块加工编程是 Mastercam X 的主要功能，其针对铣削加工特点进行外形铣削、型腔加工、钻孔加工、平面加工、曲面加工、实体加工以及多轴加工等的图形绘制、建模和程序生成。

本章通过实例加工的过程来介绍 Mastercam X 中的 2D 加工功能，主要包括平面铣削加工、外形铣削加工、挖槽及全圆路径加工实例等。

5.1 实例一 压盖的铣削加工

应用 Mastercam X 进行铣削加工自动编程，与车削加工一样首先在 Mastercam X 中画图建模，建模后进行工艺分析，根据工艺分析的可行性进行工艺参数、刀具路径、刀具及切削参数的设定，最后后处理生成 NC 程序，通过传输软件或直接输入机床进行加工。

如图 5-1 所示的压盖是与箱体零件配合的最常见的工件之一，其加工涉及铣削模块 2D 刀具路径的平面加工、外形铣削、型腔加工及钻孔加工。通过 Mastercam X 进行画图建模、工艺分析、刀具路径、刀具及切削参数的设定，还可以通过软件中工件毛坯及刀具的设置检验铣削加工中是否会发生干涉。最后后处理形成 NC 文件，通过传输软件或直接输入机床进行加工。

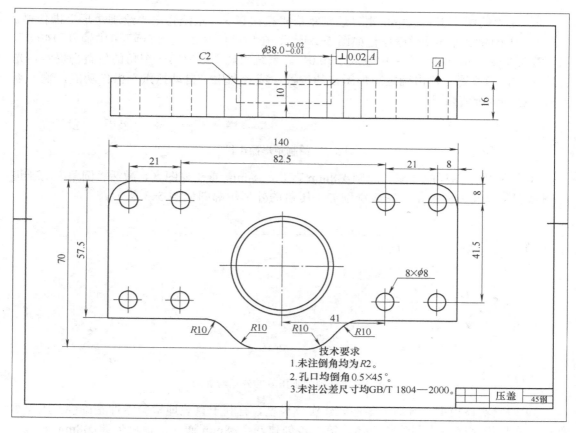

图 5-1　压盖

步骤一　CAD 模块画图建模

（1）打开 Mstercam X　使用以下方法之一启动 Mastercam X：①选择"开始"→"程序"→"Mastercam X"→"Mastercam X"命令；②在桌面上双击 Mastercam X 的快捷方式图标。

（2）建立文件　启动 Mastercam X，激活创建文件功能，文件的后缀名是".mcx"，本实例文件名定为"压盖.mcx"。

1）设置相关属性状态。

① 构图面的设置。在"属性"状态栏的"线型"下拉列表框中单击"刀具面/构图平面"按钮，打开一个菜单，根据铣床加工的特点及编程原点设定的原则要求选择"T 俯视图"，为了便于观察设置"屏幕视角"为"I 等角视图"。

② 线型属性设置。在"属性"状态栏的"线型"下拉列表框中选择"实心线"线型，在"线宽"下拉列表框中选择表示粗实线的线宽，颜色设置为默认。

③ 构图深度、图层设置。在"属性"状态栏中设置构图深度为 0，图层设置为 1，然后单击"确定"按钮。

2）绘制矩形轮廓线。

① 激活"绘制矩形"功能。

a　在菜单栏中选择"绘图"→"画矩形"命令。

　b　在"绘图"工具栏中单击"绘制矩形"按钮 ，系统弹出"绘制矩形"操作栏。

　② 弹出的"绘制矩形"操作栏如图 5-2 所示，在"宽度"文本框 140.0 中输入"140.0"，在"高度"文本框 70.0 中输入"70.0"。系统出现"选取第一个角的位置"提示，光标停留在正确位置，单击确定矩形所在的位置；或者利用"自动抓点"操作功能，输入点坐标后按<Enter>键确认。

图 5-2　绘制矩形操作栏

　③ 按照压盖图样的要求，绘制ϕ38mm 盲孔、ϕ8mm 通孔等图素，激活"倒角"功能进行圆弧倒角以及大面倒角，完成铣削加工压盖的外形轮廓图如图 5-3 所示。

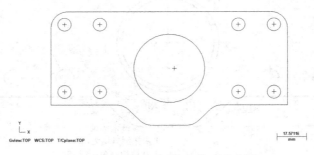

图 5-3　铣削加工压盖的外形轮廓图

　3）建立实体模型。给加工零件创建实体模型，有利于直观地检验零件正确性。压盖零件创建实体模型时首先创建长方体，第二步创建八个ϕ8mm 通孔，最后创建ϕ38mm 盲孔，其操作过程按下列顺序进行：

　① 将"刀具面/构图平面"设定为"I 等角视图"，"屏幕视角"设定为"I 等角视图"。

　② 在菜单栏中选择"实体"→"挤出实体"命令，系统弹出图 5-4 所示的"串连选项"对话框，在绘图区域单击选取要进行挤出操作的串连图素，选中后轮廓图素出现箭头表示如图 5-5 所示，单击 ← → 按钮可以改变箭头方向。最后单击"确定"按钮 ✓ ，完成图素的选取。

图 5-4　"串连选项"对话框

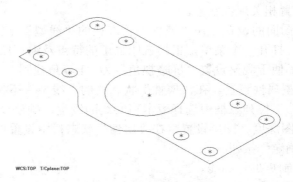

图 5-5　选中挤出轮廓图素

系统弹出"实体挤出的设置"对话框如图 5-6 所示，在对话框中做如下设置：

a　在"挤出"选项卡中的"挤出操作"选项区域中选中单选项 ⊙建立实体 ；在"挤出距离/方向"选项区域中选中单选项 按指定的距离延伸 距离 16.0 ，并在文本框中输入挤出实体厚度，本实例根据图样要求为 16mm；同时在绘图区域选取的封闭图素中出现挤出方向如图 5-7 箭头所示，如果挤出方向与图样要求不符合，在"挤出距离/方向"选项区域中选中复选项 ☑更改方向 ，挤出方向就会更改 180°，其余默认设置。

图 5-6　"实体挤出的设置"对话框

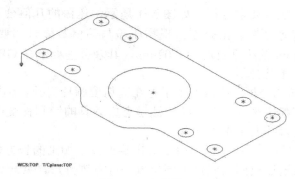
图 5-7　实体挤出方向

b　在"薄壁"选项卡中选择默认设置，如图 5-8 所示。在"实体挤出的设置"对话框的下方单击"确定"按钮 ✓ ，完成实体挤出操作。

③　参照上述方法创建八个 ϕ8mm 通孔、ϕ38mm 盲孔实体。所不同的操作步骤是：在"挤出"选项卡中的"挤出操作"选项区域中选中单选项 ⊙切割实体；在"挤出距离/方向"选项区域中选中单选项 按指定的距离延伸 距离 16.0 ，并在文本框中输入切割挤出实体厚度，本实例根据图样要求为 10；同时在绘图区域选取的封闭图素中出现切割挤出方向箭头所示，如果切割挤出方向与图样要求不符合，在"挤出距离/方向"选项区域中选中复选项 ☑更改方向 ，挤出方向就会更改 180°，其余默认设置。单击"确定"按钮 ✓ ，创建的长方体实体中就会出现八个 ϕ8mm 通孔、ϕ38mm 盲孔实体，绘制出图样要求的压盖零件实体，如图 5-9 所示。

图 5-8　"薄壁"选项卡

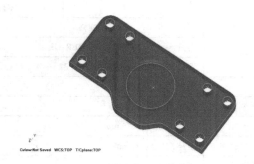
图 5-9　压盖零件实体

加工技巧

选择选项时应该注意以下事项：“实体挤出的设置”对话框与“旋转实体的设置”对话框相似，在实体中挖出一个实体，采用切割挤出功能；在实体中增加一个实体，采用增加凸缘功能。其他选项的意义参见“旋转实体的设置”对话框。

步骤二 实例零件加工工艺流程分析

（1）零件图分析 如图 5-1 所示，压盖主要由板状长方体、圆柱盲孔、圆柱通孔及盲孔大倒角组成。

（2）配合要求分析 如图 5-1 所示，压盖的几何公差要求不高，圆柱孔$\phi 8$mm 之间圆心距公差等级按自由公差；根据压盖与箱体装配时的要求，需要保证上端面与圆柱盲孔$\phi 38^{+0.02}_{-0.01}$ mm 轴线垂直度为 0.02mm，其余公差要求按 GB/T 1804—2000 要求执行。

（3）工艺分析

1）结构分析。压盖上由于存在高精度圆柱盲孔，在加工时应考虑刚性、刀尖圆弧半径补偿及切削用量等问题，还应注意考虑刀具的锋利程度问题，尤其应重点考虑加工时刀具不与圆柱盲孔发生干涉现象。

2）定位及装夹分析。由平口钳装夹校平加工的长方体大面作基准，掉面与机床工作台贴合、通过压板两次固定不同位置进行铣削外形，要防止工件在加工时的松动，最后由精密平口钳装夹进行粗、精铣削上面、圆柱盲孔及圆柱通孔。

3）加工工艺分析。①经过以上分析，考虑到加工刚性，铣削时采用较大直径的平面铣刀先铣削加工长方体大面；②掉面装夹铣削加工长方体外形的相邻两边，外形边存在 R10mm 的圆弧过渡连接，故采用$\phi 10$mm 立铣刀；③位置调换 180°压板装夹，以铣削的长方体大面为基准，紧贴定位元件，压板压紧，铣削长方体外形对面的相邻两边；④以铣削加工长方体大面为基准装夹，采用较大直径平面铣刀铣削加工端面，采用$\phi 18$mm 键槽铣刀铣削圆柱盲孔；⑤采用$\phi 8$mm 钻头铣削圆柱通孔，钻孔前用中心钻钻孔定心；⑥采用 45°倒角刀倒角铣削，倒角铣削留 0.6mm 的加工余量，加工时要求充分冷却。本实例要求依次使用 2D 平面铣削加工、外形铣削加工、挖槽加工、钻孔加工和2D 倒角加工。

（4）加工刀具安排 根据以上工艺分析，压盖铣削加工时所需的刀具安排见表 5-1。

表 5-1 压盖铣削加工时所需的刀具安排

产品名称或代号				零件名称		压盖	
刀具号	刀具名称	刀具规格			材料	数量	备注
T0101	平面铣刀	刀片	SDMT1205PDER-UL		CPM25		
		刀盘	SA90-50R3SD-P22		45 调质钢		
T0202	立铣刀	整体式	$\phi 16$mm		硬质合金		
T0303	键槽铣刀	整体式	$\phi 12$mm		硬质合金		
T0404	中心钻		$\phi 2.5$mm				
T0505	钻头	整体式	$\phi 8$mm		W6Mo5CrV2		
T0606	45°倒角刀	整体式	$\phi 25$mm		W6Mo5CrV2		

（5）工序流程安排 根据铣削加工工艺分析，压盖的工序流程安排见表 5-2。

表 5-2　工序卡片表（此工艺为批量铣削加工）

单位			产品名称及型号		零件名称	零件图号
扬大机械工程学院					压盖	028
工序	程序编号		夹具名称		使用设备	工件材料
	Mill-028				FV-800A	45 钢
工步	工步内容	刀号	切削用量	备注	工序简图	
1	铣削长方体大面	T0101	$n=600$r/min $f=0.2$mm/r $a_p=1$mm	平口钳装夹		
2	铣削外形	T0202	$n=800$r/min $f=0.2$mm/r $a_p=2$mm	压板装夹		
3	铣削外形	T0202	$n=600$r/min $f=0.02$mm/r $a_p=1.6$mm	位置调换 180° 压板装夹		
4	粗、精铣削端面与圆柱盲孔	T0303	粗车加工 $n=500$r/min $f=0.1$mm/r 精车加工 $n=1000$r/min $f=0.06$mm/r	工件突出精密平口钳 6mm 装夹		
5	钻削圆柱通孔	T0404 T0505	$n=1000$r/min $f=0.02$mm/r $a_p=0.3$mm	钻孔前需要定位加工中心孔		
6	倒角	T0606	$n=600$r/min $f=0.3$mm/r	45° 倒角刀		

步骤三　自动编程操作

本实例压盖铣削自动编程的具体操作步骤如下：打开"压盖.mcx"文件。

（1）加工轮廓线　在 Mastercam X 的绘图区域单击"图层属性栏"按钮，系统弹出"图层管理器"选项卡中打开零件轮廓线图层 1，关闭其他图素的图层，结果显示所需要的粗加工外轮廓线如图 5-10 所示。

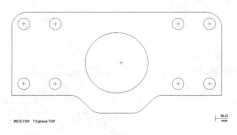

图 5-10　绘制粗加工外轮廓线

（2）设置机床加工系统　在 Mastercam X 中，从菜单栏中选择"机床类型"→"铣床"→"系统默认"命令，如图 5-11 所示。设置结束后打开"刀具路径"选项卡。

图 5-11　机床选择

（3）设置加工群组属性　单击"刀具路径"选项卡中的"加工群组属性"树节菜单，如图 5-12 所示，在"加工群组属性"树节菜单中包含材料设置、刀具设置、文件设置及安全区域四项内容。本实例主要介绍"刀具设置"和"材料设置"。

1）打开设置界面。在"刀具路径"选项卡中，双击树节点 山 属性·Generic Mill，或者单击该标识左侧的"＋"号，展开"属性"树节点，选择"属性"树节点下的"材料设置"选项，如图 5-13 所示；系统进入"加工群组属性"对话框，当前显示为"材料设置"选项卡。

图 5-12　"加工群组属性"树节菜单

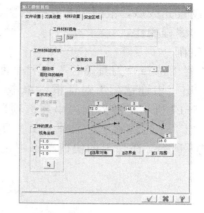

图 5-13　"材料设置"选项卡

2）设置材料参数。在"材料设置"选项卡中设置如下内容：

① "工件材料视角"采用默认设置"TOP"视角，如图 5-13 所示。

② 在"工件材料的形状"选项区域中选中"立方体"复选项。

③ 在"材料设置"选项卡下半部设置立方体材料的长（X 轴）、宽（Y 轴）及高（Z 轴），并在文本框中输入毛坯材料尺寸，本实例长×宽×高为 142mm×72mm×18mm，在"工件的原点"选项区域的文本框中输入刀具起始点，本实例设置为立方体材料的中心位置，其坐标如图 5-14 所示。

毛坯材料尺寸也可以使用输入框下方的"选取对角"、"边界盒"及"NCI 范围"的方法确定，如图 5-15 所示。

图 5-14　"工件的原点"设置　　　　图 5-15　毛坯材料确定方法

3）"刀具设置""文件设置"及"安全区域"选项卡采用默认设置。

在"加工群组属性"对话框中单击"确定"按钮，完成材料形状的设置。此时，单击"绘图视角"工具栏中的"等角视图"按钮，则可以比较直观地观察工件毛坯的大小，如图 5-16 所示。

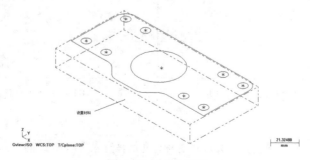

图 5-16　工件毛坯

压盖毛坯设置完成后，根据工艺安排依次进行平面铣削、外形铣削、挖槽、钻孔和 2D 倒角加工的自动编程操作。

（4）平面铣削

1）在菜单栏中选择"刀具路径"→"平面铣削"命令。

2）系统弹出"串连选项"对话框，单击"全部串连"按钮 ，选择需要串连的平面轮廓，如图 5-17 所示。然后在"串连选项"对话框中单击"确定"按钮 。

3）系统弹出"平面铣削"对话框，在"刀具参数"选项卡中刀具列表框的空白处右键单击，如图 5-18 所示，在弹出的快捷菜单中选择"刀具管理器"命令，打开"刀具管理器"对话框。

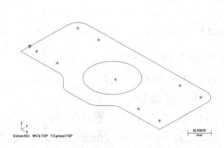

图 5-17　选择需要串连的平面轮廓

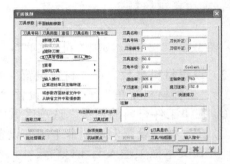

图 5-18　右键单击刀具列表框的空区域

4）在刀具库 下拉列表中选择"Steel-MM.TOOLS"刀具库，在其中选择直径为 50mm 的平面铣刀，单击"复制选取的资料库刀具至刀具管理器"按钮 或者左键双击，结果如图 5-19 所示。

5）或者单击"选取刀库…"按钮进入刀具库中选择直径为 50mm 的平面铣刀，单击"确定"按钮 刀具在"刀具管理器"对话框中显示。

6）单击"确定"按钮 返回到"刀具参数"选项卡，设置进给率、下刀速率、提刀速率和主轴转速等参数，如图 5-20 所示。

图 5-19　"刀具管理器"对话框

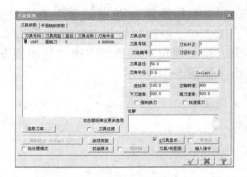

图 5-20　"刀具参数"选项卡

操作说明

此平面铣削设置可形成时间最短、效率较高的刀具路径。在实际加工中，刀具路径参数要根据具体的机床、刀具使用手册和工件材料等因素来决定，涉及的参数只作参考使用。

7）切换到"平面铣削参数"选项卡，设置图 5-21 所示的外形加工参数。

8）如果工件毛坯在 XY 平面区域内的余量较大，可以选用多次平面铣削。选中"P 分层铣深"复选项☑ **P 分层铣深** 并单击该按钮，系统弹出"分层铣深设定"对话框，设置如图 5-22 所示的分层铣深参数，然后单击"确定"按钮☑。

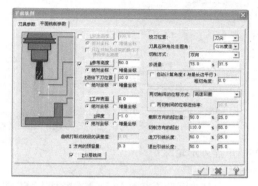

图 5-21　外形加工参数设置　　　　　图 5-22　"分层铣深设定"对话框

9）该对话框中其余参数按照工艺规定设置，完成设置后单击"确定"按钮☑，生成的平面铣削加工刀具路径如图 5-23 所示。

10）选中该刀具路径进行模拟操作，在"刀具路径"选项卡中单击"刀具路径模拟"按钮☰，打开"刀具模拟"对话框。单击该对话框中的"步进模拟播放"按钮▶▶进行刀具路径模拟，每按一次执行一句程序，这样有利于观察加工步骤的正确性；如一直按住该按钮，则连续执行模拟程序，模拟结果如图 5-24 所示。完成刀具模拟后在"刀具模拟"对话框中单击"确定"按钮☑。

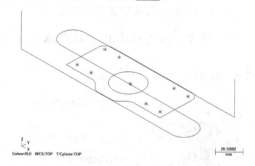

图 5-23　平面铣削加工刀具路径　　　　　图 5-24　刀具路径模拟结果

（5）外形铣削相邻两边

1）在菜单栏中选择"刀具路径"→"外形铣削"命令。

2）系统弹出"串连选项"对话框，单击"部分串连"按钮▨▨，选择需要串连的外形轮廓，根据零件分析后的工艺安排，利用定位点定位、压板固定先铣削零件外形相邻两边，如图 5-25 所示。然后在"串连选项"对话框中单击"确定"按钮☑。

3）系统弹出"外形（2D）"对话框，在"刀具参数"选项卡中刀具列表框的空白处右键单击，如图 5-26 所示，在弹出的快捷菜单中选择"刀具管理器"命令，打开"刀具管理器"对话框。

4）从"Steel-MM.TOOLS"刀具库中选择直径为 16mm 的平底刀，单击"复制选取的资料库刀具至机器群组"按钮↑，结果如图 5-27 所示，然后单击"确定"按钮☑。

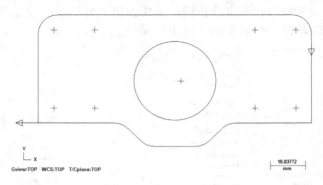

图 5-25　串连外形轮廓

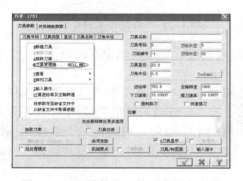

图 5-26　右键单击刀具列表框空白处

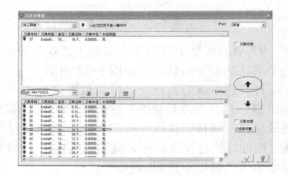

图 5-27　"刀具管理"对话框

5）返回到"刀具参数"选项卡，设置进给率、下刀速率、提刀速率和主轴转速等参数，如图 5-28 所示。

6）切换到"外形铣削参数"选项卡，设置图 5-29 所示的外形加工参数。

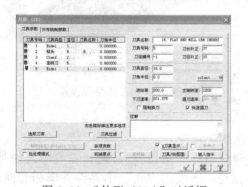

图 5-28　"外形（2D）"对话框

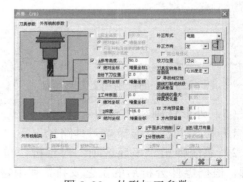

图 5-29　外形加工参数

7）考虑到工件毛坯在 XY 平面某区域的余量较大，可以选用多次平面铣削。选中复选项☑平面多次铣削并单击该按钮，系统弹出"XY 平面多次切削设置"对话框，设置如图 5-30 所示的切削参数，然后单击"确定"按钮☑。

8）选中复选项 P分层铣深... 并单击该按钮，系统弹出"深度分层切削设置"对话框，设置图 5-31 所示的分层切削参数，然后单击"确定"按钮。

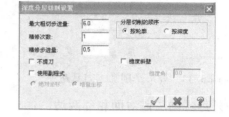

图 5-30　"XY 平面多次切削设置"对话框　　图 5-31　"深度分层切削设置"对话框

9）选中复选项 进/退刀向量 并单击该按钮，系统弹出"进/退刀向量设置"对话框，此实例设置进/退刀直线长度为 10mm，设置图 5-32 所示的参数，适当地将进/退刀直线长度和切入、切出圆弧的半径设置得小一些，以减少空刀路径，最后单击"确定"按钮。

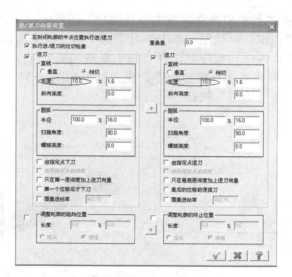

图 5-32　"进/退刀向量设置"对话框

10）在"外形（2D）"对话框中单击"确定"按钮，产生的外形铣削加工刀具路径，如图 5-33 所示。

11）选中该刀具路径进行模拟操作，单击"刀具路径"选项卡中的"刀具路径模拟"按钮，打开"刀具路径模拟"对话框。单击该对话框中的"步进模拟播放"按钮进行刀具路径模拟，每按一次执行一句程序，这样有利于观察加工步骤的正确性；如一直按住"步进模拟播放"按钮，则连续执行模拟程序，模拟结果如图 5-34 所示。完成后在"刀具路径模拟"对话框中单击"确定"按钮。

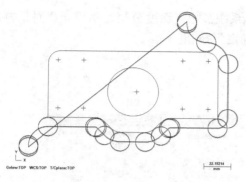

图 5-33 外形铣削加工刀具路径   图 5-34 刀具路径模拟结果

（6）外形铣削压盖对面相邻两边

1）在菜单栏中选择"刀具路径"→"外形铣削"命令。

2）在系统弹出的"串连选项"对话框中单击"部分串连"按钮 ⊠⊠，并选择需要串连的外形轮廓，根据零件分析后的工艺安排，利用定位点定位、压板固定铣削压盖零件对面相邻两边，然后在"串连选项"对话框中单击"确定"按钮 ✓ 。

3）参照步骤（5）对自动编程操作进行设置，最后产生的外形铣削加工刀具路径如图 5-35 所示。

4）选中该刀具路径进行模拟操作，在"刀具路径"选项卡中单击"刀具路径模拟"按钮 ≋ ，打开"刀具路径模拟"对话框。单击该对话框中的"步进模拟播放"按钮 ▶▶ 进行刀具路径模拟，每按一次执行一句程序，这样有利于观察加工步骤正确性；如一直按住"步进模拟播放"按钮 ▶▶ ，则连续执行模拟程序，模拟结果如图 5-36 所示。完成后在"刀具路径模拟"对话框中单击"确定"按钮 ✓ 。

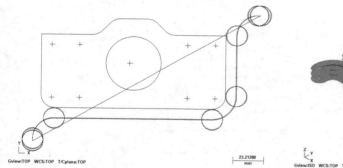

图 5-35 外形铣削加工刀具路径（对面邻边）

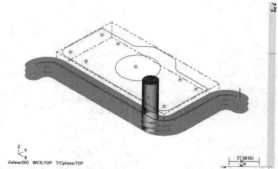

图 5-36 刀具路径模拟结果（对面邻边）

（7）粗、精铣削端面　根据零件的工艺安排，用精密平口钳装夹，装夹时以铣削过的一面为基准，定位点定位校平后夹紧，选项端面自动编程操作参照步骤（4）。

（8）挖槽加工圆柱盲孔　挖槽加工有三种方法，分别为标准挖槽加工、使用岛屿深度挖槽加工和开放挖槽加工。该实例属于标准挖槽加工，在上述准备好 2D 轮廓图形的基础上，根据图形特点、图形尺寸和加工特点选用合适的加工刀具和下刀点，操作步骤如下：

1）在菜单栏中选择"刀具路径"→"标准挖槽"命令。

2）在系统弹出的"串连选项"对话框中，单击"全部串连"按钮 ∞∞ ，选择需要串连的外形轮廓，在 P 点处单击以指定所需的串连图形，如图 5-37 所示。然后在 "串连选项" 对话框中单击 "确定" 按钮 ☑ 。

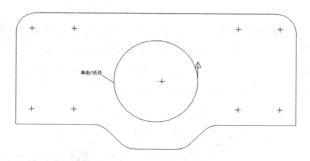

图 5-37 以串连方式选择图形轮廓

3）系统弹出 "挖槽（标准挖槽）" 对话框，在 "刀具参数" 选项卡中单击 "选取刀库..." 按钮，打开 "刀具选择" 对话框，选择 "Steel-MM.TOOLS" 刀具库，在其刀具列表中选择如图 5-38 所示的直径 12mm 平底型面铣刀，然后单击 "选择刀具" 对话框中的 "确定" 按钮 ☑ 。

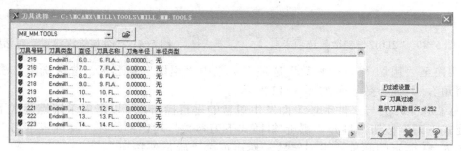

图 5-38 选择刀具

4）在 "刀具参数" 选项卡中设置进给率、进刀速率、主轴方向和主轴转速等，如图 5-39 所示，具体参数可根据铣床设备的实际情况和设计要求来自行设定。

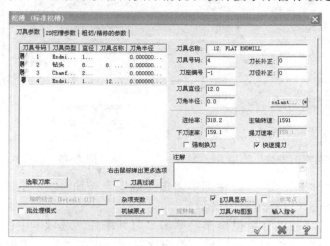

图 5-39 "刀具参数" 选项卡

211

5）切换到"2D 挖槽参数"选项卡，设置切削方式、两切削点之间的位移方式（刀具在转角处走圆角）和参考高度、进给下刀位置、工件表面和深度等参数，如图 5-40 所示。

6）因为挖槽深度为 10mm，不宜一次铣削完成，需要对其 Z 轴深度进行分层加工，设置方法是选中"分层铣深"复选项☑️ 🔲分层铣深，系统弹出如图 5-41 所示的"分层铣深设置"对话框，设置最大切削深度为 5mm、精修次数为 1、精修量为 0.5mm 及不提刀，"分层铣削顺序"设置为"按区域"，然后单击"确定"按钮✔️。

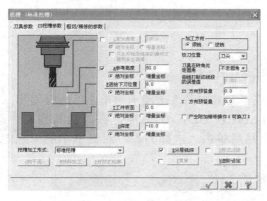

图 5-40 "2D 挖槽参数"选项卡

图 5-41 "分层铣深设置"对话框

7）切换至"粗切/精修的参数"选项卡，选中"粗切"复选项，选择铣削方法为"平行环切清角"，其他参数设置如图 5-42 所示。

8）为了避免刀尖与工件毛坯表面发生短暂的垂直撞击，可以考虑采用螺旋式下刀。单击"螺旋式下刀"按钮，打开"螺旋/斜插式下刀参数"对话框，在"螺旋式下刀"选项卡中设置图 5-43 所示的螺旋式下刀参数，然后单击"确定"按钮✔️。

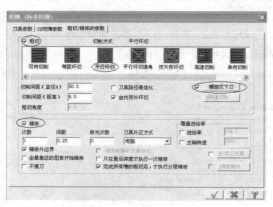

图 5-42 "粗切/精修的参数"选项卡

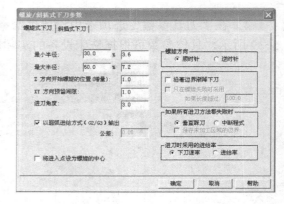

图 5-43 螺旋式下刀参数设置

9）在"挖槽（标准挖槽）"对话框中单击"确定"按钮✔️，生成如图 5-44 所示的 2D 挖槽加工刀具路径（以等角视图显示）。

10）选中该刀具路径进行模拟操作，单击"刀具路径"选项卡中的"刀具路径模拟"按钮≋，打开"刀具路径模拟"对话框。单击该对话框中的"步进模拟播放"按钮▶️进行刀具路径模拟，每按一次执行一句程序，这样有利于观察加工步骤的正确性；如一直按住"步进模拟播放"按钮，则连续执行模拟程序，模拟结果如图 5-45 所示。完成后在"刀具路径模拟"对话框中单击"确定"按钮。

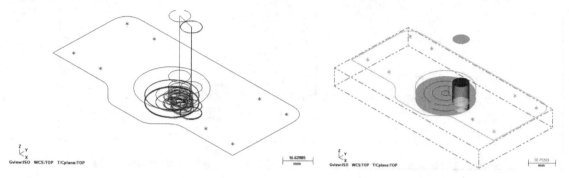

图 5-44 2D 挖槽加工刀具路径（以等角视图显示）　　图 5-45 刀具模拟结果（挖槽）

（9）钻孔铣削中心钻定位　Mastercam X 钻孔加工程序可用于零件中各种点的加工，本实例零件要求加工八个 ϕ8mm 的通孔之前需要钻中心孔定位，采用 ϕ2.5mm 中心钻刀具加工，其加工操作过程如下：

1）在菜单栏中选择"刀具路径"→"钻孔"命令。

2）系统弹出图 5-46 所示的"选取钻孔的点"对话框，单击"箭头"按钮，或者单击"自动选取""选择图素"及"窗选"其中之一的按钮，选取钻孔加工的位置点。

3）使用鼠标依次选择图 5-47 所示的八个位置点。

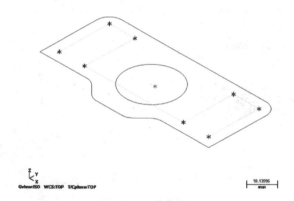

图 5-46 "选取钻孔的点"对话框　　　　图 5-47 设置位置点

以"窗选"等方式选择钻孔的点后，如果对系统自动安排点的排序不满意，则可以单击"排序"按钮，利用弹出的"排序"对话框设置排序方式，如图 5-48 所示。系统提供了三大类的排序顺序，即"2D 排序"类、"旋转排序"类和"交叉断面排序"类。

4）在"选取钻孔的点"对话框中单击"确定"按钮。

5）系统弹出"简单钻孔"对话框，在"刀具参数"选项卡中刀具列表框的空白处右键单击，如图 5-49 所示，在弹出的快捷菜单中选择"刀具管理器"命令，打开"刀具管理器"对话框。

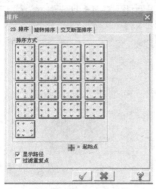

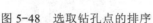

图 5-48 选取钻孔点的排序

图 5-49 右击刀具列表框的空区域

6）在"刀具管理器"对话框中选择"MM-IN.TOOLS"刀具库，在其中选择一种相近直径的中心钻，单击"复制选取的资料库刀具至刀具管理器"按钮➡或者左键双击，结果如图 5-50 所示。

7）或者单击"选取刀库…"按钮进入刀具库中选择一种相近直径的中心钻，单击"确定"按钮✓，刀具在"刀具管理器"窗口中显示。

8）左键双击中心钻图标，进入"定义刀具"对话框，设置中心钻直径为 2.5mm，其他设置如图 5-51 所示。

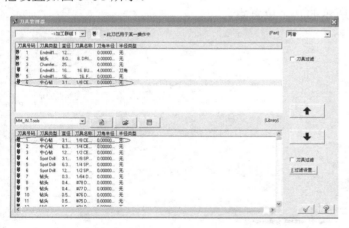

图 5-50 "刀具管理器"对话框

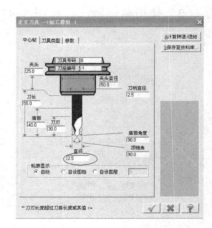

图 5-51 定义中心钻

9）单击"确定"按钮✓返回到"刀具参数"选项卡，在"刀具参数"选项卡中设置进给率、下刀速率、提刀速率和主轴转速等，如图 5-52 所示。具体参数可根据铣床设备的实际情况和设计要求来自行设定。

10）切换到"Simple drill-no peck"选项卡，设置切削方式、两切削点之间的位移方式和参考高度、进给下刀位置、工件表面和深度等参数，如图 5-53 所示。

11）本实例钻削中心孔不需要刀尖补偿，所以不设置"钻头尖部补偿"对话框。

12）切换至"简单钻孔自定义"选项卡默认设置，在"简单钻孔"对话框中单击"确定"按钮 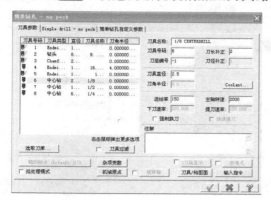，创建的钻孔铣削加工刀具路径如图 5-54 所示。

图 5-52　设置"刀具参数"选项卡

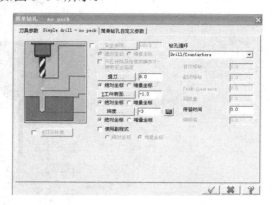

图 5-53　设置"Simple drill-no peck"选项卡

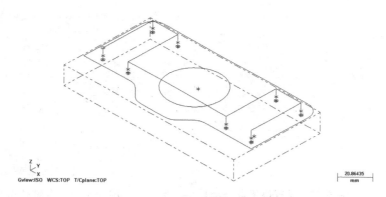

图 5-54　钻孔铣削加工刀具路径

13）选中该刀具路径进行模拟操作，在"刀具路径"选项卡中单击"刀具路径模拟"按钮 ≋，打开"刀具路径模拟"对话框。单击该对话框中的"步进模拟播放"按钮 ▶▶ 进行刀具路径模拟，每按一次执行一句程序，这样有利于观察加工步骤的正确性；如一直按住"步进模拟播放"按钮 ▶▶，则连续执行模拟程序，模拟结果如图 5-55 所示。完成后在"刀具模拟"对话框中单击"确定"按钮 ✔。

（10）钻削圆柱通孔　钻孔铣削加工在机械中应用广泛，包括钻直孔、镗孔和攻螺纹孔等加工。Mastercam X 钻孔加工程序可用于零件中各种点的加工，钻孔加工需要设置的参数包括公共刀具路径参数、钻孔铣削参数和用户自定义参数。

本实例零件要求加工出八个 ϕ8mm 的通孔，根据图形特点及尺寸，可采用 ϕ8mm 钻孔刀具进行数控加工，其加工操作过程如下。

1）在菜单栏中选择"刀具路径"→"钻孔"命令。

2）系统弹出图 5-56 所示的"选取钻孔的点"对话框，单击"箭头"按钮，或者单击"自动选取""选择图素"及"窗选"其中之一的按钮，选取钻孔加工的位置点。

3）使用鼠标依次选择图 5-57 所示的八个位置点。

4）以"窗选"等方式选择钻孔的点后，如果对系统自动安排点的排序不满意，则可以单击"排序"按钮，利用弹出的"排序"对话框设置排序方式，如图 5-58 所示。系统提供了三大类的排序顺序，即"2D 排序"类、"旋转排序"类和"交叉断面排序"类。

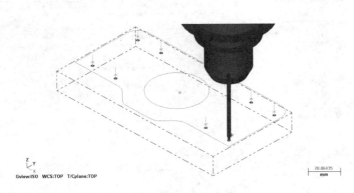

图 5-55 刀具路径模拟结果（钻孔定位）　　　图 5-56 "选取钻孔的点"对话框

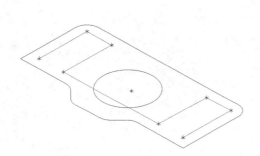

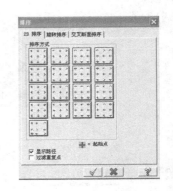

图 5-57 设置位置点　　　　　　　　　图 5-58 选取钻孔点的排序

5）在"选取钻孔的点"对话框中单击"确定"按钮 ✓ 。

6）系统弹出"简单钻孔"对话框，在"刀具参数"选项卡中单击"选取刀库…"按钮，打开"刀具选择"对话框，选择"Mill-MM.TOOLS"刀具库，在其刀具列表中选择图 5-59 所示的直径 8mm 钻头，然后单击"刀具选择"对话框中的"确定"按钮 ✓ 。

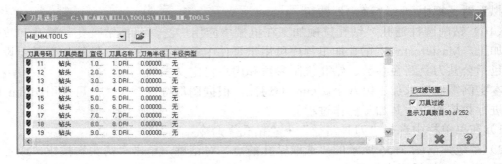

图 5-59 选择刀具

在"刀具参数"选项卡中设置如图 5-60 所示的参数，具体参数可根据铣床设备的实际情况可设计要求来自行设定。

7）切换到"Simple drill-no peck"选项卡，设置切削方式、两切削点之间的位移方式和参考高度、进给下刀位置、工件表面和深度等参数，如图 5-61 所示。

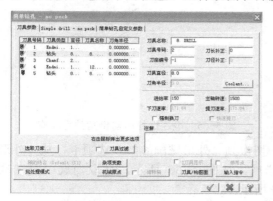

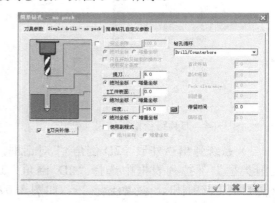

图 5-60　设置"刀具参数"选项卡　　　　　图 5-61　设置"Simple drill-no peck"选项卡

8）本实例使用的钻孔刀具是直径为 8mm 麻花钻头，还需要设置刀尖补偿，设置时选中"刀尖补偿"复选项 ▢ 並刀尖补偿... 并单击，系统弹出图 5-62 所示的"钻头尖部补偿"对话框，根据工艺要求正确设置刀尖补偿参数，以防止钻头钻削的深度不够，然后单击"确定"按钮 ✓ 返回。

9）"简单钻孔自定义"选项卡默认设置，在"简单钻孔"对话框中单击"确定"按钮 ✓，创建的钻孔铣削加工刀具路径如图 5-63 所示。

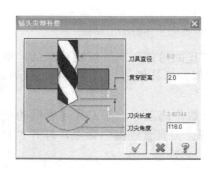

图 5-62　"钻头尖部补偿"对话框

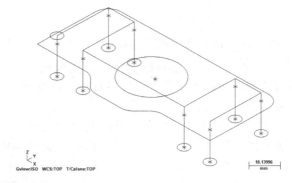

图 5-63　钻孔铣削加工刀具路径

10）选中该刀具路径进行模拟操作，在"刀具路径"选项卡中单击"刀具路径模拟"按钮 ≋，打开"刀具路径模拟"对话框。单击该对话框中的"步进模拟播放"按钮 ▶▶ 进行刀具路径模拟，每按一次执行一句程序，这样有利于观察加工步骤正确性；如一直按住"步进模拟播放"按钮 ▶▶，则连续执行模拟程序，模拟结果如图 5-64 所示。完成后在"刀具路径模拟"对话框中单击"确定"按钮 ✓。

（11）2D 倒角外形铣削

1）在菜单栏中选择"刀具路径"→"外形铣削"命令。

2）系统弹出"串连选项"对话框，单击"全部串连"按钮 ⊙⊙⊙，选中图 5-65 所示的串连选择所需倒角外形轮廓，然后在"串连选项"对话框中单击"确定"按钮 ✓。

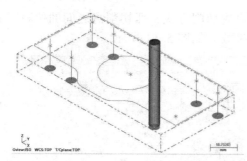

图 5-64　刀具路径模拟结果（钻孔）

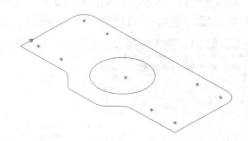

图 5-65　串连选择所需倒角外形轮廓

3）系统弹出"外形（2D 倒角）"对话框，切换到"外形铣削参数"选项卡，从"外形铣削类型"下拉列表框中选择"2D 倒角"选项，如图 5-66 所示，并取消选中复选项 ☑ U平面多次铣削 和 ☑ P分层铣深... ，如图 5-67 所示。

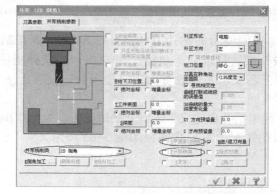

图 5-66　"外形铣削类型"设置　　　　　　　图 5-67　设置倒角外形加工参数

4）此时位于"外形铣削类型"下拉列表框下方的"E倒角加工..."按钮被激活，单击该按钮后系统弹出"倒角加工"对话框，设置倒角宽度和尖部补偿值，如图 5-68 所示，然后单击"确定"按钮 ☑ 。

5）在"外形（2D 倒角）"对话框中切换到"刀具参数"选项卡，在刀具列表框的空白处右键单击，如图 5-69 所示，从弹出的快捷菜单中选择"刀具管理器"命令，打开"刀具管理器"对话框。

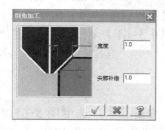

图 5-68　"倒角加工"对话框

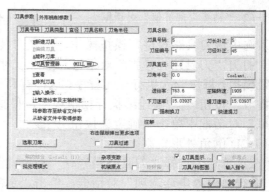

图 5-69　右键单击刀具列表框的空白区域

6）从"Steel-MM.TOOLS"刀具库中选择直径为 10mm 的 90° 倒角刀，单击"复制选取的资料库刀具至机器群组"按钮▲，结果如图 5-70 所示，然后单击"确定"按钮 ✓ 返回。

7）在"外形（2D 倒角）"对话框的"刀具参数"选项卡中进行图 5-71 所示的参数设置，包括进给率、进刀速率、主轴方向和主轴转速等。

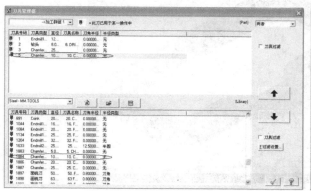

图 5-70　"刀具管理器"对话框

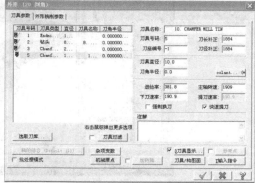

图 5-71　"刀具参数"选项卡

8）在刀具库中如果没有适合直径的刀具，可在"刀具参数"选项卡中左键双击指定的倒角铣刀，系统弹出"定义刀具"对话框，修改直径值，如图 5-72 所示，然后单击"定义刀具"对话框中的"确定"按钮 ✓ 。

9）在"外形（2D 倒角）"对话框中单击"确定"按钮 ✓ ，从而生成外形倒角铣削的刀具路径如图 5-73 所示。

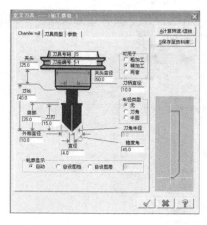

图 5-72　修改倒角铣刀的参数

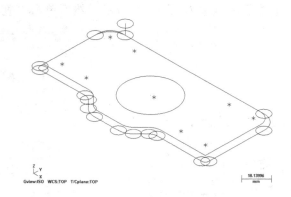

图 5-73　外形倒角的刀具路径

10）选中该刀具路径进行模拟操作，在"刀具路径"选项卡中单击"刀具路径模拟"按钮 ≋，打开"刀具路径模拟"对话框。单击该对话框中的"步进模拟播放"按钮 ▶▶ 进行刀具路径模拟，每按一次执行一句程序，这样有利于观察加工步骤的正确性；如一直按住"步进模拟播放"按钮 ▶▶，则连续执行模拟程序，模拟结果如图 5-74 所示。完成后在"刀具模拟"对话框中单击"确定"按钮 ✓ 。

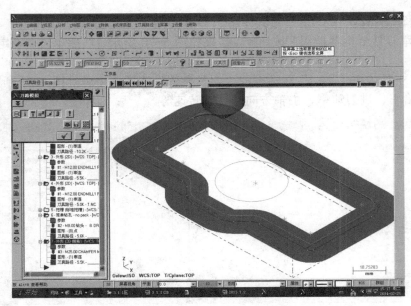

图 5-74　刀具模拟结果（2D 倒角）

步骤四　铣削加工验证模拟

对所有外形铣削加工进行模拟，具体步骤如下：

1）在"刀具路径"选项卡中单击"选择所有的操作"按钮，选中所有铣削加工的刀具路径。

2）在"刀具路径"选项卡中单击"验证已选择的操作"按钮，打开"实体验证"对话框。在该对话框中设置相关选项及参数，如图 5-75 所示。

3）在"实体验证"对话框中单击"选项"按钮，系统弹出"实体验证选项"对话框，选中复选项☑排屑 如图 5-76 所示，然后单击"确定"按钮。

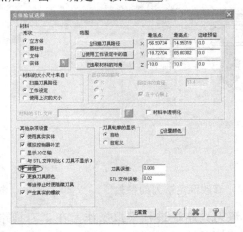

图 5-75　"实体验证"对话框　　　图 5-76　设置"实体验证选项"对话框

4）在"实体验证"对话框中单击"机床开始执行加工模拟"按钮，系统开始实体验证加工模拟。每道工步的刀具路径被动态显示出来，图 5-77 所示为以等角视图显示的实体验证加工模拟最后结果。系统还会弹出"拾取碎片"对话框，在"拾取碎片"对话框中，选中"保留（仅一个）"复选项，单击"拾取"按钮，用鼠标在绘制区单击要保留的部分，然后在"拾取碎片"对话框中单击"确定"按钮 $\boxed{\checkmark}$。

图 5-77　以等角视图显示的实体验证加工模拟最后结果

5）在"实体验证"对话框中单击"确定"按钮 $\boxed{\checkmark}$，具体的工步实体验证加工过程模拟见表 5-3。

表 5-3　工步实体验证加工过程模拟

序号	加工过程注解	加工过程示意图
1	铣削长方体大面，平口钳装夹 注意：铣削平面时采用较大直径平面铣刀，刀具超出工件边缘的距离需大于等于刀具半径	
2	铣削外形粗加工 注意： 1）装夹前以铣削的长方体大面为基准，紧贴定位元件，压板压紧 2）铣削加工实例零件长方体外形的相邻两边	
3	铣削外形精加工 注意： 1）在原有装夹的基础上外形铣削精加工 2）铣削参数及路径设置符合铣削精加工的要求	
4	粗铣削对面外形 注意： 1）实例零件长方体外形位置调换 180° 2）以铣削的长方体大面为基准，紧贴定位元件，压板压紧 3）铣削加工实例零件长方体外形对面的相邻两边	
5	精铣削对面外形 注意：铣削用量参数的选择	
6	粗、精铣削端面与圆柱盲孔 注意： 1）以铣削加工长方体大面为基准并采用精密平口钳装夹，粗、精铣削端面 2）铣削圆柱盲孔时采用 ∅18mm 键槽铣刀，下刀点保证不与工件盲孔发生干涉	
7	钻削圆柱通孔 注意： 1）钻孔前用中心钻定心 2）铣削圆柱通孔采用 ∅8mm 钻头 3）钻头将要贯穿时走刀量要减小	
8	倒角铣削 注意： 1）在上述装夹条件下进行倒角铣削 2）倒角铣削采用 45° 倒角刀	

步骤五 执行后处理

执行后处理形成 NC 文件，通过 RS232 接口传输至机床储存，具体步骤如下：

1）打开界面。在"刀具路径"选项卡将需要后处理的刀具路径选中，接着单击"Toolpath Group-1"按钮 **G1**，系统弹出图 5-78 所示的"后处理程式"对话框，分别设置 NC 文件和 NCI 文件选项。选中"后处理程式"对话框中的"NC 文件"复选项，在"NC 文件的扩展名"文本框输入为".NC"，选中"将 NC 程式传输至"复选项。传送前调整后处理程式的数控系统与数控机床的数控系统匹配，其他参数按照默认设置，单击"确定"按钮 **√**。

2）生成程序。系统打开"另存为"对话框，在"另存为"对话框中的"文件名"文本框输入程序名称，在此使用"实例一压盖"，完成文件名的选择。单击"保存（**S**）"按钮，出现图 5-79 所示的"组合后处理程序"图案后，即生成 NC 代码。

图 5-78 "后处理程式"对话框　　　　　　图 5-79 "组合后处理程序"图案

系统弹出图 5-80 所示的"Mastercam X 编辑器"对话框，在该对话框中显示了生成的数控加工程序。

图 5-80 "Mastercam X 编辑器"对话框

3）检查生成 NC 程序。根据所使用数控机床的实际情况，在图 2-78 所示的文本框中对程序进行检查、修改，包括 NC 代码、起刀点位置、换刀点位置和中间的空走刀程序。经过检查后的程序可减少空行程、节约加工时间、符合数控机床要求并能正常运行。

4）通过 RS232 接口传输至机床储存。经过以上操作设置，并通过 RS232 联系功能界面打开机床传送功能，机床参数设置参照机床说明书，点选软件菜单栏中"传送"功能，传送前调整后处理程式的数控系统与数控机床的数控系统匹配，传送的程序即可在数控机床存储，调用此程序就可正常运行加工压盖零件。

5.2　实例二　传动箱体盖的铣削加工

传动箱体盖是传动箱端面孔系的端盖零件，有的端盖中心设有轴承孔，与定位台阶的同轴度要求高，加工时有其特有的工艺安排。

如图 5-81 所示的传动箱体盖是与箱体零件配合零件之一，传动箱体盖加工使用 Mastercam X 中铣削模块的 2D 刀具路径数控加工功能，涉及平面加工、挖槽铣平面加工、外形锥度铣削、型腔加工及钻孔加工。自动编程按照以下步骤顺序进行：

1）画图建模，工艺分析，设定刀具路径、刀具及切削参数。

2）通过软件中工件毛坯和刀具的设置，检验铣削加工中是否会互相干涉。

3）后处理形成 NC 文件，通过传输软件或直接输入机床进行加工。

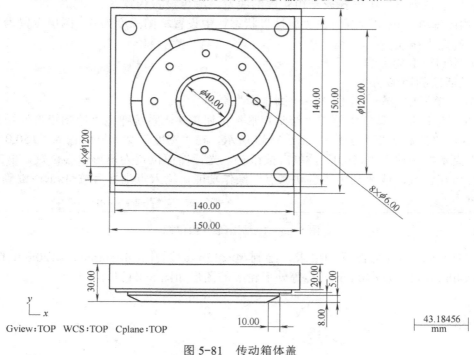

图 5-81　传动箱体盖

传动箱体盖根据其铣削加工特点，按照零件图样创建外形轮廓进行自动编程操作，创建的刀具路径运用"实体验证"功能可直观地检验零件程序的正确性，实体效果如图 5-82 所示。

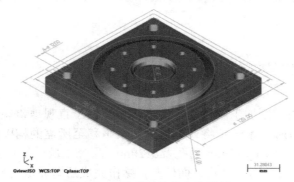

图 5-82　传动箱体盖实体效果

步骤一　CAD 模块画图建模

（1）打开 Mastercam X　在桌面上双击 Mastercam X 的快捷方式图标 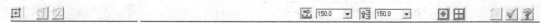。

（2）建立文件　启动 Mastercam X，激活创建文件功能，文件的后缀名是".mcx"，本实例文件名定为"传动箱体盖.mcx"。

（3）设置相关属性状态

1）构图面的设置。在"属性"状态栏的"线型"下拉列表框中单击"刀具面/构图平面"按钮，打开一个菜单，根据铣床加工的特点及编程原点设定的原则要求选择"T 俯视图"，为了便于观察设置"屏幕视角"为"I 等角视图"。

2）线型属性设置。在"属性"状态栏的"线型"下拉列表框中选择"实心线"线型，在"线宽"下拉列表框中选择表示粗实线的线宽，颜色设置为默认。

3）构图深度、图层设置。在"属性"状态栏中设置构图深度为 0，图层设置为 1，然后单击"确定"按钮 ☑。

（4）绘制矩形轮廓线

1）激活绘制矩形功能。

① 在菜单栏中选择"绘图"→"画矩形"命令。

② 在"绘图"工具栏中单击"绘制矩形"按钮 ▦ ▾，系统弹出"绘制矩形"操作栏。

2）弹出"绘制矩形"操作栏如图 5-83 所示，在"宽度"文本框中输入"150.0"，在"高度"文本框中输入"150.0"，单击按钮 ▦，光标停留位置为矩形中心位置，单击左键确定矩形所在位置；或者利用"自动抓点"操作功能，输入点坐标后按<Enter>键确认。

图 5-83　"绘制矩形"操作栏

3）按照传动箱体盖图样的要求，绘制 4×ϕ12mm 通孔，8×ϕ6mm、ϕ120mm 凸台、140mm×140mm 台阶及 ϕ40mm 沉孔等外形轮廓的图形如图 5-84 所示。

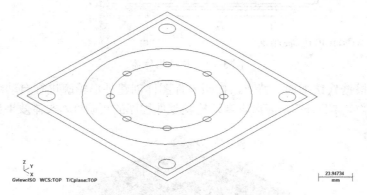

图 5-84　绘制轮廓图形

（5）创建实体模型　给加工零件创建实体模型有利于直观地检验零件正确性。传动箱体盖零件创建实体模型时，第一步将外形轮廓图素平移至所需的构图面中；第二步创建长方形实体、八个 ϕ6mm、四个 ϕ12mm 通孔及 ϕ120mm 凸台，最后创建 ϕ40mm 沉孔；第三步激活"倒角"功能进行圆弧倒角以及大面倒角，操作完成后即完成传动箱体盖实体的创建，

其操作过程按下列顺序进行:

1)选取 140mm×140mm 矩形图素,单击"平移"按钮 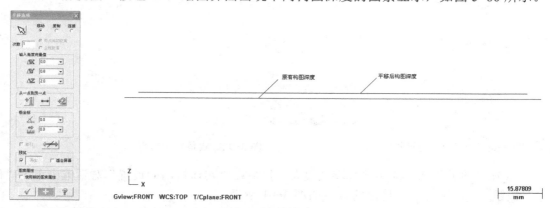,打开"平移选项"对话框,根据零件图样的要求, 140mm×140mm 矩形图素设置构图深度为 2,所以在文本框 ΔZ [2.0] 输入"2.0",如图 5-85 所示。单击"确定"按钮 ✔,完成构图深度的平移。

单击"前视图"按钮,绘图界面出现不同构图深度的图素显示,如图 5-86 所示。

图 5-85　输入构图深度　　　　　图 5-86　不同的构图深度

2)按照以上方法将其他图素根据图样的要求设置构图深度,八个 ϕ6mm 通孔及 ϕ40mm 沉孔轮廓图素设置构图深度为 10mm,四个 ϕ12mm 通孔及 ϕ120mm 凸台轮廓图素设置构图深度为 2。

3)将"刀具面/构图平面"设定为"I 等角视图",将"屏幕视角"设定为"I 等角视图"。

在菜单栏中选择"实体"→"挤出实体"命令,系统弹出图 5-87 所示的"串连选项"对话框,在绘图区域单击选取要进行挤出操作的串连图素即 150mm×150mm 矩形,选中后轮廓图素出现箭头表示如图 5-88 所示,单击按钮 ⟵━━⟶ 可以改变箭头方向,之后单击"确定"按钮 ✔,完成图素的选取。

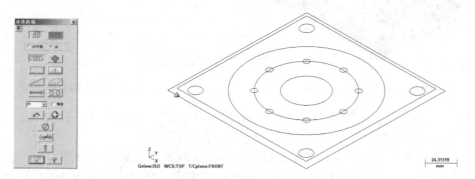

图 5-87　"串连选项"对话框　　　　图 5-88　选中挤出轮廓图素

系统弹出"实体挤出的设置"对话框如图 5-89 所示,在"挤出"选项卡中做如下设置:

① 在"挤出"选项卡中的"挤出操作"选项区域中选中单选项 ● 建立实体 ;在"挤出距离/方向"选项区域中选中"按指定的距离延伸距离"单选项,并在文本框中输入挤出实体厚度,本实例根据图样的要求为 20mm;同时在绘图区域选取的封闭图素

中出现挤出方向如图 5-90 箭头所示，根据图样要求的挤出方向向下，在"挤出距离/方向"区域中选中复选项 ☑ 更改方向 ，挤出方向就会更改为向下，其余默认设置。

图 5-89 "方向"对话框

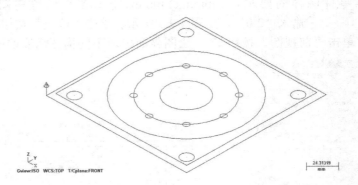

图 5-90 实体挤出方向

② 在"薄壁"选项卡中选择默认设置，然后在"实体挤出的设置"对话框中单击"确定"按钮 ☑ ，矩形实体挤出的效果如图 5-91 所示。

4）单击工具栏中的按钮 ⊕ ，实现线框实体显示功能，便于下面操作时观察。

参照上述方法创建 140mm×140mm 矩形实体，图素构图深度设置为 2mm，注意挤出方向要求向下，挤出实体厚度设置为 2mm；直径 120mm 凸台实体的图素构图深度设置为 2mm，注意挤出方向要求向上，挤出实体厚度设置为 8mm，完成实体挤出操作的效果如图 5-92 所示。

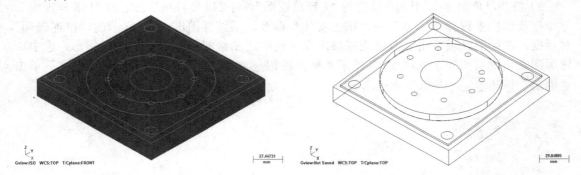

图 5-91 矩形实体挤出效果

图 5-92 实体挤出效果

5）将创建的三个分体实体并通过"布尔运算·结合"功能结合为一个实体。

① 在菜单栏中选择"实体"→"布尔运算·结合"命令。

② 系统弹出"选取工具实体"提示框，在绘图区域单击选取要结合的实体，选中后实体的颜色改变，完成实体的选取，按<Enter>键确定完成，结合实体如图 5-93 所示。

6）创建八个 φ6mm 通孔、四个 φ12mm 和 φ40mm 沉孔实体。

① 在菜单栏中选择"实体"→"挤出实体"命令，系统弹出"串连选项"对话框，在绘图区域选取要进行挤出操作的八个 φ6mm 圆形串连图素，选中后轮廓图素出现箭头表示如图 5-94 所示，选择图素时注意保持箭头方向的一致，单击"确定"按钮 ☑ ，完成图素的选取。

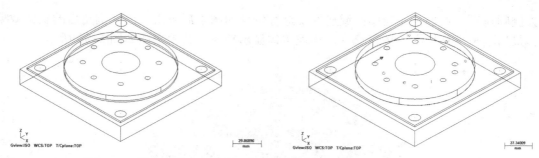

图 5-93　结合实体　　　　　　　　　图 5-94　选中挤出轮廓图素

② 系统弹出"实体挤出的设置"对话框如图 5-95 所示。

③ 在"挤出"选项卡中的"挤出操作"区域中选中单选项 ⊙ 切割实体 ；在"挤出距离/方向"区域中选中"按指定的距离延伸距离"单选项 ，并在文本框中输入挤出实体厚度，本实例根据图样要求为 20mm；同时在绘图区域选取的封闭图素中出现挤出方向如图 5-96 箭头所示，根据图样要求的切割实体方向应向下，在"挤出距离/方向"区域中选中复选项 ☑ 更改方向 ，切割实体方向就会更改为向下，其余默认设置。

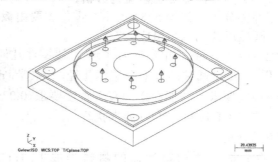

图 5-95　"实体挤出的设置"对话框　　　　　图 5-96　实体挤出方向

④ 在"薄壁"选项卡中选择默认设置，在"实体挤出设置"对话框中单击"确定"按钮 ，出现"选取目标实体"提示，接着在绘图区域点选需要切割的实体，出现切割挤出八个 ϕ6mm 通孔的实体效果如图 5-97 所示。

⑤ 按照①～④步骤完成切割挤出四个 ϕ12mm 通孔及中心位置 ϕ40mm 沉孔实体的操作，效果如图 5-98 所示。

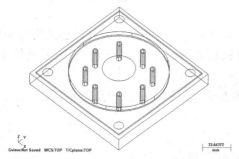

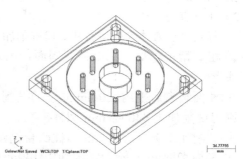

图 5-97　切割挤出八个 ϕ6mm 通孔的　　　图 5-98　切割挤出 ϕ12mm 通孔及 ϕ40mm
　　　　　实体效果　　　　　　　　　　　　　　　沉孔的实体效果

⑥ 在菜单栏中选择"实体"→"E 倒角"→"D 距离/角度"命令，系统出现"选取图

素去倒圆角"提示框,在绘图区域选取要进行倒角的图素后单击,出现倒角后的实体效果图。最后单击工具栏中的按钮 ⚫ ▾ ,实现实体显示功能,其效果图如图 5-99 所示。

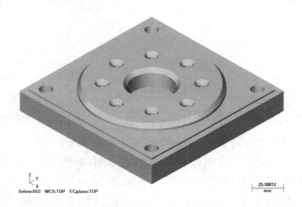

图 5-99 传动箱体盖零件实体

步骤二 实例零件加工工艺流程分析

(1)零件图分析 如图 5-81 所示,零件主要由板状正方体、正方体凸台、圆柱凸台、圆柱通孔、圆柱沉孔及倒角组成。

(2)配合要求分析 如图 5-81 所示,该零件几何公差要求 $\phi40^{+0.01}_{-0.01}$ mm 圆柱沉孔安装轴承,$\phi120^{+0.025}_{0}$ mm 圆柱凸台配合箱体孔径,$\phi40^{+0.01}_{-0.01}$ mm 圆柱沉孔与 $\phi120^{+0.025}_{0}$ mm 圆柱凸台之间有同轴度要求,与端面之间有垂直度要求 0.02mm,其余公差等级按自由公差;其余公差要求按 GB/T 1804—2000 要求执行。

(3)工艺分析

1)结构分析。传动箱体盖的材料为成形 HT200,其中 $\phi40^{+0.01}_{-0.01}$ mm 圆柱沉孔与 $\phi120^{+0.025}_{0}$ mm 圆柱凸台要求高,加工时应考虑刚性、刀尖圆弧半径补偿及切削用量等因素的影响,精铣时注意考虑刀具的锋利程度,防止挤削。

2)定位及装夹分析。考虑以上因素,在成形 HT200 灰口铸铁相邻两边设置定位装置,采用平口钳装夹校平后铣削加工 150mm×150mm 正方体大面及四周面,平口钳装夹部分保证大于 20mm,定位装置的位置设置在装夹范围内,不影响铣削加工正方体大面及四周面;掉面由定位装置定位,平口钳装夹校平,平口钳装夹部分保证在 20mm 以内。

3)加工工艺分析。

① 首先对正方体大面进行粗、精铣削加工,采用较大直径的平面铣刀及较小的铣削速度。

② 粗、精铣削加工正方体四周面,因为是铸铁材料所以采用 $\phi28$mm 立铣刀及较小的铣削速度。

③ 掉面装夹后采用 $\phi20$mm 立铣刀铣削加工 $\phi120^{+0.025}_{0}$ mm 圆柱凸台及端面,采用 $\phi22$mm 键槽铣刀铣削加工 $\phi40^{+0.01}_{-0.01}$ mm 圆柱沉孔。

④ 铣削加工 $\phi120^{+0.025}_{0}$ mm 圆柱凸台倒角。

⑤ 采用 $\phi28$mm 立铣刀铣削加工 140mm×140mm 凸台。

⑥ 钻铣加工八个 $\phi6$mm、四个 $\phi12$mm 通孔;采用 45° 倒角刀铣削加工倒角。加工时不需冷却,铣削精加工余量均留 0.5mm。

本实例传动箱体盖零件要求依次使用 2D 平面铣削加工、外形铣削加工、挖槽加工、钻孔加工和 2D 倒角加工。

（4）零件加工刀具安排　根据以上工艺分析，铣削加工传动箱体盖刀具安排见表 5-4。

表 5-4　铣削加工传动箱体盖刀具安排

产品名称或代号				零件名称		传动箱体盖	
刀具号	刀具名称	刀具规格			材料	数量	备注
T0101	平面铣刀	刀片	SDMT1205PDER-UL		CPM25		
		刀盘	SA90-50R3SD-P22		45 调质钢		
T0202	立铣刀	整体式	$\phi28mm$		硬质合金		
T0303	键槽铣刀	整体式	$\phi20mm$、$\phi22mm$		硬质合金		
T0404	中心钻		$\phi2.5mm$				
T0505	钻头	整体式	$\phi6mm$、$\phi12mm$		W6Mo5CrV2		
T0606	45°倒角刀	整体式	$\phi25mm$		W6Mo5CrV2		

（5）工序流程安排　根据铣削加工工艺分析，传动箱体盖的工序流程安排见表 5-5。

表 5-5　传动箱体盖工序卡片表（此工艺为批量铣削加工）

单位		产品名称及型号		零件名称		零件图号	
扬大机械工程学院				传动箱体盖		038	
工序	程序编号		夹具名称		使用设备		工件材料
	Mill-038				FV-800A		HT200 铸铁
工步	工步内容	刀号	切削用量		备注		工序简图
1	粗、精铣削加工正方体大面	T0101	n=700r/min f=0.3mm/r a_p=1mm		平口钳装夹（以下装夹均设有定位装置）		
2	粗、精铣削加工正方体四周面	T0202	粗铣 n=500r/min f=0.3mm/r a_p=1mm 精铣 n=800r/min f=0.1mm/r a_p=0.5mm		$\phi28mm$ 立铣刀		

（续）

工步	工步内容	刀号	切削用量	备注	工序简图
3	掉面装夹，铣削加工正方体端面及四周面	T0202	同上	平口钳装夹校平，装夹高度不大于20mm	
4	粗车加工 $\phi 120^{+0.025}_{0}$ mm 圆柱凸台及端面	T0303	$n=800r/min$ $f=0.2mm/r$ $a_p=5mm$	$\phi 20mm$ 键槽刀	
5	铣削加工 140mm×140mm 凸台	T0202	$n=800r/min$ $f=0.1mm/r$ $a_p=2mm$	$\phi 28mm$ 立铣刀	
6	掉面装夹铣削加工 $\phi 40^{+0.01}_{-0.01}$ mm 沉孔	T0404	粗铣 $n=800r/min$ $f=0.3mm/r$ $a_p=5mm$ 精铣 $n=900r/min$ $f=0.1mm/r$ $a_p=1mm$	$\phi 22mm$ 键槽刀	

（续）

工步	工步内容	刀号	切削用量	备注	工序简图
7	铣削加工 $\phi 120^{+0.025}_{0}$ mm 圆柱凸台倒角	T0404	$n=900$r/min $f=0.1$mm/r $a_p=0.1$mm	$\phi 22$mm 键槽刀	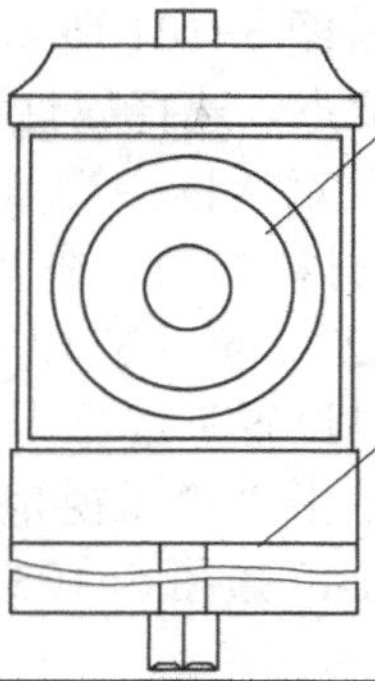 装夹工件高度不大于20mm　平口钳
8	钻铣加工八个 $\phi 6$mm 及四个 $\phi 12$mm 通孔	T0505	$\phi 6$mm 通孔 $n=800$r/min $f=0.3$mm/r $a_p=6$mm $\phi 12$mm 通孔 $n=600$r/min $f=0.2$mm/r $a_p=12$mm	$\phi 6$mm 及 $\phi 12$mm 麻花钻	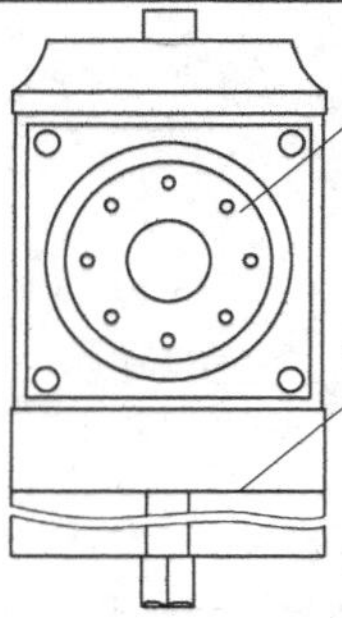 装夹工件高度不大于 20mm　平口钳
9	$\phi 40$mm 沉孔及正方台阶倒角	T0606	$n=1000$r/min $f=0.2$mm/r	45° 倒角刀	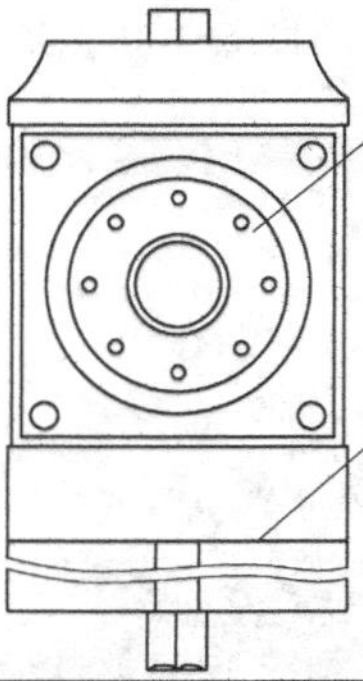 装夹工件高度不大于20mm　平口钳

步骤三　自动编程操作

传动箱体盖铣削加工自动编程的具体操作步骤如下：打开"传动箱体盖.mcx"文件。

（1）加工轮廓线　在 Mastercam X 绘图区域中单击"图层属性栏"按钮，系统弹出"图层管理器"选项卡，打开零件轮廓线图层 1，关闭其他图素的图层，结果显示所需要的粗加工外轮廓线如图 5-100 所示。

（2）设置机床加工系统　在 Mastercam X 中，从菜单中选择"机床类型"→"铣床"→"系统默认"命令，采用默认的铣床加工系统。指定铣床加工系统后，在"刀具路径"选项卡中出现"加工群组属性"树节菜单，设置结束后单击菜单栏中的"刀具路径"选项卡进行自动编程操作。

（3）设置加工群组属性　在"加工群组属性"对话框中包含材料设置、刀具设置、文件设置及安全区域四项内容。文件设置一般采用默认设置，安全区域根据实际情况设定，本实例主要介绍刀具设置和材料设置。

1) 打开设置界面。单击"机床系统"→"铣床"→"系统默认"命令，在"刀具路径"选项卡中双击图 5-101 所示的树节点 **山 属性 · Generic Mill** ，或者单击该标识左侧的"＋"号，展开属性树节点，选择属性树节点下的"材料设置"选项，如图 5-102 所示。系统进入"加工群组属性"对话框，当前显示为"材料设置"选项卡。

2) 设置材料参数。在"材料设置"选项卡下半部分设置立方体材料的文本框中输入长（X 轴）"152"、宽（Y 轴）"152"及高（Z 轴）"32"，其余默认设置。

在"材料设置"选项卡中选中 ☑ 显示方式 复选项，并单击"确定"按钮 ☑ ，完成材料形状的设置，单击"绘图视角"工具栏中的"等角视图"按钮 ，则可以比较直观地观察工件毛坯的大小，如图 5-103 所示。

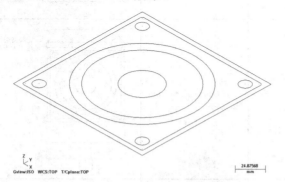

图 5-100　绘制粗加工外轮廓线

图 5-101　"加工群组属性"树节菜单

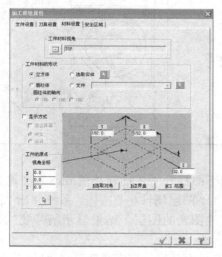

图 5-102　"材料设置"选项卡

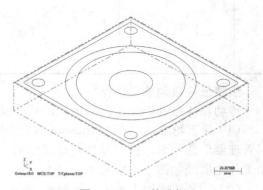

图 5-103　工件毛坯

传动箱体盖零件毛坯设置完成后，根据工艺安排依次进行平面铣削、外形铣削、挖槽、钻孔和 2D 倒角加工的自动编程操作。

（4）平面铣削

1) 在菜单栏中选择"刀具路径"→"平面铣削"命令。

2) 系统弹出"串连选项"对话框，单击"全部串连"按钮 ，按照系统弹出的"选择确定去使用已定义的材料或选取串联 1"提示选择串连平面轮廓，然后在"串连选项"对话框中单击"确定"按钮 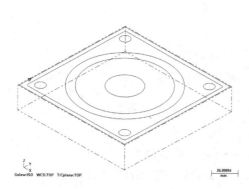，如图 5-104 所示。

3）系统弹出"平面铣削"对话框，在"刀具参数"选项卡中刀具列表框的空白处右键单击，如图 5-105 所示，在弹出的快捷菜单中选择"刀具管理器"命令，打开"刀具管理器"对话框。

图 5-104　选择串连平面轮廓

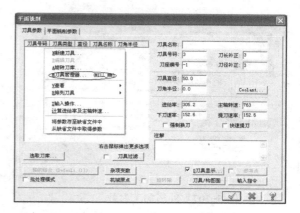

图 5-105　右击刀具列表框的空区域

4）在"刀具库"下拉列表 中选择"Steel-MM.TOOLS"刀具库，选择直径为 50mm 的平面铣刀，单击"复制选取的资料库刀具至刀具管理器"按钮 ↑ 或者左键双击。

5）单击"确定"按钮 返回到"刀具参数"选项卡，设置进给率、下刀速率、提刀速率和主轴转速等如图 5-106 所示。

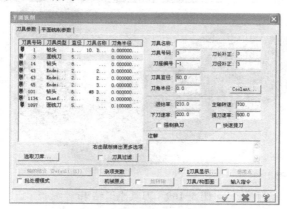

图 5-106　"平面铣削"对话框

操作说明

此平面铣削设置形成时间最短、效率较高的刀具路径。在实际加工中，刀具路径参数要根据具体的机床、刀具使用手册和工件材料等因素来决定，涉及的参数只作参考使用。为了便于观察可以取消在"加工群组属性"对话框中选中复选项 ☑显示方式，这样可不显示毛坯。

6）切换到"平面铣削参数"选项卡，设置图 5-107 所示的外形加工参数。

7）本实例平面铣削加工余量较小，不选用多次平面铣削，所以取消选中"P 分层铣深"复选项 ☑ P分层铣深，Z 向预留 0.3mm 的精铣削余量，设置结果如图 5-105 所示。

8）该对话框中其余参数按照工艺规定，设置铣削深度为 1mm，设置完成后单击"确定"按钮 ☑，产生的平面铣削加工刀具路径如图 5-108 所示。

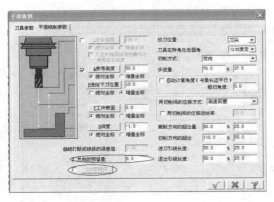

图 5-107　外形加工参数

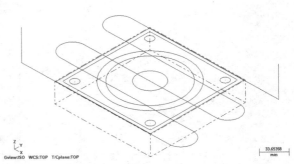

图 5-108　平面铣削加工刀具路径

9）选中该刀具路径进行模拟操作，在"刀具路径"选项卡中单击"刀具路径模拟"按钮 ≋，打开"刀具路径模拟"对话框。单击该对话框中的"步进模拟播放"按钮 ▶▶ 进行刀具路径模拟，每按一次执行一句程序，这样有利于观察加工步骤的正确性；如一直按住"步进模拟播放"按钮 ▶▶，则连续执行模拟程序，模拟结果如图 5-109 所示。完成后在"刀具路径模拟"对话框中单击"确定"按钮 ☑。

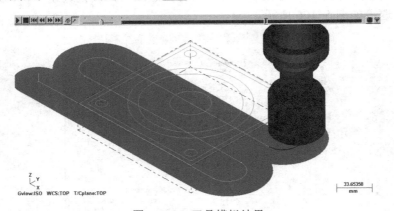

图 5-109　刀具模拟结果

（5）外形铣削加工正方体四周面

1）在菜单栏中选择"刀具路径"→"外形铣削"命令。

2）系统弹出"串连选项"对话框，单击"全部串连"按钮 ⊙⊙⊙，按照系统弹出的"选择确定去使用已定义的材料或选取串联 1"提示选择串连需要铣削加工的外形轮廓，如图 5-110 所示，然后在"串连选项"对话框中单击"确定"按钮 ☑。

3）系统弹出"外形（2D）"对话框，在"刀具参数"选项卡的刀具列表框的空白处右键单击，在弹出的快捷菜单中选择刀具库。从刀具库中选择直径为 28mm 的平底刀，单击

"确定"按钮 。

4）返回到"刀具参数"选项卡，设置进给率、下刀速率、提刀速率和主轴转速等，如图 5-111 所示。

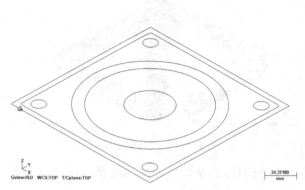

图 5-110　串连需要铣削加工的外形轮廓

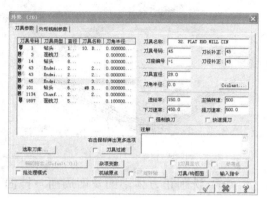

图 5-111　"刀具参数"选项卡

5）切换到"外形铣削参数"选项卡，设置图 5-112 所示的外形加工参数。

6）工件在 XY 平面区域内毛坯较硬，可以选用多次铣削。选中复选项 V 平面多次铣削 激活并单击该按钮，系统弹出"XY 平面多层切削设置"对话框，设置 XY 平面多次切削参数，然后单击"确定"按钮 。选中复选项 P 分层铣深 并单击按钮，系统弹出"深度分层切削设置"对话框，设置深度分层切削参数，然后单击"确定"按钮 。

7）单击按钮 进/退刀向量 ，系统弹出"进/退刀向量设置"对话框，此实例设置进/退刀引线长度为 10mm，进行图 5-113 所示的参数设置，适当地将进/退刀引线长度和切入切出圆弧的半径设置小一些，以减少空刀路径，最后单击"确定"按钮 。

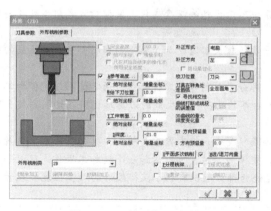

图 5-112　外形加工参数

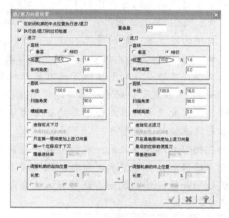

图 5-113　"进/退刀向量设置"对话框

8）在"外形（2D）"对话框中单击"确定"按钮 ，生成外形铣削加工正方形四周面刀具路径如图 5-114 所示。

9）选中该刀具路径进行模拟操作，在"刀具路径"选项卡中单击"刀具路径模拟"按钮 ，打开"刀具路径模拟"对话框。单击该对话框中的"步进模拟播放"按钮 进行刀具路径模拟，每按一次执行一句程序，这样有利于观察加工步骤的正确性；如一直按住"步进模拟播放"按钮 ▶▶，则连续执行模拟程序，模拟结果如图 5-115 所示。完成后在"刀具路径模拟"对话框中单击"确定"按钮 ✔。

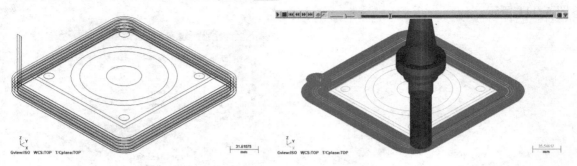

图 5-114 刀具路径　　　　　　　　　　　图 5-115 刀具模拟结果

（6）铣削正方体端面及四周面　掉面装夹，铣削加工零件正方体端面及四周面，操作与上述（4）、（5）步骤一样。

（7）铣削圆柱凸台及端面　采用 $\phi20$mm 立铣刀铣削加工 $\phi120^{+0.025}_{0}$ mm 圆柱凸台及端面。

本工序采用"挖槽加工"方式中的铣削，对于零件中的槽和岛屿，可以通过执行"挖槽"功能将工件上指定区域内的材料以一定的方式挖去来实现。挖槽铣削加工形式有五种，即"标准挖槽""平面加工""使用岛屿深度""残料加工"和"开放式"。

技巧提示

挖槽加工方式的确定。

★ "标准挖槽"：用于主体挖槽加工。

★ "平面加工"：将挖槽刀具路径向边界延伸指定的距离，以达到对挖槽曲面的铣削。此方式有利于对边界留下的毛刺进行再加工。

★ "使用岛屿深度"：采用标准挖槽加工时，系统不考虑岛屿深度变化。该挖槽方式用于处理岛屿深度与槽的深度不一样的情况。

★ "残料加工"：该方式用较小的刀具去除上一次（较大刀具）加工留下的残料部分，其生成的挖槽加工刀具路径是在切削区域范围内多刀加工的。

★ "开放式"：用于轮廓串连没有完全封闭、一部分开放的槽形零件加工。通常使用该挖槽加工方式时，只需要设置刀具超出边界的百分比或刀具超出边界的距离，其生成的刀具路径将在切削到超出距离后直线连接起点和终点。

挖槽刀具路径形成的一般步骤和外形铣削刀具路径形成的一般步骤基本相同，挖槽铣削主要参数包括刀具路径参数、挖槽参数和粗切/精修参数。在进行挖槽加工时，可以附加一个精加工操作，可以一次完成粗切和精修加工规划。铣槽加工方向分顺铣和逆铣两种，顺铣有利于获得较好的加工性能和表面加工质量。

本铣削工序属于运用标准挖槽加工形式中挖槽铣平面，具体操作如下：

1）在菜单栏中选择"刀具路径"→"挖槽"命令。

2）系统弹出"串连选项"对话框，本实例零件为封闭图素，所以在对话框中单击"串连"按钮 ∞，依次串连选择图 5-116 所示的轮廓线，注意串连方向，单击"串连选项"对话框中"确定"按钮 ✔。

3）系统弹出"挖槽（边界再加工）"对话框，在"刀具参数"选项卡中单击"选取刀库…”按钮，打开“选择刀具”对话框，选择“Steel-MM.TOOLS”刀具库，并在其刀具列表中选择 φ28mm 平底型面铣刀，然后单击“选择刀具”对话框中的“确定”按钮 ✓。

4）在“刀具参数”选项卡中设置进给率、下刀速率、提刀速率和主轴转速等如图 5-117 所示。

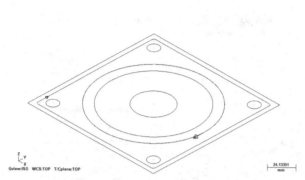

图 5-116　以串连方式选择图形轮廓

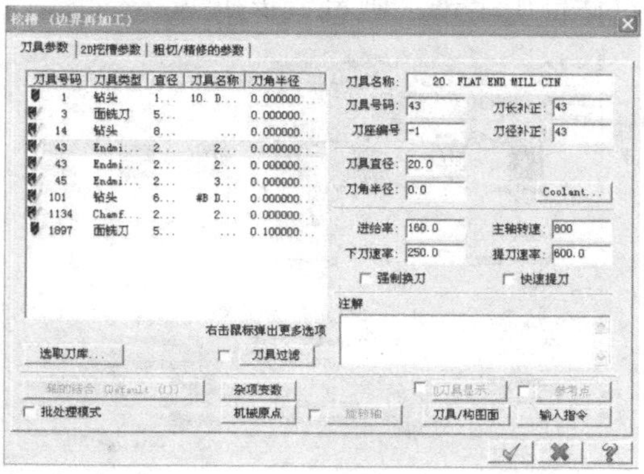

图 5-117　“刀具参数”选项卡

5）切换到“2D 挖槽参数”选项卡，设置切削方式、两切削点之间的位移方式和参考高度、进给下刀位置、工件表面及深度等参数，如图 5-118 所示。

6）在“挖槽加工形式”下拉列表中选择“铣平面”，并单击“铣平面”按钮，在系统弹出的“铣平面”对话框设置参数，然后单击“确定”按钮 ✓。

7）挖槽深度是 8mm，不宜一次切削完成，需对其 Z 轴进行分层铣削加工。选中“分层铣深”复选项 ▽ 分层铣深，系统弹出“分层铣深设定”对话框，设置图 5-119 所示的参数，然后单击“确定”按钮 ✓。

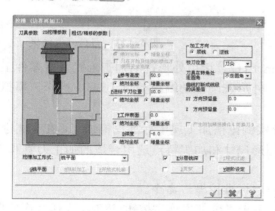

图 5-118　“2D 挖槽参数”选项卡

图 5-119　“分层铣深设定”对话框

8）在“挖槽（边界再加工）”对话框中切换至“粗切/精修的参数”选项卡，选择切削方式为螺旋切削，设置图 5-120 所示的粗切/精修参数。

9）单击“螺旋式下刀”按钮，打开“螺旋/斜插式下刀参数”对话框，在“螺旋式下刀”选项卡中设置图 5-121 所示的螺旋式下刀参数，然后在“挖槽（边界再加工）”对话框中单击"确定"按钮 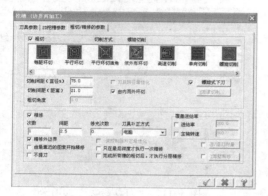，创建的开放式挖槽刀具路径如图 5-122 所示。

    选中该刀具路径进行模拟操作，在"刀具路径"选项卡中单击"刀具路径模拟"按钮 ≋，打开"刀具路径模拟"对话框。单击该对话框中的"步进模拟播放"按钮 ▶▶ 进行刀具路径模拟，每按一次执行一句程序，这样有利于观察加工步骤的正确性；如一直按住"步进模拟播放按钮 ▶▶"，则连续执行模拟程序，模拟结果如图 5-123 所示。完成后在"刀具模拟"对话框中单击"确定"按钮 ✓。

图 5-120   "粗切/精修的参数"选项卡

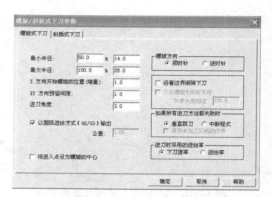

图 5-121   螺旋式下刀参数

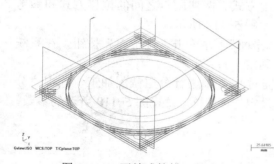

图 5-122   开放式挖槽刀具路径

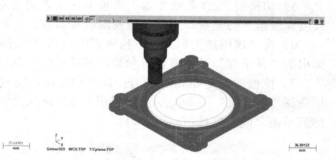

图 5-123   刀具模拟结果

    （8）外形铣削加工 140mm×140mm 凸台 运用外形铣削加工形式，对零件工艺安排的 140mm×140mm 凸台进行铣削加工，外形铣削自动编程参照（5）中操作，模拟结果如图 5-124 所示。

    （9）挖槽加工 $\phi 40^{+0.01}_{-0.01}$ mm 盲孔该实例挖槽加工属于标准挖槽加工，在上述准备好的 2D 轮廓图形基础上，根据图形特点、图形尺寸和加工特点选用合适的加工刀具和下刀点，操作步骤如下。

    1）在菜单栏中选择"刀具路径"→"标准挖槽"命令。

    2）系统弹出"串连选项"对话框，单击"全部串连"按钮 ⟨◯◯◯⟩，选择串连外形轮廓，在 P 点处单击指定所需的串连图形，如图 5-125 所示轮廓。然后在"串连选项"对话框中单击"确定"按钮 ✓。

    3）系统弹出"挖槽（标准挖槽）"对话框，在"刀具参数"选项卡中单击"选取刀库…"按钮，打开"选择刀具"对话框，选择"Steel-MM.TOOLS"刀具库，在其刀具列表中选择直径为 22mm 的键槽铣刀，然后单击"确定"按钮 ✓。

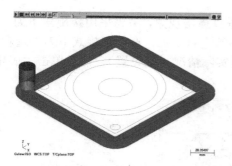
图 5-124　刀具模拟结果（140mm×140mm 凸台）

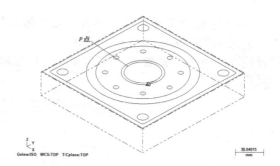
图 5-125　串连图形轮廓

4）在"刀具参数"选项卡中，设置进给率、下刀速率、提刀速率和主轴转速等，如图 5-126 所示。具体参数可根据铣床设备的实际情况和设计要求来自行设定。

5）切换到"2D 挖槽参数"选项卡，设置切削方式为标准挖槽、并设置两切削间的位移方式和参考高度、进给下刀位置、工件表面及深度等参数，如图 5-127 所示。

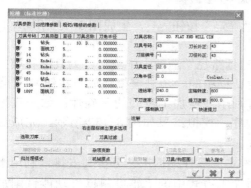
图 5-126　"刀具参数"选项卡

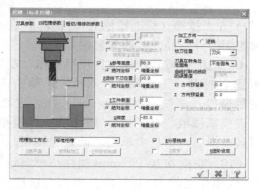
图 5-127　"2D 挖槽参数"选项卡

6）挖槽深度为 20mm，不能一次铣削完成，需要对其 Z 轴深度进行加工分层加工，设置方法是选中"分层铣深复选项 □ ☑分层铣深"，系统弹出图 5-128 所示的"分层铣深设置"对话框，设置最大粗切深度为 5mm，精修次数为 1，精修步进量为 0.5mm，设置不提刀，"分层铣削的顺序"设置为"按区域"，然后单击"确定"按钮 ☑。

7）切换至"粗切/精修的参数"选项卡，选中"粗切"复选项，选择铣削方法为"螺旋切削"，其他参数设置如图 5-129 所示。

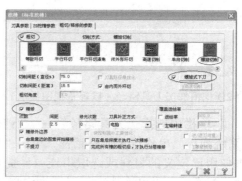
图 5-129　"粗切/精修的参数"选项卡

图 5-128　"分层铣深设置"对话框

8）为了避免刀尖与工件毛坯表面发生短暂的垂直撞击现象，考虑采用螺旋式下刀。单击"螺旋式下刀"按钮，打开"螺旋/斜插式下刀参数"对话框，在"螺旋式下刀"选项卡中设置图 5-130 所示的螺旋式下刀参数（可以根据实际情况另行设置），然后单击"确定"按钮 ☑。

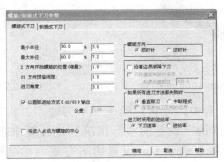

图 5-130　螺旋式下刀参数

9）在"挖槽（标准挖槽）"对话框中单击"确定"按钮 ☑，生成图 5-131 所示的 2D 挖槽加工刀具路径（以等角视图显示）。

10）选中该刀具路径进行模拟操作，在"刀具路径"选项卡中单击"刀具路径模拟"按钮 ≋，打开"刀具模拟"对话框。单击该对话框中的"步进模拟播放"按钮 ▶▶ 进行刀具路径模拟，每按一次执行一句程序，这样有利于观察加工步骤的正确性；如一直按住"步进模拟播放"按钮 ▶▶，则连续执行模拟程序，模拟结果如图 5-132 所示。完成后在"刀具模拟"对话框中单击"确定"按钮 ☑。

（10）铣削 $\phi 120^{+0.025}_{0}$ mm 圆柱凸台倒角　本实例零件根据工艺分析与安排，利用上述（7）挖槽加工的 $\phi 22$mm 键槽铣刀，运用平面加工方式中的"锥度斜壁"功能铣削加工 $\phi 120^{+0.025}_{0}$ mm 圆柱凸台倒角，根据图形及图形尺寸特点，操作步骤如下：

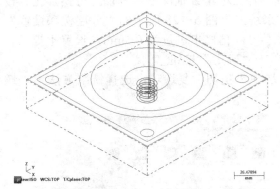

图 5-131　2D 挖槽加工刀具路径（以等角视图显示）

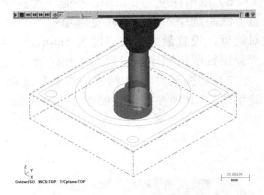

图 5-132　刀具模拟结果

1）在菜单栏中选择"刀具路径"→"外形铣削"命令。

2）系统弹出"串连选项"对话框，单击"全部串连"按钮 ⊙⊙⊙，按照系统弹出的"选择确定去使用已定义的材料或选取串连 1"提示选择串连需要铣削加工的外形轮廓，如图 5-133 所示，然后在"串连选项"对话框中单击"确定"按钮 ☑。

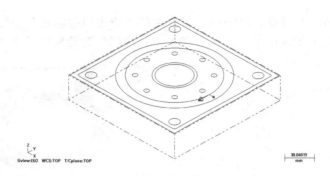

图 5-133　串连需要铣削加工的轮廓

3）系统弹出"外形（2D）"对话框，在"刀具参数"选项卡的刀具列表框处点选ϕ22mm 键槽铣刀。在"刀具参数"选项卡中设置进给率、进刀速率、主轴方向和主轴转速等，如图 5-134 所示。

4）切换到"外形铣削参数"选项卡，按工件图样及尺寸要求设置铣削深度为 5mm，其余外形加工参数的设置如图 5-135 所示。

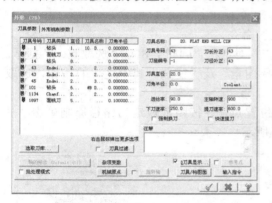

图 5-134　"刀具参数"选项卡

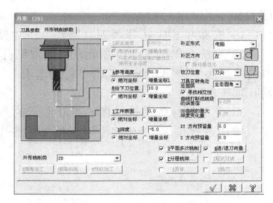

图 5-135　"外形铣削参数"选项卡

5）选中复选项 ☑ 分层铣深… 并单击按钮，系统弹出"深度分层切削设置"对话框，根据倒角处铣削加工的特点设置"最大粗切步进量"为 0.1mm；选中复选项 ☑ 锥度斜壁 ，在文本框 锥度角 62.0 中输入倒角角度，本实例零件为 62°，其余设置如图 5-136 所示，然后单击"确定"按钮 ☑ 返回。

图 5-136　"深度分层切削设置"对话框

6）在"外形（2D）"对话框中单击"确定"按钮 ☑ ，生成 $\phi120^{+0.025}_{0}$ mm 圆柱凸台倒角的刀具路径，如图 5-137 所示。

7）刀具路径进行模拟操作，在"刀具路径"选项卡中单击"刀具路径模拟"按钮 ≋ ，打开"刀具路径模拟"对话框。单击该对话框中的"步进模拟播放"按钮 ▶▶ 进行刀具路径模拟，模拟结果如图 5-138 所示。完成后在"刀具模拟"对话框中单击"确定"按钮 ✓ 。

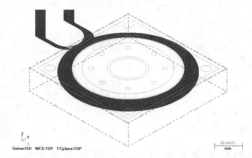

图 5-137　φ120⁺⁰·⁰²⁵ mm 圆柱凸台倒角刀具路径

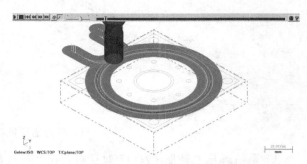

图 5-138　刀具模拟结果

（11）钻铣加工八个 φ6mm 通孔　Mastercam X 钻孔加工程序可用于零件中各种点的加工，本实例零件要求在加工八个 φ6mm 的通孔之前根据工艺要求可以设置钻中心孔工序，操作方法与钻孔方法一样。本实例直接采用 φ6mm 麻花钻钻孔，其加工操作过程如下：

1）在菜单栏中选择"刀具路径"→"钻孔"命令。

2）系统弹出图 5-139 所示的"选取钻孔的点"对话框，同时会出现"选取点…"提示。单击"箭头"按钮，或者单击"自动选取""选择图素"及"窗选"其中之一的按钮，选取钻孔加工的位置点。

3）使用鼠标依次选择图 5-140 所示的八个位置点，并按照最短走刀路径原则单击"排序"按钮进行排序，"排序"对话框如图 5-141 所示。

图 5-139　"选取钻孔的点"对话框

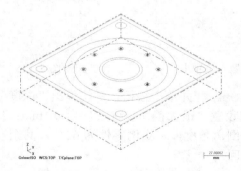

图 5-140　设置位置点

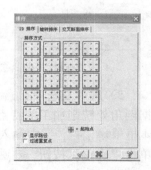

图 5-141　"排序"对话框

技巧提示

以"窗式"等方式选择钻孔的点后，如果对系统自动安排点的排序不满意，则可以单击"排序"按钮，利用弹出的"切削顺序"对话框设置排序方式，如图 5-139 所示。系统提供了三大类的切削顺序，即"2D 排序"类、"旋转排序"类和"交叉断面排序"类，总之要使走刀路径为最短。

4）在"选取钻孔的点"对话框中单击"确定"按钮 ✓ 。

5）系统弹出"简单钻孔"对话框，在"刀具参数"选项卡的刀具列表框的空白处右键单击，在弹出的快捷菜单中选择"刀具管理器"命令，打开"刀具管理器"对话框。在刀

具库中选择直径为 6mm 的麻花钻，

6）单击"确定"按钮  返回到"刀具参数"选项卡，在"刀具参数"选项卡中设置图 5-142 所示的进给率、进刀速率、主轴方向和主轴转速等参数，具体参数可根据铣床设备的实际情况和设计要求来自行设定。

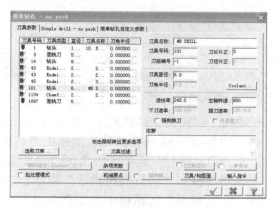

图 5-142　"刀具参数"选项卡

7）切换到"深孔钻-无啄孔"选项卡，设置切削方式、两切削点之间的位移方式和参考高度、进给下刀位置、工件表面及深度等参数，如图 5-143 所示。

本实例使用的钻孔刀具为 ϕ6mm 麻花钻头，需要设置刀尖补偿参数，设置时选中"刀尖补偿"复选项 并单击，系统弹出图 5-144 所示的"钻头尖部补偿"对话框，根据工艺要求正确设置参数，以防止钻头钻削深度不够，然后单击"确定"按钮 返回。

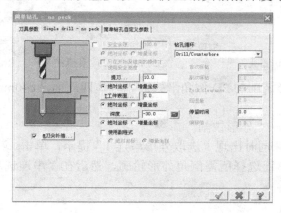

图 5-143　"Simple drill-no peck"选项卡

图 5-144　"钻头刀尖补偿"对话框

8）切换至"简单钻孔自定义参数"选项卡默认设置，在"简单钻孔"对话框中单击"确定"按钮，创建的钻孔铣削加工刀具路径如图 5-145 所示。

9）选中该刀具路径进行模拟操作，在"刀具路径"选项卡中单击"刀具路径模拟"按钮，打开"刀具模拟"对话框。单击该对话框中的"步进模拟播放"按钮进行刀具路径模拟，每按一次执行一句程序，这样有利于观察加工步骤的正确性；如一直按住"步进模拟播放"按钮，则连续执行模拟程序，模拟结果如图 5-146 所示。完成后在"刀具模拟"对话框中单击"确定"按钮。

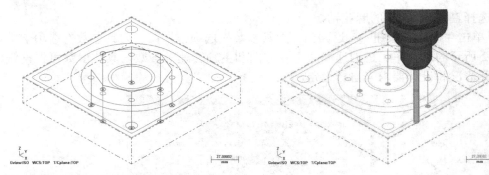

图 5-145　钻孔铣削加工刀具路径　　　　　　　图 5-146　刀具模拟结果

（12）钻削四个 ϕ12mm 通孔　本实例零件要求加工出四个 ϕ12mm 通孔，其自动编程过程按照（11）步骤操作，创建四个 ϕ12mm 通孔的钻铣削加工刀具路径，如图 5-147 所示。

选中该刀具路径操作，在"刀具路径"选项卡中单击"刀具路径模拟"按钮 ≋，打开"刀具模拟"对话框。利用该对话框和"刀具模拟播放"操作栏进行刀具路径模拟，结果如图 5-148 所示。完成后在"刀具模拟"对话框中单击"确定"按钮 ✓ 。

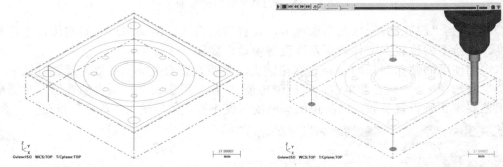

图 5-147　钻铣削加工刀具路径（ ϕ12mm 通孔）　　　图 5-148　刀具模拟结果

（13）2D 倒角外形铣削　运用外形铣削的 2D 倒角形式对正方体四周面及 ϕ40mm 沉孔口进行倒角处理。

1）在菜单栏中选择"刀具路径"→"外形铣削"命令。

2）系统弹出"串连选项"对话框，同时出现"选取外形串连 1"提示，单击 ◎◎◎ "全部串连"按钮，单击图 5-149 所示的串连选择所需倒角外形轮廓，然后在"串连选项"对话框中单击"确定"按钮 ✓ 。

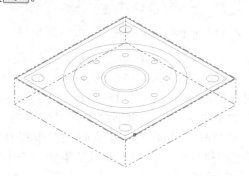

图 5-149　串连选择所需倒角外形轮廓

3）系统弹出"外形（2D 倒角）"对话框，切换到"外形铣削参数"选项卡，从"外形铣削类"下拉列表框中选择"2D 倒角"选项如图 5-150 所示，并取消选中的复选项 ☑ U平面多次铣削 和 ☑ P分层铣深... ，如图 5-151 所示。

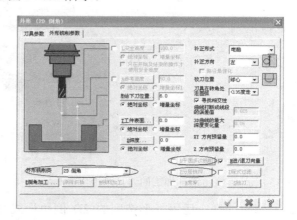

图 5-150　"外形铣削类型"　　　　　　　　　图 5-151　"外形铣削参数"选项卡

4）此时位于"外形铣削类"下拉列表框下方的"E 倒角加工..."按钮被激活，单击后系统弹出"倒角加工"对话框，设置倒角宽度和尖部补偿值，如图 5-152 所示，然后单击"确定"按钮 ✓ 。

5）在"外形（2D 倒角）"对话框中切换到"刀具参数"选项卡，在刀具列表框的空白处右键单击，从弹出的快捷菜单中选择"刀具管理器"命令，打开"刀具管理器"对话框。

6）从"Steel-MM.TOOLS"刀具库中选择直径为 25mm 的 45° 倒角刀，单击"复制选取的资料库刀具至机器群组"按钮 ⬆，然后单击"确定"按钮 ✓ 返回。

7）在"外形（2D 倒角）"对话框的"刀具参数"选项卡中进行图 5-153 所示的参数设置，包括进给率、进刀速率、主轴方向和主轴转速等。

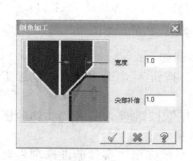

图 5-152　"倒角加工"对话框

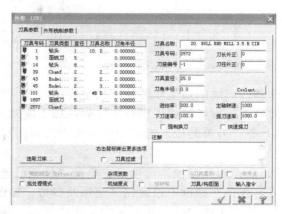

图 5-153　"刀具参数"选项卡

8）在"外形（2D 倒角）"对话框中单击"确定"按钮 ✓ ，从而生成外形倒角铣削加工的刀具路径如图 5-154 所示。

9）选中该刀具路径操作，在"刀具路径"选项卡中单击"刀具路径模拟"按钮 ≋，打开"刀具模拟"对话框。利用该对话框和"刀具模拟播放"操作栏进行刀具路径模拟，结果如图 5-155 所示。完成在"刀具模拟"对话框中单击"确定"按钮 ☑。

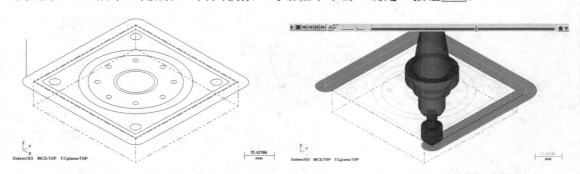

图 5-154　外形倒角铣削加工的刀具路径　　　　图 5-155　刀具模拟结果（倒角）

（14）倒角处理　运用外形铣削的 2D 倒角形式对 ϕ40mm 沉孔口进行倒角处理，其自动编程过程参照（13）步骤操作。创建的 ϕ40mm 沉孔口倒角铣削加工的刀具路径如图 5-156 所示。

选中该刀具路径操作，在"刀具路径"选项卡中单击"刀具路径模拟"按钮 ≋，打开"刀具模拟"对话框。利用该对话框和"刀具模拟播放"操作栏进行刀具路径模拟，结果如图 5-157 所示，完成后在"刀具模拟"对话框中单击"确定"按钮 ☑。

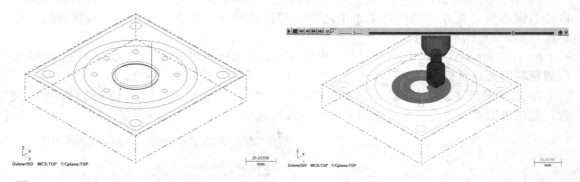

图 5-156　ϕ40mm 沉孔口倒角铣削加工刀具路径　　图 5-157　刀具模拟结果（沉孔口）

步骤四　铣削加工实体验证加工模拟

对所有外形铣削加工进行实体验证加工模拟，具体步骤如下：

1）在"刀具路径"选项卡中单击"选择所有的操作"按钮 🔧，选中所有铣削加工刀具路径。

2）在"刀具路径"选项卡中单击"验证已选择的操作"按钮 🖊，打开"实体验证"对话框，在该对话框中设置相关选项及参数，如图 5-158 所示。

3）在"实体验证"对话框中单击"选项"按钮 📖，系统弹出"实体验证选项"对话框，选中复选项 ☑ 排屑 如图 5-159 所示，然后单击"确定"按钮 ☑。

4）在"实体验证"对话框中单击"机床开始执行加工模拟"按钮 ▶，系统开始实体验证加工模拟。每道工步的刀具路径被动态显示出来，图 5-160 所示为以等角视图显示的实体验证加工模拟最后结果。

图 5-158　"实体验证"对话框

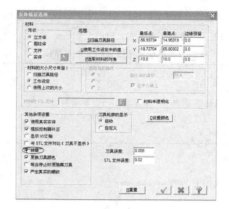

图 5-159　"实体验证选项"对话框

图 5-160　以等角视图显示的实体验证加工模拟最后结果

5）在"实体验证"对话框中单击"确定"按钮 ☑️，具体工步的实体验证加工过程见表 5-6。

表 5-6　实体验证加工模拟过程

序号	加工过程注解	加工过程示意图
1	粗、精铣削加工正方体大面 注意：平口钳定位装夹	
2	粗、精铣削加工正方体四周面 注意：铣刀直径不宜太大	
3	掉面装夹，铣削加工四方体端面及四周面 注意：平口钳定位装夹时需要校平	

（续）

序号	加工过程注解	加工过程示意图
4	粗铣削 $\phi120_{0}^{+0.025}$ mm 圆柱凸台及端面 注意： 1）刀具直径不宜太大，应小于 22mm 2）铣削刀具路径采用螺旋加工走刀路径	
5	精铣削 $\phi120_{0}^{+0.025}$ mm 圆柱凸台及端面	
6	铣加工 140mm×140mm 凸台	
7	铣加工 $\phi40_{-0.01}^{+0.01}$ mm 沉孔 注意：铣削圆柱盲孔时采用 $\phi22$mm 键槽铣刀，下刀点保证不与工件沉孔发生干涉	
8	铣削加工 $\phi120_{0}^{+0.025}$ mm 圆柱凸台倒角 注意：可以采用带有过渡圆弧的刀具	
9	钻铣加工八个 $\phi6$mm 通孔 注意： 1）需要时安排钻孔前用中心钻钻孔定心 2）铣削圆柱通孔采用 $\phi6$mm 钻头 3）钻头将要贯穿时，走刀量要减小	
10	钻铣加工四个 $\phi12$mm 通孔	
11	铣削倒角 注意： 1）在上述装夹条件下进行倒角铣削 2）倒角铣削采用 45°倒角刀	

步骤五　执行后处理

执行后处理形成 NC 文件，通过 RS232 接口传输至机床储存，具体步骤如下。

1）打开界面。在"刀具路径"选项卡选中需要后处理的刀具路径，接着单击"Toolpath Group-1"按钮 **G1**，系统弹出图 5-161 所示的"后处理程式"对话框，分别设置 NC 文件和 NCI 文件选项。单击"后处理程式"对话框中的"NC 文件"复选项，在"NC 文件的扩展名"文本框中输入".NC"，选中"将 NC 程式传输至"复选项。传送前调整后处理程式的数控系统与数控机床的数控系统匹配，其他参数按照默认设置，单击"确定"按钮 ☑ 。

2）生成程序。系统打开"另存为"对话框，在"另存为"对话框中的"文件名"文本框输入程序名称，在此使用"实例二传动箱体盖"，完成文件名的选择。单击"保存（S）"按钮，出现图 5-162 所示的"组合后处理程序"图案后，即生成 NC 代码。

图 5-161　"后处理程式"对话框　　　　图 5-162　"组合后处理程序"图案

系统弹出图 5-163 所示的"Mastercam X 编辑器"对话框，在该对话框中显示了生成的数控加工程序。

图 5-163　"Mastercam X 编辑器"对话框

3）检查生成 NC 程序。根据所使用的数控机床实际情况，在图 5-163 所示文本框中对程序进行检查、修改，包括 NC 代码、起刀点位置、换刀点位置和中间的空走刀程序。经过检查后的程序可减少空行程、节约加工时间、符合数控机床要求并能正常运行。

4）通过 RS232 接口传输至机床储存。经过以上操作设置，通过 RS232 联系功能界面，打开机床传送功能，机床参数设置参照机床说明书，点选软件菜单栏中"传送"功能，传送前调整后处理程式的数控系统与数控机床的数控系统匹配。传送的程序即可在数控机床存储，调用此程序时就可正常运行加工传动箱体盖零件。

5.3　实例三　气缸基座的铣削加工

如图 5-164 所示，气缸基座是与箱体零件配合的零件之一，气缸基座加工使用 Mastercam X 中铣削模块的 2D 刀具路径进行数控加工，涉及平面加工、外形铣削、挖槽标准加工、挖槽开放式加工及钻孔加工等，铣削加工完成的效果如图 5-165 所示。

在 Mastercam X 进行画图建模的基础上分析，气缸基座的工艺特点为薄型零件的铣削加工，其刀具路径、刀具及切削参数设定有其独特性，零件装夹装置与正常零件也有区别，下面对其铣削加工进行剖析。

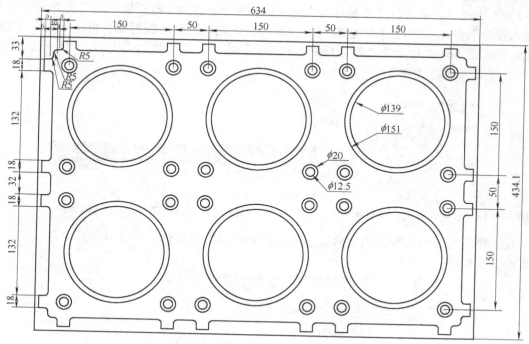

图 5-164　气缸基座

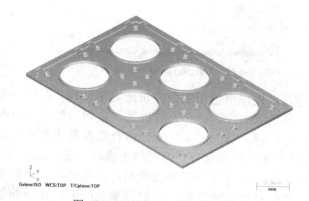

图 5-165　铣削加工完成的效果

步骤一　CAD 模块画图建模

（1）打开 Mstercam X　使用以下方法之一启动 Mastercam X：

1）选择"开始"→"程序"→"Mastercam X"→"Mastercam X"命令；

2）在桌面上双击 Mastercam X 的快捷方式图标 。

（2）建立文件　输入本实例零件文件名为"气缸基座.mcx"。

1）设置相关属性状态。

① 构图面的设置。在"属性"状态栏的"线型"下拉列表框中单击"刀具面/构图平面"按钮，在打开的菜单中选择"T 俯视图"，将"屏幕视角"设置为"T 俯视图"。

② 线型属性设置。在"属性"状态栏的"线型"下拉列表框中选择"实心线"线型，在"线宽"下拉列表框中选择表示粗实线的线宽，颜色设置为黑。

③ 构图深度、图层设置。在"属性"状态栏中设置构图深度为 0，图层设置为 1，然后单击"确定"按钮 ✓ 。

2）绘制实例零件轮廓线。按照气缸基座图样的要求，绘制包括 24 个 ϕ12.5mm 通孔和六个 ϕ139mm 通孔等图素的零件轮廓图，再经过"编辑"菜单中倒角功能的处理，完成铣削加工气缸基座的外形轮廓的图形如图 5-166 所示。

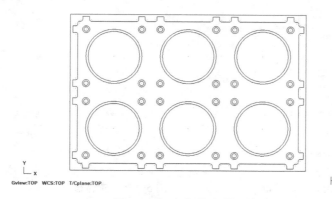

图 5-166　气缸基座外形轮廓

（3）创建实体模型　将图层设置为 2，给加工零件创建实体模型可直观地检验零件正确性。

气缸基座零件实体模型的创建首先要创建长方形实体，其次创建 24 个 ϕ12.5mm 通孔及六个 ϕ139mm 通孔，最后创建长方形实体与通孔之间的凹槽，其操作过程按下列顺序进行：

1）将"刀具面/构图平面"设定为"Ⅰ等角视图"，将"屏幕视角"设定为"Ⅰ等角视图"。

2）创建长方形实体。

① 在菜单栏中选择"实体"→"挤出实体"命令，系统弹出图 5-167 所示的"串连选项"对话框，在绘图框中选取需要进行挤出操作的串连图素，选中后轮廓图素出现箭头表示如图 5-168 所示，单击按钮 ⟷ 可以改变箭头方向，单击"确定"按钮 ✓ ，完成图素的选取。

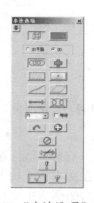

图 5-167　"串连选项"对话框

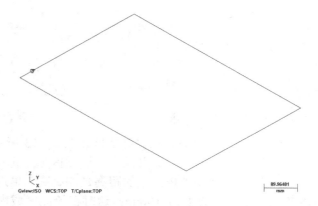

图 5-168　选中挤出轮廓图素

② 系统弹出"实体挤出的设置"对话框如图 5-169 所示。

③ 在"挤出"选项卡中的"挤出操作"选项区域中选中单选项；⊙建立实体 在"挤出距离/方向"选项区域中选中"按指定的距离延伸距离"复选项，并在文本框中输入挤出实体厚度，本实例根据图样要求为 10mm，这时在绘图区域内选取的封闭图素中出现挤出方向如图 5-170 箭头所示，如果挤出方向与图样要求不符合，在"挤出距离/方向"选项区域中选中复选项☑更改方向，挤出方向就会更改 180°，其余默认设置。

图 5-169 "实体挤出的设置"对话框

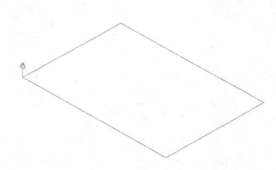

图 5-170 实体挤出方向

④ 在"薄壁"选项卡中选择默认设置，在"实体挤出的设置"对话框的下方单击"确定"按钮☑，选择长方形实体的实体挤出操作，如图 5-171 所示。

3）创建 24 个 ϕ12.5mm 通孔和六个 ϕ139mm 通孔实体。

① 在菜单栏中选择"实体"→"挤出实体"命令。系统弹出"串连选项"对话框，选取需要进行挤出操作的串连图素，选中 24 个 ϕ12.5mm 通孔和六个 ϕ139mm 通孔的所有图素，单击按钮 ⟷ 改变箭头方向，使选中后轮廓图素出现箭头一致，如图 5-172 所示，单击"确定"按钮☑，完成图素的选取。

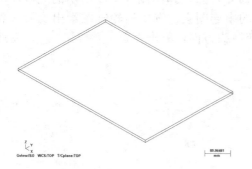

图 5-171 长方形实体生成

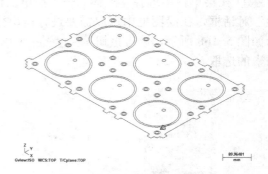

图 5-172 选中挤出轮廓图素

② 系统弹出"实体挤出的设置"对话框如图 5-173 所示。

③在"挤出"选项卡中的"挤出操作"选项区域中选中单选项⊙切割实体；在"挤出距离/方向"选项区域中选中"按指定的距离延伸距离"单选项，并在文本框中输入切割实体厚度，本实例根据图样要求为 10mm；这时在绘图区域内选取的封闭图素中出现挤出方向如图 5-174 箭头所示，根据图样的要求切割实体的方向向下，在"挤出距离/方向"选项

区域不需要选中复选项 ☐ 更改方向 ，其余默认设置。

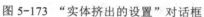

图 5-173　"实体挤出的设置"对话框

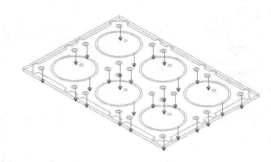

图 5-174　实体挤出方向

④在"薄壁"选项卡中选择默认设置，在"实体挤出的设置"对话框的下方单击"确定"按钮 ☑ ，完成切割挤出 24 个 ϕ12.5mm 通孔和六个 ϕ139mm 通孔的实体，效果如图 5-175 所示。

4）创建长方形实体与 24 个 ϕ12.5mm 通孔和六个 ϕ139mm 通孔之间凹槽实体。

①在菜单栏中选择"实体"→"挤出实体"命令，系统弹出"串连选项"对话框，选取需要进行挤出操作的串连图素，选中 24 个 ϕ12.5mm 通孔和六个 ϕ139mm 通孔的所有图素，以及凹槽边框图素，单击按钮 ⟷ 改变箭头方向，使选中后轮廓图素出现的箭头一致，如图 5-176 所示。单击"确定"按钮 ☑ ，完成图素的选取。

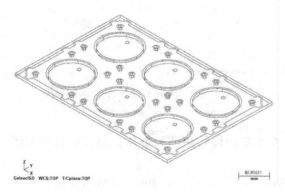

图 5-175　切割通孔的实体效果

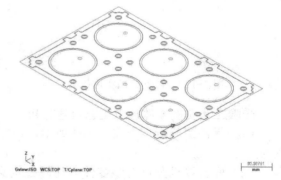

图 5-176　选中挤出轮廓图素

②系统弹出"实体挤出的设置"对话框，如图 5-177 所示设置参数。

③在"挤出"选项卡中的"挤出操作"选项区域中选中单选项 ◉ 切割实体 ；在"挤出距离/方向"选项区域中选中"按指定的距离延伸距离"单选项，并在文本框中输入切割凹槽实体厚度，本实例根据图样要求为 3mm；同时在绘图区域选取的封闭图素中出现挤出方向如图 5-178 箭头所示，根据图样的要求切割实体的方向向上，在"挤出距离/方向"选项区域需要中选中复选项 ☑ 更改方向 ，其余默认设置。

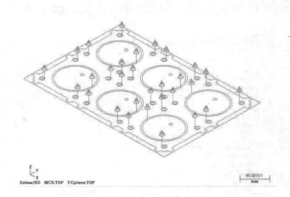

图 5-177 "挤出"选项卡   图 5-178 实体挤出方向

④在"薄壁"选项卡中选择默认设置，在"实体挤出的设置"对话框的下方单击"确定"按钮 ，完成切割挤出长方形实体与 24 个 ϕ12.5mm 通孔和六个 ϕ139mm 通孔之间凹槽的实体，效果如图 5-179 所示。

5）单击工具栏中的按钮 ，绘制区域出现零件实体的效果图，如图 5-180 所示。

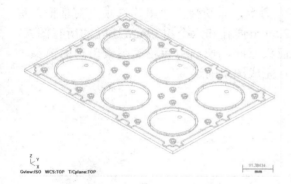

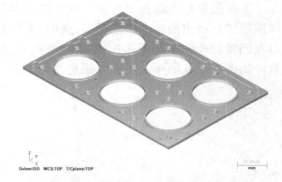

图 5-179 切割凹槽实体效果   图 5-180 气缸基座零件实体效果图

步骤二 实例零件加工工艺流程分析

（1）零件图分析 如图 5-164 所示，该零件主要由板状超薄长方体、圆柱通孔及凹槽组成。

（2）配合要求分析 该零件有几何公差要求，多个圆柱孔 ϕ139mm 之间圆心距有公差要求；根据气缸基座与箱体装配时要求，圆柱孔 ϕ12.5mm 与 ϕ139mm 之间圆心距都有尺寸要求，两大面之间有平行度要求，其余公差要求按国标的要求执行。

（3）工艺分析

1）本实例零件为典型薄板零件容易变形，需多次掉面加工来消除应力变形。垫块可以有多块，加工大面时采用真空吸盘夹具装夹零件。

首先，审阅图样尺寸，检查构成工件轮廓图形各种几何元素的条件是否充要，有无引起矛盾的多余尺寸或影响工序安排的封闭尺寸等等。

其次，零件图上所要求的加工精度、尺寸公差都要得到保证。特别要注意过薄的盖板厚度公差；"铣工怕铣薄"，数控铣削也是一样，因为加工时产生的切削拉力及薄板的弹性退让极易产生切削面的振动，使薄板厚度的尺寸公差难以保证，其表面粗糙度也将提高。根据实践经验，当面积较大的薄板厚度小于 8mm 时就应充分重视这一问题，最好在薄板的压条下方安装几个垫块以增加压紧作用点，使薄板压实。

再次，工件上设置统一基准以保证两次装夹加工时相对位置的正确性。工件需要在铣完一面后再重新安装铣削另一面，因此工件上必须有合适的定位基准孔或工艺孔，在加工这些孔时需要考虑真空吸盘的位置，不能相互干扰。

最后，对于薄板铣削加工的具体加工路径如下：

① 刀具轨迹避免重复，以免刀具碰伤暂时变形的切削面。

② 粗加工分层铣削让应力均匀释放。

③ 采用往复斜下刀方式以减少垂直方向对腹板的压力。

④ 保证刀具处于良好的切削状态。往复斜下刀方式仅优化走刀路径，还需结合其他方法控制加工变形，进一步优化工艺。

2）鉴于零件材料尺寸为大于零件尺寸 2mm，且为批量生产，所以安排以下工艺路径：

① 真空吸盘定位吸紧薄板，粗、精铣实例工件大面及四周面，精铣削四周面时该平面离真空吸盘夹具 0.5mm；钻削 1～6 工艺孔，钻孔处底部吸盘设置留有空隙。

② 掉面工件与等高垫块贴合定位安装，利用 1～6 工艺孔穿过螺栓配合螺母旋紧压实，安装时注意零件边缘地带应摆放垫铁增强刚性，采用挖槽铣削平面加工方式进行粗、精铣削大面（除螺栓压紧处）。

③ 在最边缘处选择几处合适压点用压板压紧（避开要铣削凹槽的边缘），可满足加工时的夹紧力。零件外形边缘设六处压板压实，压板均匀用力，压力不宜太大，防止变形。采用挖槽加工方式进行粗、精铣削零件凹槽及 ϕ139mm 通孔及 ϕ12.5mm 通孔。

3）加工步骤。

① 经过以上分析，考虑到加工刚性，首先铣削加工长方体大面，采用真空吸盘装夹零件，刀具直径不宜大。

② 掉面装夹铣削加工大面（装夹处除外）。

③ 铣削加工凹槽。

④ 采用麻花钻头铣削加工 ϕ12.5mm 通孔。

⑤ ϕ139mm 通孔采用 ϕ20mm 键槽铣刀采用铣削外形方式的刀具路径完成。

本实例零件依次使用 2D 平面铣削加工、外形铣削加工、挖槽加工及钻孔加工方式。

（4）零件加工刀具安排　根据以上工艺分析，铣削加工气缸基座时的刀具安排见表 5-7。

表 5-7　铣削加工气缸基座刀具安排

产品名称或代号				零件名称		气缸基座	
刀具号	刀具名称		刀具规格		材料	数量	备注
T0101	平面铣刀	刀片	SDMT1205PDER-UL		CPM25		
		刀盘	SA90-50R3SD-P22		45 调质钢		
T0202	立铣刀	整体式	ϕ12mm		硬质合金		
T0303	键槽铣刀	整体式	ϕ20mm		硬质合金		
T0404	钻头	整体式	ϕ12.5mm		W6Mo5CrV2		

（5）工序流程安排　根据铣削加工工艺分析，气缸基座的工序流程安排见表 5-8。

表 5-8　气缸基座工序卡片表（此工艺为批量铣削加工）

单位		产品名称及型号		零件名称		零件图号
扬大机械工程学院				气缸基座		048
工序	程序编号		夹具名称	使用设备		工件材料
	Mill-048			FV-800A		LY12
工步	工步内容	刀号	切削用量	备注		工序简图
1	铣削长方体大面并钻削工艺孔	T0101 T0505	$n=1200$r/min $f=0.25$mm/r $a_p=1$mm	真空吸盘夹具		
2	掉面加工大面（除螺栓压紧处）	T0303	$n=800$r/min $f=0.2$mm/r $a_p=12.5$mm	螺栓压板紧固装夹		
3	铣削凹槽	T0202	$n=1200$r/min $f=0.2$mm/r $a_p=2$mm	压板装夹及 $\phi20$mm 键槽铣刀		
4	铣削 24 个通孔	T0404	$n=1500$r/min $f=0.2$mm/r $a_p=2$mm	$\phi12.5$mm 麻花钻		
5	铣削外形方式加工 6 个大孔	T0101	粗车加工 $n=1000$r/min $f=0.2$mm/r 精车加工 $n=1100$r/min $f=0.06$mm/r	$\phi12$mm 立铣刀		

步骤三　自动编程操作

本实例自动编程的具体操作步骤如下：打开"气缸基座.mcx"文件。

（1）加工轮廓线　在 Mastercam X 的绘图区域单击"图层属性栏"按钮，系统弹出"图层管理器"选项卡打开零件轮廓线图层 1，关闭其他图素的图层，在显示的图形中绘制 1～6 工艺孔，结果显示所需要的粗加工外轮廓线如图 5-181 所示。

（2）设置机床加工系统　在 Mastercam X 中，从菜单栏中选择"机床类型"→"铣床"→"系统默认"命令，指定铣床加工系统后，在"刀具路径"选项卡中出现"加工群组属性"树节菜单，如图 5-182 所示，设置结束单击菜单栏中的"刀具路径"选项卡。

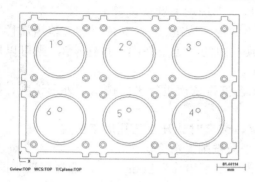

图 5-181　绘制粗加工外轮廓线

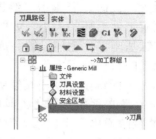

图 5-182　"加工群组属性"树节菜单

（3）设置加工群组属性　在"加工群组属性"树节菜单中包含材料设置、刀具设置、文件设置及安全区域四项内容。文件设置一般采用默认设置，安全区域根据实际情况设定，本实例主要介绍刀具设置和材料设置。

1）打开设置界面。选择"机床系统"→"铣床"→"系统默认"命令后，在"刀具路径"选项卡中出现"加工群组属性"树节菜单。

在图 5-182 所示的"刀具路径"选项卡中双击树节点 山 属性·Generic Mill ，或者单击该标识左侧的"＋"号，展开属性树节点，单击属性树节点下的"材料设置"选项，系统进入"加工群组属性"对话框，当前显示为"材料设置"选项卡，如图 5-183 所示。

2）在"材料设置"选项卡中设置如下内容：

①"工件材料视角"采用默认设置"TOP"视角，如图 5-183 所示。

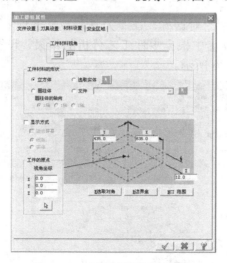

图 5-183　"材料设置"选项卡

② 在"工件材料的形状"选项区域中选中"立方体"单选项。

③ 在"材料设置"选项卡中，使用输入框下方的"选取对角""边界盒"或"NCI 范围"其中之一的方法确定设置立方体材料的长（X 轴）、宽（Y 轴）及高（Z 轴），本实例长×宽×高为 635mm×435mm×12mm，在"工件的原点"选项区域中输入刀具起始点，本实例设置为立方体材料的中心位置。

3）"刀具设置""文件设置"及"安全区域"选项卡默认设置。

4）在"加工群组属性"对话框中单击"确定"按钮 √，完成"加工群组属性"对话框的设置。此时，若单击"绘图视角"工具栏中的"等角视图"按钮 ，则可以比较直观地观察工件毛坯的大小，如图 5-184 所示。

气缸基座零件毛坯设置完成后，根据工艺安排依次进行平面铣削、外形铣削、挖槽及钻孔加工的自动编程操作。

（4）平面铣削　使用真空吸盘夹具装夹，装夹时让开工艺孔加工位置。

1）在菜单栏中选择"刀具路径"→"平面铣削"命令。

2）系统弹出"串连选项"对话框，单击"全部串连"按钮 ，选择串连平面轮廓，如图 5-185 所示。然后在"串连选项"对话框中单击"确定"按钮 √。

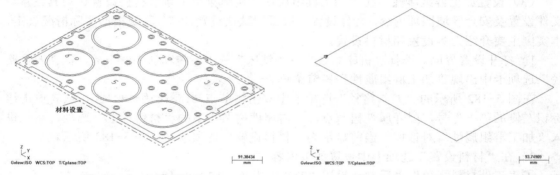

图 5-184　工件毛坯　　　　　　　　　　图 5-185　选择串连平面轮廓

3）系统弹出"平面铣削"对话框，在"刀具参数"选项卡中刀具选择ϕ12mm 立铣刀。

4）在"刀具参数"选项卡中根据零件工艺分析的结果，设置进给率、进刀速率、主轴方向和主轴转速等如图 5-186 所示。

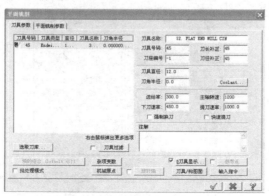

图 5-186　"刀具参数"选项卡

技巧提示

在实际加工中，刀具路径参数要根据具体的机床、刀具使用手册和工件材料等因素来决定，本实例零件平面铣削设置刀具路径应以时间最短、效率较高为原则，要考虑刀具路径中的刀具直径不宜过大，否则会在铣削加工中因加工刚性不够产生振动。

5）切换到"平面铣削参数"选项卡，设置铣削深度为 1mm，其余参数按照工艺规定设置。

6）单击"确定"按钮 ✓ ，生成的平面铣削加工刀具路径如图 5-187 所示。

7）选中该刀具路径操作，在"刀具路径"选项卡中单击"刀具路径模拟"按钮 ≋ ，打开"刀具模拟"对话框。利用该对话框和"刀具模拟播放"操作栏进行刀具路径模拟，结果如图 5-188 所示。完成后在"刀具模拟"对话框中单击"确定"按钮 ✓ 。

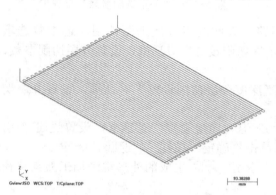

图 5-187　平面铣削加工刀具路径　　　　　　　　图 5-188　刀具模拟结果（平面铣削）

（5）外形铣削长方体四周面

1）在菜单栏中选择"刀具路径"→"外形铣削"命令。

2）系统弹出"串连选项"对话框，单击"全部串连"按钮 ∞ ，选择串连外形轮廓，如图 5-189 所示，单击"确定"按钮 ✓ 。

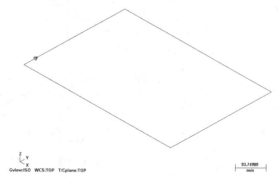

图 5-189　串连外形轮廓

3）系统弹出"外形（2D）"对话框，选择铣削平面的 ϕ12mm 立铣刀。

4）在"刀具参数"选项卡中设置进给率、下刀速率、提刀速率和主轴转速等如图 5-190 所示。

5）切换到"外形铣削参数"选项卡，设置如图 5-191 所示的外形铣削参数。

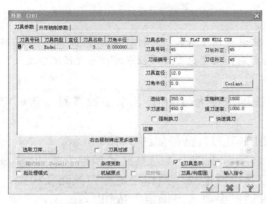

图 5-190 "刀具参数"选项卡

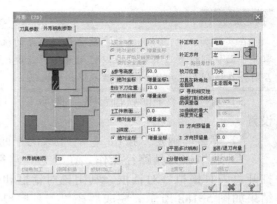

图 5-191 "外形铣削参数"选项卡

6）考虑到铣削薄型零件时的加工刚性不够，因此选用多次平面铣削。选中复选项 ☑ U平面多次铣削 并单击，系统弹出"XY 平面多次切削设置"对话框，设置分层切削参数，单击"确定"按钮 ☑ 返回。

7）单击按钮 ☑ P分层铣深… ，系统弹出"深度分层切削设置"对话框，设置分层切削参数，单击"确定"按钮 ☑ 返回。

8）单击按钮 ☑ I进/退刀向量 ，系统弹出"进/退刀向量设置"对话框，设置进/退刀引线长度，设置时以减少空刀路径为原则，然后单击"确定"按钮 ☑ 返回。

9）在"外形（2D）"对话框中单击"确定"按钮 ☑ ，生成的外形铣削加工刀具路径如图 5-192 所示。

10）选中该刀具路径操作，在"刀具路径"选项卡中单击"刀具路径模拟"按钮 ≋ ，打开"刀具模拟"对话框。利用该对话框和"刀具模拟播放"操作栏进行刀具路径模拟，结果如图 5-193 所示。完成后在"刀具模拟"对话框中单击"确定"按钮 ☑ 。

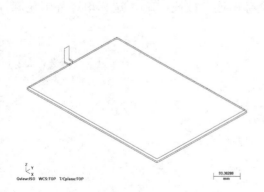

图 5-192 外形铣削加工刀具路径

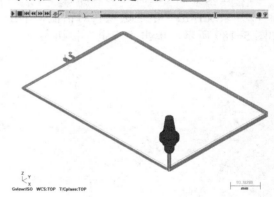

图 5-193 刀具模拟结果（外形铣削）

（6）钻削加工工艺孔

1）在菜单栏中选择"刀具路径"→"钻孔"命令。

2）系统弹出图 5-194 所示的"选取钻孔的点"对话框，在绘图区域选取钻孔加工的位置点。

① 使用鼠标依次选取图 5-195 所示的六个位置点。

图 5-194　"选取钻孔的点"对话框

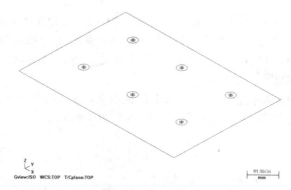

图 5-195　选取钻孔位置点

② 单击"排序"按钮，出现图 5-196 所示的"排序"对话框，设置符合工艺要求的钻孔加工顺序。

③ 单击对话框中的"确定"按钮 ✓ 返回，同时出现钻孔加工顺序显示如图 5-197 所示。

图 5-196　"排序"对话框

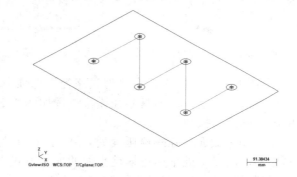

图 5-197　钻孔加工顺序

3）在"选取钻孔的点"对话框中单击"确定"按钮 ✓ ，系统出现"简单钻孔"对话框。

4）在"刀具参数"选项卡选取直径为 12.5mm 的麻花钻，设置结果如图 5-198 所示，具体参数可根据铣床设备的实际情况和设计要求自行设定。

5）切换到"Simple drill-no peck"选项卡，设置切削方式、两切削点之间的位移方式和参考高度、进给下刀位置、工件表面及深度等参数，如图 5-199 所示。

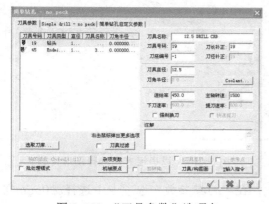

图 5-198　"刀具参数"选项卡

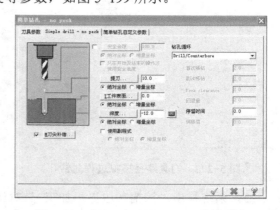

图 5-199 "Simple drill-no peck"选项卡

6）本实例使用的钻孔刀具为直径为 12.5mm 的麻花钻头，还需要设置刀尖补偿参数，设置时选中"刀尖补偿"复选项☑刀尖补偿...并单击，系统弹出图 5-200 所示的"钻头尖部补偿"对话框，根据工艺要求正确设置参数，防止钻头钻削深度不够，然后单击对话框中的"确定"按钮☑返回。

7）"简单钻孔自定义"选项卡默认设置，在"简单钻孔"对话框中单击"确定"按钮☑。创建的钻孔铣削加工刀具路径，如图 5-201 所示。

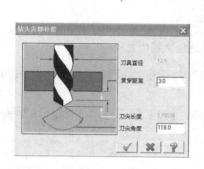

图 5-200　设置钻头尖部补偿参数

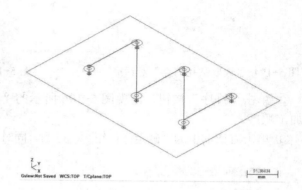

图 5-201　钻孔铣削加工刀具路径

8）选中该刀具路径操作，在"刀具路径"选项卡中单击"刀具路径模拟"按钮，打开"刀具模拟"对话框，刀具路径模拟过程如图 5-202 所示。完成后在"刀具模拟"对话框中单击"确定"按钮☑。

（7）掉面加工大面（除螺栓压紧处）　由于 1～6 号工艺孔处螺栓压紧零件的地方会干涉零件的加工，所以此处采用挖槽铣平面的加工方式进行加工，具体过程如下：

1）在菜单栏中选择"刀具路径"→"挖槽"命令。

2）系统弹出"串连选项"对话框，系统提示"选取挖槽串连 1"，在该对话框中单击"全部串连"按钮，依次串连选择所要加工范围的图素，如图 5-203 所示，注意串连方向一致，单击"串连选项"对话框中的"确定"按钮☑。

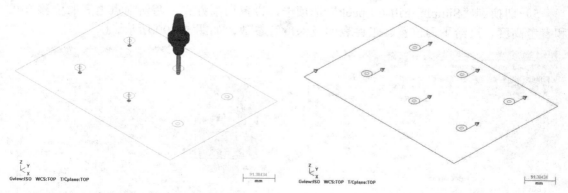

图 5-202　刀具路径模拟过程（钻孔）

图 5-203　以串连方式选择图形轮廓

3）系统弹出"挖槽（边界再加工）"对话框，在"刀具参数"选项卡中选择ϕ20mm 立铣刀，根据工艺要求设置进给率、进刀速率、主轴方向和主轴转速等如图 5-204 所示。

4）切换到"2D 挖槽参数"选项卡，设置切削方式、两切削点间的位移方式和参考高度、进给下刀位置、工件表面和深度等参数，如图 5-205 所示。

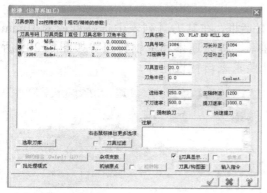

图 5-204　"刀具参数"选项卡

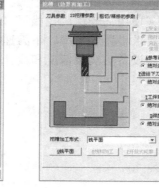

图 5-205　"2D 挖槽参数"选项卡

5）在"挖槽加工方式"下拉列表中选择"铣平面"，并单击"铣平面"按钮，系统弹出"铣平面"对话框设置参数，然后单击"确定"按钮 ✓ 返回。

6）挖槽深度是 1mm，一次切削完成，因此不选中"分层铣深"复选项 ☐ P分层铣深 。

7）切换至"粗切/精修的参数"选项卡，选择切削方式为螺旋切削，在"螺旋式下刀"选项卡中设置螺旋式下刀参数，最后在"挖槽（边界再加工）"对话框中单击"确定"按钮 ✓ ，创建的挖槽铣平面刀具路径如图 5-206 所示。

8）选中该刀具路径进行模拟操作，在"刀具路径"选项卡中单击"刀具路径模拟"按钮 ≋ ，打开"刀具模拟"对话框。单击该对话框中的"步进模拟播放"按钮 ▶▶ 进行刀具路径模拟，每按一次执行一句程序，这样有利于观察加工步骤正确性；如一直按住"步进模拟播放"按钮 ▶▶ ，则连续执行模拟程序，模拟结果如图 5-207 所示。完成后在"刀具模拟"对话框中单击"确定"按钮 ✓ 。

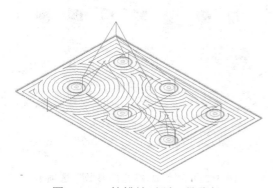

图 5-206　挖槽铣平面刀具路径

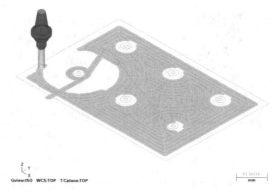

图 5-207　刀具模拟结果（挖槽）

（8）岛屿深度挖槽加工　在最边缘处选择几处合适的压点用压板压紧（避开要铣削凹槽的边缘），要求夹紧时不影响铣削凹槽。装夹铣削加工凹槽的最小圆弧直径是 10mm，刀具采用小于 φ10mm 的键槽铣刀进行岛屿深度挖槽加工，其过程如下：

1）在菜单栏中选择"刀具路径"→"挖槽"命令。

2）系统弹出"串连选项"对话框，系统提示"选取挖槽串连 1"，在该对话框中选中"全部串连"按钮 <u>OOO</u>，依次串连选择所要加工范围的图素，如图 5-208 所示，单击"串连选项"对话框中的"确定"按钮 <u>✓</u>。

3）系统弹出"挖槽（使用岛屿深度挖槽）"对话框，在其刀具列表中选择直径为 10mm 的键槽铣刀，根据工艺要求设置进给率、下刀速率、提刀速率和主轴转速等如图 5-209 所示。具体参数和根据铣床设备的实际情况和设计要求来自行设定。

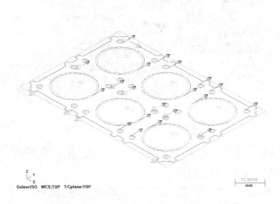

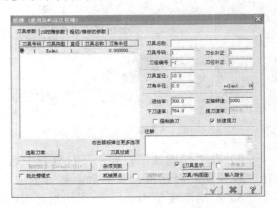

图 5-208　以串连方式选择图形轮廓　　　　图 5-209　"挖槽（使用岛屿深度挖槽）"对话框

4）切换到"2D 挖槽参数"选项卡，设置切削方式、两切削点间的位移方式和参考高度、进给下刀位置、工件表面和深度等参数，如图 5-210 所示。挖槽深度为 3mm，不需要进行分层加工。

5）切换至"粗切/精修的参数"选项卡，选中"粗切"复选项，选择铣削方法为"平行环切"，其他参数设置如图 5-211 所示。

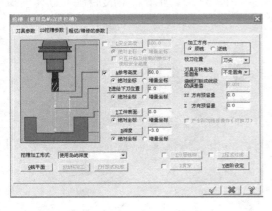

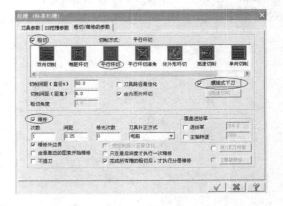

图 5-210　"2D 挖槽参数"选项卡　　　　　图 5-211　"粗切/精修的参数"选项卡

6）为了避免刀尖与工件毛坯的表面发生短暂的垂直撞击，可以考虑采用螺旋式下刀。单击"螺旋式下刀"按钮，打开"螺旋/斜插式下刀参数"对话框，在"螺旋式下刀"选项卡中设置图 5-212 所示的螺旋式下刀参数，然后单击"确定"按钮 <u>✓</u>。

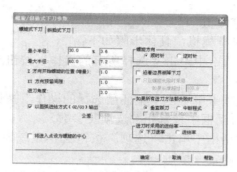

图 5-212　"螺旋式下刀"选项卡

7）在"挖槽（使用岛屿深度挖槽）"对话框中单击"确定"按钮 ✓，生成图 5-213 所示的挖槽加工刀具路径（以等角视图显示）。

8）选中该刀具路径进行模拟操作，在"刀具路径"选项卡中单击"刀具路径模拟"按钮 ≋，打开"刀具模拟"对话框。单击该对话框中的"步进模拟播放"按钮 ▶▶ 进行刀具路径模拟，每按一次执行一句程序，这样有利于观察加工步骤正确性；如一直按住"步进模拟播放"按钮 ▶▶，则连续执行模拟程序，模拟结果如图 5-214 所示。

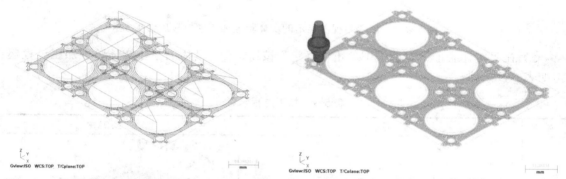

图 5-213　挖槽加工刀具路径（以等角视图显示）　　　　图 5-214　刀具模拟结果（挖槽）

（9）铣削 24 个 ϕ12.5mm 通孔　参照上述（6）中的操作步骤，创建 24 个 ϕ12.5mm 通孔的铣削加工刀具路径如图 5-215 所示。

（10）铣削六个 ϕ139mm 通孔　参照上述（5）中的操作步骤，创建六个 ϕ139mm 通孔的铣削加工刀具路径如图 5-216 所示。

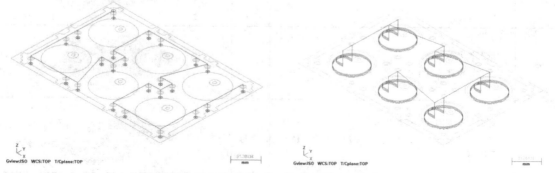

图 5-215　24 个 ϕ12.5mm 通孔铣削加工刀具路径　　图 5-216　六个 ϕ139mm 通孔的铣削加工刀具路径

步骤四　铣削加工验证模拟

对所有外形铣削加工进行模拟，具体步骤如下：

1）在"刀具路径"选项卡中单击"选择所有的操作"按钮 ，选中所有铣削加工刀具路径。

2）在"刀具路径"选项卡中单击"验证已选择的操作"按钮 ，打开"实体验证"对话框。在"实体验证"对话框中设置相关选项及参数。

3）在"实体验证"对话框中单击"选项"按钮 ，系统弹出"验证选项"对话框，选中 排屑 复选项，单击"确定"按钮 。

4）在"实体验证"对话框中单击"机床开始执行加工模拟"按钮 ，系统开始实体验证加工模拟。每道工步的刀具路径被动态显示出来，图 5-217 所示为以等角视图显示的实体验证加工模拟最后结果。

图 5-217　以等角视图显示的实体验证加工模拟最后结果

5）在"实体验证"对话框中单击"确定"按钮 。具体的工步实体验证加工过程模拟如表 5-9 所示。

表 5-9　加工过程示意

序号	加工过程注解	加工过程示意图
1	铣削长方体大面 注意： 1）薄板的铣削加工平面采用较小直径铣刀 2）真空吸盘装夹面需干净贴平 3）刀具超出工件边缘的距离需大于等于刀具半径	
2	铣削长方体四周面	
3	铣削长方体钻削工艺孔 注意：钻孔位置下方需要让空	
4	掉面加工大面（除螺栓压紧处） 注意：装夹前以铣削的大面为基准，紧贴定位元件，螺母旋紧压紧	

（续）

序号	加工过程注解	加工过程示意图
5	铣削凹槽 注意：铣削加工最小圆弧直径是 10mm，其刀具采用不大于φ10mm 的键槽铣刀	
6	钻削 24 个φ12.5mm 通孔	
7	外形铣削φ139mm 通孔 注意： 1）铣削刀具不能太大，否则会引起震动 2）铣削用量参数的选择，分层铣削	

步骤五　执行后处理

执行后处理形成 NC 文件，通过 RS232 接口传输至机床储存，具体步骤如下：

1）在"刀具路径"选项卡选中需要后处理的刀具路径，接着单击"Toolpath Group-1"按钮 **G1**，系统弹出图 5-218 所示的"后处理程式"对话框，分别设置 NC 文件和 NCI 文件选项。选中"后处理程式"对话框中的"NC 文件"复选项，在"NC 文件的扩展名"文本框输入为".NC"，选中"将 NC 程式传输至"复选项。传送前调整后处理程式的数控系统与数控机床的数控系统匹配，其他参数按照默认设置，单击"确定"按钮 **✓**，最后生成的 NC 程序如图 5-219 所示。

图 5-218　"后处理程式"对话框

图 5-219　NC 程序

2）经过以上操作设置，通过 RS232 联系功能界面，打开机床传送功能，机床参数设置参照机床说明书，单击软件菜单栏中"传送"功能，传送前要调整后处理程式的数控系统与数控机床的数控系统匹配，传送的程序即可在数控机床存储，调用此程序就可正常运行加工气缸基座零件。

第2篇 高级编程知识及技巧

第6章 复杂零件加工自动编程实例

6.1 实例一 单旋双向循环移动蜗杆的加工

随着科技的与时俱进，零件的加工要求和种类越来越复杂、多样化。四轴联动加工相对三轴联动加工而言具有很多优越性，可以扩大加工范围，提高加工效率和加工精度等。因此，四轴联动加工目前在制造业的应用越来越广泛，四轴联动加工刀具路径的生成方法逐渐被各大 CAM 软件公司列为研究重点。作为实用性很强的 Mastercam X，在其新增了比较成熟的四轴（含五轴）加工模块，提供四轴联动加工的编程途径。本节介绍 Mastercam X 在四轴联动加工中典型的应用实例，和单旋双向循环移动蜗杆的加工。

单旋双向循环移动蜗杆是在旋转体上加工出沟槽形状，实现单旋双向循环移动，是很多现代机械中的关键零件。利用 Mastercam X 自带的加工回转零件编程功能，通过"旋转轴的设定"界面置换 X 或 Y 轴的功能，可以简单地将三轴刀具路径转换成四轴刀具路径，此方法确实是目前很好的一种解决方法。图 6-1 所示为单旋双向循环移动蜗杆零件效果图，图 6-2 所示为单旋双向循环移动蜗杆零件尺寸图。

图 6-1　单旋双向循环移动蜗杆零件效果图

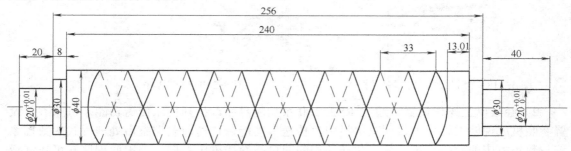

图 6-2　单旋双向循环移动蜗杆零件尺寸图

步骤一　打开绘图建模

打开保存的"单旋双向循环移动蜗杆"绘制图形，显示加工模拟轮廓图形，如图 6-3 所示。

图 6-3 加工模拟轮廓图形

步骤二 实例零件加工工艺流程分析

（1）单旋双向循环移动蜗杆车削加工工艺分析

1）加工此轴时先把左螺旋线的程序编出，再编制加工左螺旋线终点圆滑过渡到右旋线起点的程序，然后编制右螺旋线的程序，最后编制右螺旋线终点圆滑过渡到左螺旋线起点的程序，以此完成单旋变距双向循环移动蜗杆的编程。

2）加工四轴联动工件需要在加工中心上进行，此零件在车削加工中心或铣削加工中心都可完成。在铣削加工中心内需要安装数控圆周转动装置，车削加工中心内只需把刀塔（C轴）安装上旋转的刀架就可以实现加工。编好程序后传输入机床，使主轴与刀架同时运动，这样就可实现四轴联动加工出该零件。

（2）定位及装夹分析 此零件采用"一夹一顶"装夹，即自定心卡盘装夹、固定顶尖支撑，必要时要增加跟刀架作为辅助支撑。

（3）加工工步分析 经过以上剖析，单旋双向循环移动蜗杆的加工顺序如下：

1）"一夹一顶"车加工端面、外圆。

2）掉头加工外圆，保证总长。

3）用车削加工中心或铣削加工中心加工螺旋槽。

4）铣削加工过渡圆弧。

（4）工序流程安排 根据加工工艺分析，单旋双向循环移动蜗杆的工序流程安排见表 6-1。

表 6-1 单旋双向循环移动蜗杆工序流程安排

单位		产品名称及型号		零件名称		零件图号
扬州大学				单旋双向循环移动蜗杆		070
工序	程序编号		夹具名称	使用设备		工件材料
	Lathe-70 Mill-70		自定心卡盘	CK6140 FV-800		45 钢
工步	工步内容	刀号	切削用量	备注	工序简图	
1	一夹一顶车加工端面、外圆	T0101	n=800r/min f=0.2mm/r a_p=1mm	三爪装夹		
2	调头加工外圆，保证总长	T4646	n=800r/min f=0.2mm/r a_p=1mm			
3	加工螺旋槽	T1111	n=800r/min a_p=1mm	车削加工中心或铣削加工中心		
4	铣削加工过渡圆弧	T2424	n=800r/min f=0.1mm/r a_p=1mm			

步骤三　自动编程操作

（1）打开绘制的加工轮廓线　打开保存的"单旋双向循环移动蜗杆"零件轮廓线图层1，关闭其他图素的图层，结果显示所需要的加工轮廓线，如图 6-4 所示。

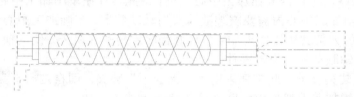

图 6-4　加工轮廓线图

（2）设置"加工群组属性"对话框　打开"加工群组属性"对话框，设置"材料设置""刀具设置""文件"及"安全区域"选项卡中的参数，单击该对话框下面的"确定"按钮 ☑。完成设置的效果显示如图 6-5 所示。

图 6-5　设置完成的效果显示

（3）车削加工外圆刀具路径　根据上述工艺分析，车削加工按照下面的工序进行自动编程：

1）"一夹一顶"车加工端面、外圆。

2）调头加工外圆，保证总长；加工完成的车削刀具路径如图 6-6、图 6-7 所示。具体编程步骤参照 2.1 编实例介绍。

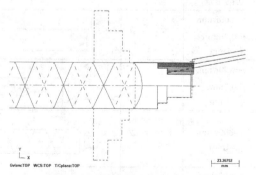

图 6-6　车削刀具路径

Y
X
Gview:TOP　WCS:TOP　T/Cplane:TOP

23.26752
mm

图 6-7　掉头车削刀具路径

（4）车削加工螺旋槽刀具路径　螺旋槽的加工是单旋双向循环移动蜗杆零件加工的关键所在，其加工步骤需要增加转换旋转轴的过程，具体操作如下：

1）要生成螺旋槽轮廓的刀具路径，需要经过转换计算，绘制图 6-8 所示的长方形。

长方形的长为 $L=nD\pi=6\times40\times3.14159\text{mm}=753.98\text{mm}$

长方形的宽为 $H=Tn=6\times33\text{mm}=198\text{mm}$

式中　　D——螺纹外径（mm）；

　　　　n——螺纹圈数；

　　　　T——螺纹导程（mm）。

长方形的长为 $L=nD\pi=6\times40\times3.14159=753.98\text{mm}$

长方形的宽为 $H=T\times n=6\times33=198\text{mm}$

— X
Gview:TOP　WCS:TOP　T/Cplane:TOP

图 6-8　长方形

2）若导程改变时就需要绘制多个长方形，则对角线的加工轨迹通过转换设置的旋转轴得到变螺距蜗杆的加工轨迹，这样可以简单地将四轴问题转换成三轴刀具路径进行加工。

3）单旋双向循环移动蜗杆的左旋螺旋线槽与右旋螺旋线槽通过圆弧过渡连接，可实现单旋双向循环移动的功能，自动编程时左旋螺旋线为长方形对角线 1，右旋螺旋线为长方形另一对角线 2，如图 6-9 所示。

对角线1

对角线2

— X
Gview:TOP　WCS:TOP　T/Cplane:TOP

图 6-9　对角线的选取

4）如果加工蜗杆导程时有变化，其编程方法是以不同的导程为单位画长方形，每个导程单位的长方形大小不同，对角线的长短与角度也不同，把长方形的对角依次相连，上个导程的对角线终点坐标就是下个导程对角线的起点坐标。

（5）生成左旋螺旋线槽刀具路径

1）在菜单栏中单击"机床系统"→"铣床"→"默认"命令。

2）在菜单栏中选择"刀具路径"→"平面铣削"命令。系统弹出"串连选项"对话框，选择图 6-10 所示的对角线图素，单击"确定"按钮 [✓]。

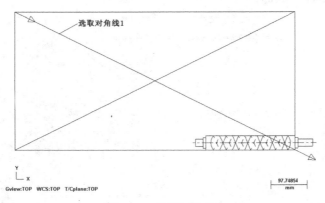

图 6-10　选取对角线

3）系统弹出"平面铣削"对话框，打开"刀具管理器"对话框选择直径为 12mm 的圆倒角 1mm 的平底铣刀，单击"确定"按钮 [✓] 返回。

4）切换到"刀具参数"选项卡，选中"旋转轴"复选项 � 旋转轴 。

5）单击"旋转轴"按钮，进入图 6-11 所示的"旋转轴的设定"对话框。

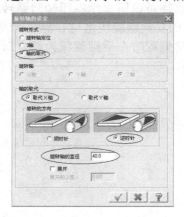

图 6-11　"旋转轴的设定"对话框

6）在"旋转轴的设定"对话框中的"旋转形式"选项区域中选中单选项 ⊙ 轴的取代 ；在"轴的取代"选项区域中选中单选项 ⊙ 取代X轴 ；在"旋转方向"选项区域中选中单选项 ⊙ 逆时针 ；在"旋转轴的直径"文本框中输入"40.0"，设置结果如图 6-11 所示。

技巧提示

设置置换 X 轴的参数，"旋转轴的直径"设置成展开图的理论直径，置换轴的依据是刀具轴线与什么轴平行，就置换那个轴。

置换 X 轴的参数设置好后，进入图 6-12 所示的"深度分层切削设置"对话框，此时需要设置刀具的加工深度，"旋转轴的直径"一栏设置理论旋转直径的数值。

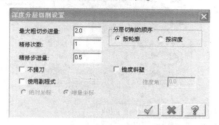

图 6-12　设置深度分层切削

7）单击"确定"按钮 ✓ 返回，切换到"铣削参数"选项卡，设置旋转槽加工的"深度" 切削深度... ┌─8.0 为 8mm；选中"P 分层铣深"复选项 ☑ 分层铣深 并单击，设置深度分层切削如图 6-12 所示，单击"确定"按钮 ✓ 返回。

8）该对话框中其余参数按照工艺规定设置，完成设置后单击"确定"按钮 ✓，生成的左旋螺旋线槽加工刀具路径如图 6-13 所示。

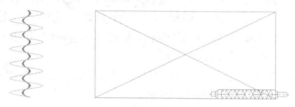

图 6-13　左旋螺旋线槽加工刀具路径

9）生成右旋螺旋线槽刀具路径的步骤

① 在菜单栏中选择"刀具路径"→"平面铣削"命令。系统弹出"串连选项"对话框，选择图 6-14 所示的另一条对角线图素，单击"确定"按钮 ✓。

② 系统弹出"平面铣削"对话框，打开"刀具管理器"对话框选择直径为 12mm、圆倒角半径为 1mm 的平底铣刀。

③ 切换到"刀具参数"选项卡，选中"旋转轴"复选项 ☑ 旋转轴 。

④ 单击"旋转轴"按钮，进入图 6-15 所示的"旋转轴的设定"对话框。

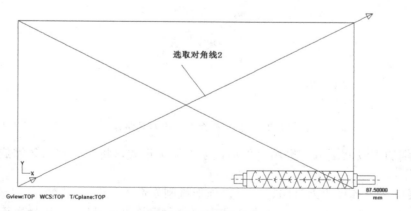

图 6-14　选取对角线

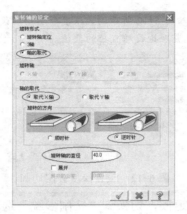

图 6-15 "旋转轴的设定"对话框

⑤ 在"旋转轴的设定"对话框中的"旋转形式"选项区域中选中单选项 ⊙ 轴的取代 ；在"轴的取代"选项区域中选中单选项 ⊙ 取代X轴 ；在"旋转方向"选项区域中选中单选项 ⊙ 逆时针 ；在"旋转轴的直径"文本框中输入"40.0"，设置结果如图 6-15 所示。

⑥ 单击"确定"按钮 ✓ 返回，切换到"铣削参数"选项卡，设置旋转槽加工的"深度" □Z深度... -8.0 为 8mm；选中"P 分层铣深"复选项 ☑ P分层铣深 并单击，设置深度分层切削参数，完成设置后单击"确定"按钮 ✓ 返回。

⑦ 该对话框中其余参数按照工艺规定设置，完成设置后单击"确定"按钮 ✓ ，生成的右旋螺旋线槽加工刀具路径如图 6-16 所示。

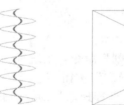

图 6-16 右旋螺旋线槽加工刀具路径

⑧ 选中左、右旋螺线槽刀具路径，单击按钮 ≋ ，显示刀具路径，如图 6-17 所示。

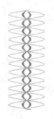
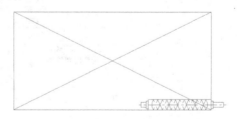

图 6-17 左、右旋螺线槽刀具路径

（6）铣削加工过渡圆弧 采用"外形铣削"加工形式，将左、右两条螺旋线槽连接贯通，步骤如下：

1）在菜单栏中选择"刀具路径"→"外形铣削"命令。

2）系统弹出"串连选项"对话框，选中"部分串连"按钮 ，选择串连外形轮廓，根据零件分析后的工艺安排,"一夹一顶"铣削加工,如图 6-18 所示。然后在"串连选项"对话框中单击"确定"按钮☑。

图 6-18 串连外形轮廓

3)系统弹出"外形铣削"对话框,在"刀具参数"选项卡的刀具列表框的空白处右键单击,打开"刀具管理"对话框选择直径为 12mm、圆倒角半径为 1mm 的平底铣刀,单击"确定"按钮☑返回。

4)切换到"刀具参数"选项卡,设置进给率、进刀速率、主轴方向和主轴转速等。

5)切换到"外形铣削参数"选项卡,根据工艺分析结果设置外形加工参数。

6)考虑到工件毛坯在 XY 平面某区域的余量较大,可以选用多次平面铣削。选中复选项☑ ▽平面多次铣削并单击,系统弹出"XY 平面多次切削设置"对话框,设置图 6-19 所示的分层切削参数,然后单击"确定"按钮☑。

7)单击按钮☑ P分层铣深...,系统弹出"深度分层切削设置"对话框,设置图 6-20 所示的分层切削参数,然后单击"确定"按钮☑。

图 6-19 "XY 平面多次切削设置"对话框

图 6-20 "深度分层切削设置"对话框

8)在"外形(2D)"对话框中单击"确定"按钮☑,产生的外形铣削加工刀具路径如图 6-21 所示。

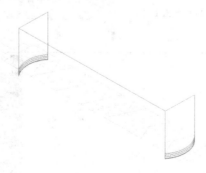

图 6-21 外形铣削加工刀具路径

技巧提示

Mastercam X 中关于四轴、五轴加工方面的内容还很丰富，值得去深入研究的东西还有很多，而且还应该在实践中不断积累经验，使编制的程序更加优化，不断提高编程效率、加工效率和加工质量。笔者在工作实践中，通过参考相关资料，仔细研究并验证，在此基础上应用 Mastercam X 的四/五轴加工模块，进行了一些较成功应用，本实例就是其中的一种。

步骤四 加工验证模拟

（1）打开界面 在"刀具路径"选项卡中单击"选择所有的操作"按钮 ，激活"刀具路径"选项卡中的功能工具栏。

（2）选择操作 在"刀具路径"中单击"验证已选择的操作"按钮 ，系统弹出"实体验证"对话框，单击"模拟刀具"按钮 ，并设置加工模拟的其他参数。

（3）实体验证 单击"开始"按钮 ，系统开始实体验证加工模拟。每道工步的刀具路径被动态显示出来，图 6-22 所示为以等角视图显示的实体验证加工模拟最后结果。

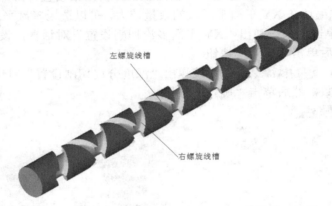

图 6-22 以等角视图显示的实体验证加工模拟最后结果

（4）实体验证加工模拟分段讲解 实体验证加工模拟过程见表 6-2。

表 6-2 实体验证加工模拟过程

序号	加工过程注解	加工过程示意图
1	一夹一顶车加工端面、外圆 注意： 1）端面车削时应注意切削端面以后伸出工件，顶尖支撑 2）刀具和工件应装夹牢固	
2	调头加工外圆，保证总长	

（续）

序号	加工过程注解	加工过程示意图
3	加工左旋螺线槽	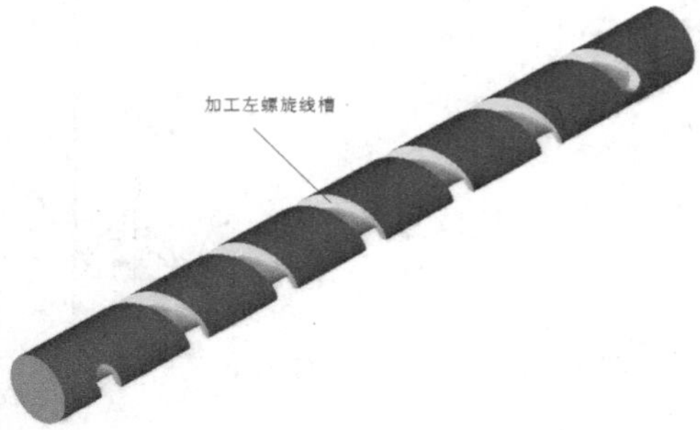 加工左螺旋线槽
4	加工右旋螺线槽	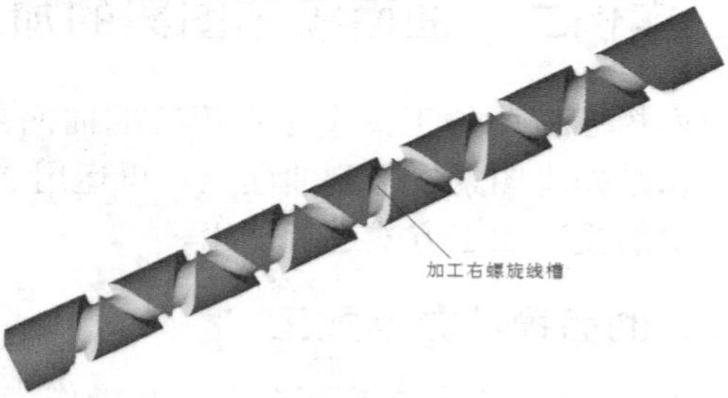 加工右螺旋线槽
5	铣削加工过渡圆弧	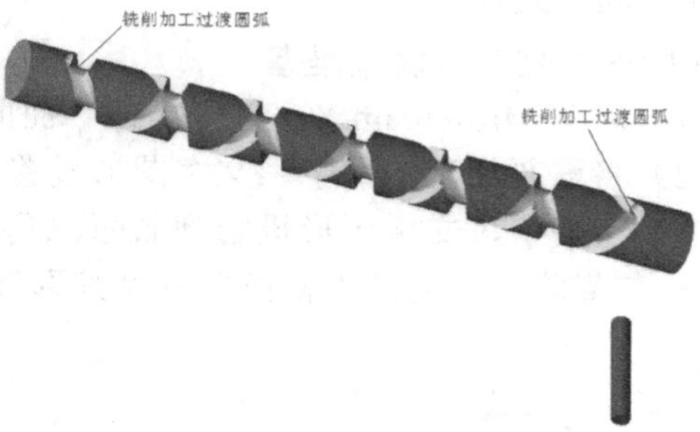 铣削加工过渡圆弧　铣削加工过渡圆弧

步骤五　执行后处理

执行后处理形成 NC 文件，通过 RS232 接口传输至机床储存，具体步骤如下：

（1）打开界面　在"刀具路径"选项卡中单击"Toolpath Group-1"按钮 ▣，系统弹出"后处理程式"对话框。

（2）设置参数　将"NC 文件"对话框中的"NC 文件的扩展名"复选项设为".NC"，其他参数按照默认设置，单击"确定"按钮 ✓，系统打开图 6-23 所示的"另存为"对话框。

（3）生成程序　在图 6-23 所示的"另存为"对话框中的"文件名"文本框内输入程序名称，在此使用"单旋双向循环移动蜗杆"，给生成的零件文件填入文件名后，完成文件名的选择。单击"保存（S）"按钮，生成 NC 代码，如图 6-24 所示。

（4）检查生成 NC 程序　根据所使用数控机床的实际情况在图 6-24 所示的文本框中对程序进行修改，包括 NC 代码、起刀点位置、换刀点位置和中间的空进给程序。

图 6-23 "另存为"对话框   图 6-24 NC 代码

6.2 实例二 曲面模芯图案的加工

曲面模芯铣削加工图案是在模芯的曲面部位加工数字、文字或图案等，加工时选择的方式可以是先将图素投影到曲面上，再运用 3D 外形铣削加工的方式进行加工；也可以运用曲面加工的投影加工方式进行加工。

6.2.1 曲面模芯刻字加工

图 6-25 所示为曲面模芯刻字，其操作步骤是先将图素投影到曲面上，再运用 3D 外形铣削加工的方式加工。

步骤一 自动编程前准备

（1）启动 Mastercam X，打开文件"曲面模芯刻字.mcx"。

（2）将需要加工的数字、文字图形设置在图层 1，模芯图形设置在图层 2。

（3）将数字、文字图形投影到曲面，具体过程如下：

1）在菜单栏中选择"转换"→"投影"命令，系统弹出图 6-26 所示的"投影选项"对话框。

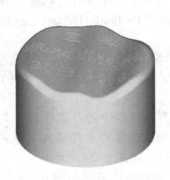

图 6-25 曲面模芯刻字   图 6-26 "投影选项"对话框

2）在"投影选项"对话框中单击按钮 ⌖，在绘图区选取数字、文字图形如图 6-27 所示，按<Enter>键或者单击按钮⚪确认返回。

3）在"投影选项"对话框中单击按钮 田，在绘图区选取数字、文字图形需要投影到的曲面，按<Enter>键或者单击按钮⚪确认返回。

4）在"投影选项"对话框中单击"确定"按钮 ✓ ，生成在曲面上的投影图形如图 6-28 所示。

图 6-27 选取数字、文字图形　　　　　　图 6-28 投影图形

步骤二　工艺分析

曲面模芯刻字铣削加工加工时刀具直径较小，切削三要素采用合理数值范围之内。加工部位主要是曲面及图案，外圆柱加工由车床完成，其加工步骤如下：

1）铣削加工曲面。

2）加工数字、文字图案。

步骤三　自动编程操作

本实例自动编程的具体操作步骤着重介绍加工数字、文字图案的加工。

（1）设置材料

1）单击"图层属性栏"按钮，在系统弹出的"图层管理器"选项卡中打开所有图层，显示曲面模芯刻字铣削加工零件轮廓线。

2）设置机床为默认的铣床加工系统。

3）在"加工群组属性"对话框的"材料设置"选项卡中设置图 6-29 所示的参数。

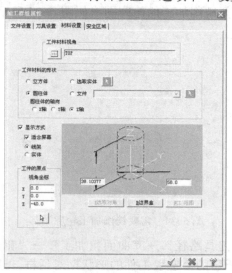

图 6-29 "材料设置"选项卡

单击"确定"按钮 <u>✓</u>，完成材料属性的设置。单击"绘图视角"工具栏中的"等角视图"按钮 ⊕，可以比较直观地观察工件毛坯的大小如图 6-30 所示。

4）曲面模芯刻字铣削加工零件毛坯设置完成后，根据工艺安排依次进行铣削加工的自动编程操作。曲面模芯刻字铣削加工具体工步如图 6-31 所示，产生的铣削加工刀具路径如图 6-32 所示。

5）选中该刀具路径进行"实体验证"模拟操作，模拟结果如图 6-33 所示，完成后在"实体验证"对话框中单击"确定"按钮 <u>✓</u>。

图 6-30 工件毛坯的显示

图 6-31 铣削加工工步

图 6-32 铣削加工刀具路径

图 6-33 刀具模拟结果（曲面模芯刻字）

（2）采用曲面粗加工平行铣削方式铣削加工曲面 其具体自动编程步骤如下：

1）打开图层，显示需要铣削加工的轮廓图形如图 6-34 所示。

图 6-34 需要铣削加工轮廓图形

2）在菜单栏中选择"刀具路径"→"曲面粗加工"→"粗加工平行铣削加工"命令。

3）系统弹出图 6-35 所示的"选取工件的形状"对话框，选中"未定义"复选项，然后单击"确定"按钮 <u>✓</u>。

4）系统弹出提示框 ，接着单击按钮 选取加工曲面，使用鼠标框选所有的曲面如图 6-36 所示，按<Enter>键或者单击按钮 确认结束。

图 6-35　"选取工件的形状"对话框

图 6-36　选择加工曲面

5）系统弹出图 6-37 所示的"刀具路径的曲面选取"对话框，直接单击"确定"按钮 。

6）系统弹出"曲面粗加工平行铣削"对话框，在"刀具参数"选项卡中从"Steel-MM.TOOLS"刀具库的刀具列表中选择 ϕ8mm 立铣刀，并设置进给率为 200mm/r、下刀速率为 1000mm/min 及主轴转速为 1000r/min，其他采用默认值。

7）切换至"曲面参数"选项卡，设置图 6-38 所示的曲面加工参数，注意将加工面预留量设置为 0。

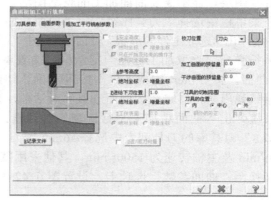

图 6-37　"刀具路径的曲面选取"对话框　　图 6-38　设置曲面加工参数

8）切换至"粗加工平行铣削参数"选项卡，设置图 6-39 所示的粗加工平行铣削参数。

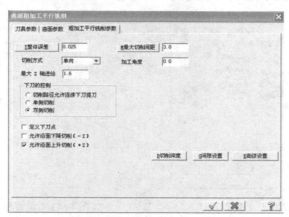

图 6-39　设置粗加工平行铣削参数

9）在"曲面粗加工平行铣削"对话框中单击"确定"按钮 ，生成图 6-40 所示的曲面粗加工平行铣削刀具路径。

为了便于观察以后生成的加工刀具路径，可以在"刀具路径"选项中使用按钮 ≋ 隐藏新生成的刀具路径。

10）选中该刀具路径进行"实体验证"模拟操作，模拟结果如图 6-41 所示，完成后在"实体验证"对话框中单击"确定"按钮 ✓。

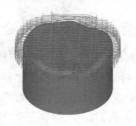

图 6-40　曲面粗加工平行铣削刀具路径　　　图 6-41　实体验证模拟结果（粗加工）

（3）采用曲面精加工平行铣削方式加工台阶　其具体自动编程步骤参照上述步骤（2）。

1）打开图层，显示需要曲面加工的轮廓图形。

2）在菜单栏中选择"刀具路径"→"曲面精加工"→"精加工平行铣削加工"命令。

3）系统弹出"选取工件的形状"对话框，选中"凸"复选项，然后单击"确定"按钮 ✓。

4）系统弹出"选取加工曲面"提示框，接着单击按钮 ◎ 选取加工曲面，使用鼠标框选所有的曲面，按<Enter>键或者单击按钮 ◎ 确认结束。

5）系统弹出"刀具路径的曲面选取"对话框，直接单击"确定"按钮 ✓。

6）系统弹出"曲面精加工平行铣削"对话框，在"刀具参数"选项卡中从"Steel-MM.TOOLS"刀具库的刀具列表中选择 ϕ6mm 球刀，并设置进给率为 300mm/r、下刀速率为 900mm/min 及主轴转速为 1500r/min，其他采用默认值。

7）切换至"曲面参数"选项卡，设置图 6-42 所示的曲面加工参数，将加工面预留量设置为 0。

8）切换至"精加工平行铣削参数"选项卡，设置图 6-43 所示的精加工平行铣削参数。

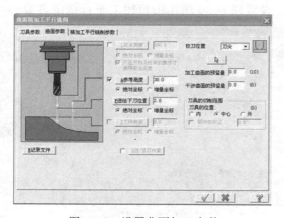

图 6-42　设置曲面加工参数

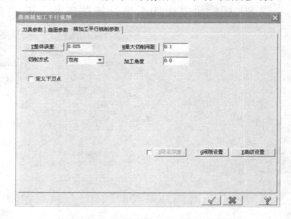

图 6-43　设置精加工平行铣削参数

9）在"曲面精加工平行铣削"对话框中单击"确定"按钮 ✓，生成图 6-44 所示的曲面粗加工平行铣削刀具路径。

为了便于观察以后生成的加工刀具路径，在"刀具路径"选项卡中使用按钮 ≈ 隐藏新生成的刀具路径。

10）选中该刀具路径进行"实体验证"模拟操作，模拟结果如图 6-45 所示，完成后在"实体验证"对话框中单击"确定"按钮 ✓ 。

图 6-44　曲面精加工平行铣削刀具路径

图 6-45　实体验证结果（粗加工）

（4）加工数字、文字图案

1）根据图形特点、图形尺寸和加工特点，选用 ϕ0.2mm 键槽铣刀作为加工刀具，操作步骤如下。

2）在菜单栏中选择"刀具路径"→"外形铣削加工"命令。

3）在弹出的"串联选项"对话框中，使用"窗选"形式选取需要数字、文字加工轮廓如图 6-46 所示，单击"确定"按钮 ✓ 返回。

4）系统弹出"外形（3D）"对话框，在刀具库中选择 ϕ0.2mm 键槽铣刀，在"刀具参数"选项卡中设置进给率、进刀速率、主轴方向和主轴转速等如图 6-47 所示。

图 6-46　以串连方式选择图形轮廓（窗选）

5）切换到"外形铣削参数"选项卡，设置切削方式、两切削点间的位移方式和参考高度、进给下刀位置、工件表面和深度等参数，如图 6-48 所示。

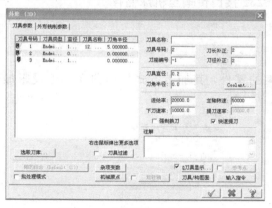

图 6-47　"刀具参数"选项卡

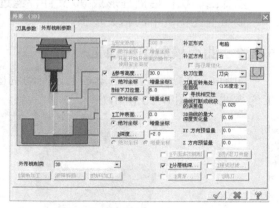

图 6-48　"外形铣削参数"选项卡

6）挖槽深度虽然为 2mm，但是刀具直径较小，不宜一次铣削完成，对其 Z 轴深度进行加工分层加工，设置方法是单击"分层铣深"按钮 ☑ P分层铣深 ，系统弹出"深度分层切削"对话框，设置最大切削深度为 0.3mm、精修次数为 1、精修量为 0.1mm 及不提刀，"分层铣削顺序"设置为"按区域"，单击"确定"按钮 ☑ 返回。

7）在"外形（3D）"对话框中单击"确定"按钮 ☑，生成图 6-49 所示的 3D 外形加工刀具路径（以等角视图显示）。

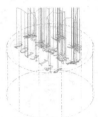

图 6-49　3D 外形加工刀具路径（以等角视图显示）

8）选中该刀具路径进行"实体验证"模拟操作，模拟结果如图 6-50 所示，完成后在"实体验证"对话框中单击"确定"按钮 ☑。

（5）所有工步的自动编程完成后，单击按钮 ☜ 选取所有自动编程操作，单击"刀具路径"选项卡中的按钮 ☜，所有工序的刀具路径模拟结果如图 6-51 所示。单击按钮 G1，进行后处理操作生成 NC 程序。

图 6-50　刻字实体验证模拟　　　　图 6-51　所有工序刀具路径模拟

步骤四　执行后处理形成 NC 文件，通过 RS232 接口传输至机床储存

参照上述实例中的相关步骤。

6.2.2　曲面模芯图案加工

如图 6-52 所示为曲面模芯上设有动物图案的零件，其加工方式采用曲面加工投影加工的方式，如图 6-53 所示。

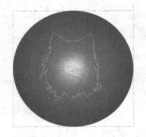

图 6-52　曲面模芯上设有动物图案的零件　　　图 6-53　加工方式

步骤一 自动编程前准备

（1）启动 Mastercam X，打开文件"曲面模芯铣削动物图案.mcx"。

（2）将需要加工的动物图形设置在图层 1，模芯图形设置在图层 2。

步骤二 工艺分析

曲面模芯铣削加工动物图案是在曲面上铣削图案信息，铣削加工时刀具直径较小，切削时需要考虑加工刚性，加工部位主要是曲面及图案。

（1）铣削加工曲面。

（2）曲面投影加工动物图案。

步骤三 自动编程操作

（1）设置材料

1）单击"图层属性栏"按钮，在系统弹出的"图层管理器"选项卡中打开所有图层，显示曲面模芯铣削加工动物图案零件轮廓线。

2）设置机床为默认的铣床加工系统。

3）在"加工群组属性"树节菜单中，单击按钮 ◇ 材料设置，在弹出的"设置材料"选项卡中设置参数，单击"确定"按钮 ✓，完成材料属性的设置。

4）曲面模芯铣削加工动物图案零件毛坯设置完成后，根据工艺安排依次进行铣削加工的自动编程操作。曲面模芯铣削加工动物图案的加工方式如图 6-53 所示，产生的铣削加工刀具模拟如图 6-54 所示。

5）选中该刀具路径进行"实体验证"模拟操作，模拟结果如图 6-55 所示，完成后在"实体验证"对话框中单击"确定"按钮 ✓。

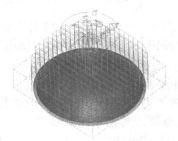

图 6-54 曲面模芯铣削加工动物图案刀具路径　　　图 6-55 铣削加工刀具模拟结果（动物）

（2）铣削加工曲面

1）第一步采用曲面粗加工钻削的方式粗加工模芯曲面，具体操作如下：

① 打开图层 2，显示模芯轮廓图形如图 6-56 所示。

② 在菜单栏中选择"刀具路径"→"曲面粗加工"→"钻削式"命令。

图 6-56 动物图案模芯轮廓图形

③ 系统弹出"选取加工曲面"提示框，接着单击按钮 ⊘ 选取加工曲面，选取所有的需要曲面后按<Enter>键或者单击按钮 ◯ 确认结束，系统弹出图 6-57 所示的"刀具路径的曲面选取"对话框。

在"刀具路径的曲面选取"对话框的"选取放射中心点"选项组中，单击"确定"按钮 ✓。

④ 系统弹出"曲面粗加工钻削式"对话框，切换至"刀具参数"选项卡，从刀具库中选择φ16mm 的钻头，并设置进给率、进刀速率、主轴方向和主轴转速等。

切换到"曲面参数"选项卡，按工艺要求设置曲面加工参数，在"加工曲面的预留量"文本框中输入"0.5"。

切换到"钻削式粗加工参数"选项卡，按工艺要求单击"D 切削深度""G 间隙设置""E 高级设置"按钮并设置参数，选中复选项☑ H螺旋式下刀 并单击打开对话框设置参数。

⑤ 单击"曲面粗加工钻削式"对话框下方"确定"按钮 ☑ ，生成图 6-58 所示的曲面粗加工钻削式铣削加工刀具路径（以等角视图显示）。

图 6-57 "曲面选取"对话框

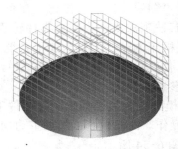

图 6-58 曲面粗加工钻削式铣削加工刀具路径（以等角视图显示）

2）第二步采用曲面精加工环绕等距法精加工曲面模芯，其刀具路径沿曲面环绕并且相互等距，其具体步骤如下：

① 在菜单栏中选择"刀具路径"→"曲面精加工"→"环绕等距精加工"命令。

② 系统弹出"选取加工曲面"提示框，接着单击按钮 ☑ 选取加工曲面，使用鼠标框选所有的曲面，按<Enter>键或者单击按钮 ○ 确认结束。

③ 系统弹出"刀具路径的曲面选取"对话框，直接单击"确定"按钮 ☑ 。

④ 系统弹出"曲面精加工环绕等距"对话框，在"刀具参数"选项卡中选择φ12mm 球刀，并设置相应的进给率、下刀速率、主轴转速等参数，其他采用默认值。

⑤ 切换至"曲面参数"选项卡，设置图 6-59 所示的曲面加工参数。

⑥ 切换至"环绕等距精加工参数"选项卡，设置图 6-60 所示的环绕等距精加工参数。

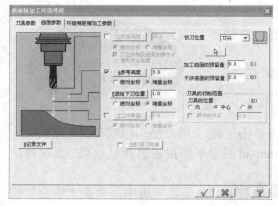

图 6-59 设置曲面加工参数

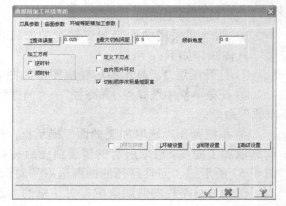

图 6-60 设置环绕等距精加工参数

单击"L 环绕设置"按钮，进入"环绕设置"对话框进行图 6-61 所示的设置。

单击"G 间隙设置"按钮，进入"刀具路径的间隙设置"对话框进行图 6-62 所示的设置。

图 6-61　"环绕设置"对话框　　　　　图 6-62　"刀具路径的间隙设置"对话框

单击"E 高级设置"按钮，进入"高级设置"对话框进行图 6-63 所示的设置。

⑦ 在"曲面精加工环绕等距"对话框中单击"确定"按钮 ✓，生成如图 6-64 所示的曲面精加工环绕等距刀具路径。

⑧ 确保选中该曲面精加工环绕等距刀具路径，在"刀具路径"选项卡中使用按钮 ≋，从而将该刀具路径的显示状态切换为不显示。

图 6-63　"高级设置"对话框　　　　图 6-64　曲面精加工环绕等距刀具路径

（3）曲面投影加工动物图案　根据图形特点、图形尺寸和加工特点，选用 ϕ0.3mm 球刀作为加工刀具，操作步骤如下：

1）打开图层 1，显示动物图案轮廓图形如图 6-65 所示。

2）在菜单栏中选择"刀具路径"→"曲面精加工"→"投影加工"命令。

3）系统弹出"选取加工曲面"提示框，使用鼠标左键选取需要加工的曲面如图 6-66 所示，按<Enter>键或者单击

图 6-65　动物图案轮廓图形

按钮◯确认结束。

4）系统弹出图 6-67 所示的"刀具路径的曲面选取"对话框，直接单击"确定"按钮⟨✓⟩。

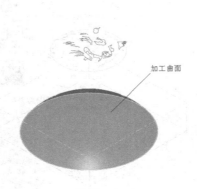

图 6-66　选取需要加工的曲面　　　　图 6-67　"刀具路径的曲面选取"对话框

5）系统弹出"曲面精加工投影"对话框，切换至"刀具参数"选项卡，在刀具库中选择φ3mm 球刀，并设置相应的进给率、下刀速率及主轴转速等参数。

6）切换至"曲面参数"选项卡，设置图 6-68 所示的曲面加工参数，注意加工曲面预留量设为 0。

7）切换至"投影精加工参数"选项卡，在"投影方式"选项区域中选中"NCI"复选项，选中"增加厚度"复选项，设置图 6-69 所示的投影精加工参数。

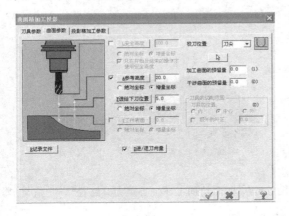

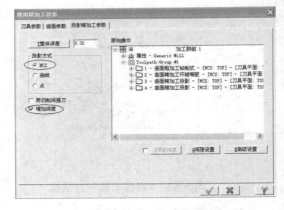

图 6-68　设置曲面加工参数　　　　　　图 6-69　设置投影精加工参数

单击"G 间隙设置"按钮，进入"刀具路径的间隙设置"对话框进行图 6-70 所示的设置。

单击"E 高级设置"按钮，进入"高级设置"对话框进行图 6-71 所示的设置。

8）在"曲面精加工投影"对话框中单击"确定"按钮⟨✓⟩，系统弹出"串连选项"对话框如图 6-72 所示，同时出现"选取曲线去投影 1"提示，使用窗选形式选取需要投影加工的图素如图 6-73 所示。

图 6-70 "刀具路径的间隙设置"对话框

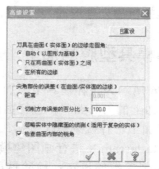

图 6-71 "高级设置"对话框

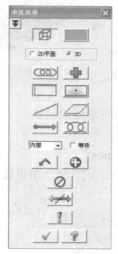

图 6-72 "串连选项"对话框

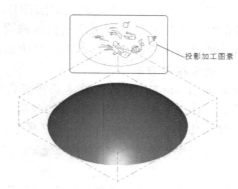

图 6-73 选取需要投影加工的图素

9）在"串连选项"对话框中单击"确定"按钮 ，生成图 6-74 所示的投影精加工刀具路径。

10）选中该刀具路径进行"实体验证"模拟操作，模拟结果如图 6-75 所示，完成在"实体验证"对话框中单击"确定"按钮 。

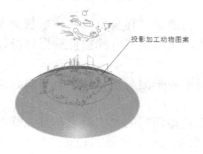

图 6-74 投影精加工刀具路径

图 6-75 实体验证模拟结果（动物）

（4）实体验证及后处理　所有工步的自动编程完成后，单击按钮 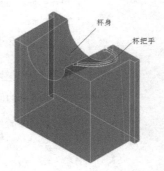 选取所有自动编程操作，单击"刀具路径"选项卡中的按钮 ，实体验证模拟结果如图 6-75 所示。单击按钮 ，进行后处理操作生成 NC 程序。

步骤四　执行后处理形成 NC 文件，通过 RS232 接口传输至机床储存

6.3　茶杯模具型腔的加工

如图 6-76 所示为茶杯模具型腔加工，其加工涉及铣削模块的 3D 曲面加工的刀具路径，包括曲面粗加工平行铣削刀具路径，曲面精加工平行铣削、陡斜式、残料清角刀具路径；操作步骤通过 Mastercam X 进行画图建模、工件毛坯、刀具路径、刀具及工艺切削参数的设定；检验铣削加工中是否会互相干涉，最后后处理形成 NC 文件，通过传输软件或直接输入机床进行加工。

茶杯模具型腔加工的关键在于正确、合理地运用自动编程软件，根据工艺分析，曲面加工的方式采用曲面粗、精加工平行铣削杯身、杯把手，曲面精加工陡斜式铣削杯身，曲面精加工残料清角铣削杯把手以及与杯身之间的过渡曲面。

图 6-76　茶杯模具型腔加工

下面针对茶杯模具型腔加工进行剖析，介绍曲面加工自动编程的过程。

步骤一　自动编程前准备

（1）启动 Mastercam X，打开文件"茶杯模具型腔加工.mcx"。

（2）经过对零件工艺要求与加工要求的分析，杯身、杯把手图形分别设置在不同的图层并命名便于管理且有利于观察。如图 6-77 所示。

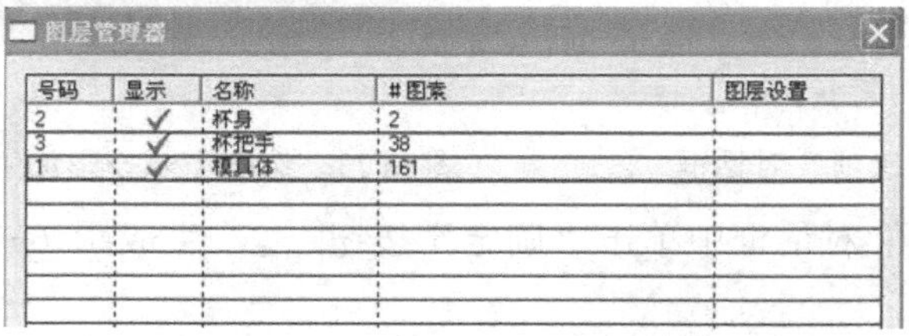

图 6-77　图层管理

步骤二　实例零件加工工艺流程分析

（1）零件图分析　茶杯模具型腔零件结构简单，杯身由圆锥体形状曲面构成，杯把手由凹型槽构成。杯身与杯把手型腔相差较大，铣削加工方式需要根据杯身、杯把手的不同特点选择合理的刀具路径。

（2）配合要求分析　该零件几何公差对型腔平面与模具体导轨有垂直度要求，这样合模配合后才能严密。

（3）工艺分析　根据茶杯模具型腔曲面造型图形的加工特点，首先确保机床加工系统为铣床默认状态，设置工件毛坯不需要留有余量（加工型腔之前安排加工其他的表面加工），接着进行相应的曲面粗加工和曲面精加工操作，在进行曲面粗加工和曲面精加工操作时，

曲精加工比曲面粗加工采用直径更小的刀具,具体加工工步如下:

1) 装夹校平铣削型腔表面。

2) 采用下列铣削加工形式。

① 曲面粗加工平行铣削加工杯身、杯把手。

② 曲面精加工平行铣削加工杯身、杯把手。

③ 曲面精加工陡斜面铣削加工杯身。

④ 曲面精加工残料清角铣削加工杯身与杯把手之间的曲面。

步骤三　自动编程操作

(1) 铣削加工前准备　打开"茶杯模具型腔加工.mcx"文件。

1) 打开图层 1~3,显示茶杯模具型腔轮廓图形。

2) 在 Mastercam X 的绘图区域内单击"图层属性栏",打开图层 2 杯身、图层 3 杯把手,关闭其他图素的图层,结果显示所需要的粗加工外轮廓线如图 6-78 所示。

3) 设置机床为默认的铣床加工系统,在"加工群组属性"对话框中设置材料属性参数,之后单击"确定"按钮 ✓,完成材料属性的设置。单击"绘图视角"工具栏中的"等角视图"按钮 ⬡,可以比较直观地观察到工件毛坯的大小,如图 6-79 所示。

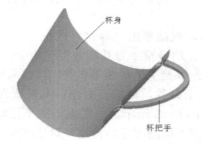

图 6-78　粗加工外轮廓线　　　　　图 6-79　工件毛坯显示

4) 毛坯设置完成后,根据工艺安排依次进行曲面加工自动编程操作,具体工步如图 6-80 所示;铣削加工完成操作产生的铣削加工刀具路径如图 6-81 所示。

图 6-80　铣削加工工步　　　　　图 6-81　铣削加工刀具路径(茶杯)

5）选中该刀具路径进行"实体验证"模拟操作，模拟结果如图 6-82 所示，完成后在"实体验证"对话框中单击"确定"按钮 ☑ 。

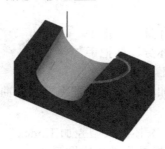

图 6-82　实体验证模拟结果（茶杯）

（2）铣削加工具体工步编程步骤

1）曲面粗加工平行铣削加工杯身、杯把手。

① 在菜单栏中选择"刀具路径"→"曲面粗加工"→"平行铣削加工"命令。

② 系统弹出"选取工件的形状"对话框，选择"凸"复选项，然后单击"确定"按钮 ☑ 。

③ 系统弹出"选取加工曲面"提示框，使用鼠标框选所有铣削加工轮廓的曲面图素，按<Enter>键或者单击按钮 ● 确认结束。

④ 系统弹出"刀具路径的曲面选取"对话框，直接单击"确定"按钮 ☑ 。

⑤ 系统弹出"曲面粗加工平行铣削"对话框，切换至"刀具参数"选项卡，从刀具库中选择 ϕ10mm 球刀，并设置相应的进给率、下刀速率及主轴转速等参数，其他采用默认值。

⑥ 切换至"曲面参数"选项卡，设置曲面加工参数，将加工面预留量设置为 0.5。

⑦ 切换至"粗加工平行铣削参数"选项卡如图 6-83 所示，设置粗加工平行铣削参数。

单击"G 间隙设置"按钮，弹出图 6-84 所示的"切削深度的设定"对话框并设置参数，单击"确定"按钮 ☑ 返回。

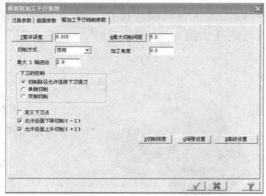

图 6-83　"粗加工平行铣削参数"选项卡

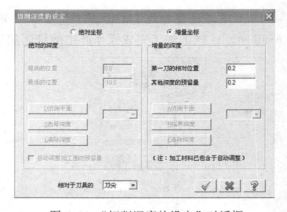

图 6-84　"切削深度的设定"对话框

单击"D 切削深度"按钮，弹出图 6-85 所示的"刀具路径间的间隙设置"对话框并设置参数，单击"确定"按钮 ☑ 返回。

单击"E 高级设置"按钮，弹出图 6-86 所示的"高级设置"对话框并进行设置，单击"确定"按钮 ☑ 返回。

图 6-85　"刀具路径间的间隙设置"对话框　　　图 6-86　"高级设置"对话框

⑧ 在"曲面粗加工平行铣削"对话框中单击"确定"按钮 ✓，生成图 6-87 所示的曲面粗加工平行铣削刀具路径。

为了便于观察以后生成的加工刀具路径，在"刀具路径"选项卡中使用按钮 ≋ 隐藏新生成的刀具路径。

⑨ 选中该刀具路径进行"实体验证"模拟操作，模拟结果如图 6-88 所示，完成后在"实体验证"对话框中单击"确定"按钮 ✓。

图 6-87　曲面粗加工平行铣削刀具路径（茶杯）　　图 6-88　粗加工实体验证模拟结果（茶杯）

2）曲面精加工平行铣削加工杯身、杯把手。曲面精加工平行铣削加工方式自动编程的步骤参照 6.2 中实例，生成图 6-89 所示的曲面精加工平行铣削刀具路径。

为了便于观察以后生成的加工刀具路径，在"刀具路径"选项卡中使用按钮 ≋ 隐藏新生成的刀具路径。

选中该刀具路径进行"实体验证"模拟操作，模拟结果如图 6-90 所示，完成后在"实体验证"对话框中单击"确定"按钮 ✓。

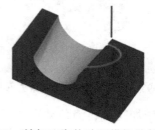

图 6-89　曲面精加工平行铣削刀具路径（茶杯）　　图 6-90　精加工实体验证模拟结果（茶杯）

3）曲面精加工陡斜面铣削加工杯身。

① 在菜单栏中选择"刀具路径"→"曲面精加工"→"陡斜面"命令。

② 系统提示选择加工曲面，使用鼠标选取杯身的圆锥曲面，按<Enter>键或者单击按钮⬤确认结束。

③ 系统弹出"刀具路径的曲面选取"对话框，直接单击"确定"按钮✓。

④ 系统弹出"曲面精加工平行式陡斜面"对话框，切换至"刀具参数"选项卡，在刀具库中选择ϕ5mm球刀，并设置相应的进给率、主轴转速及提刀速率等。

⑤ 切换至"曲面参数"选项卡，设置曲面加工参数。

⑥ 切换至"陡斜面精加工参数"选项卡，设置图6-91所示的陡斜面精加工参数。

单击"G间隙设置"按钮，弹出图6-92所示的"刀具路径的间隙设置"对话框并设置参数，单击"确定"按钮✓返回。

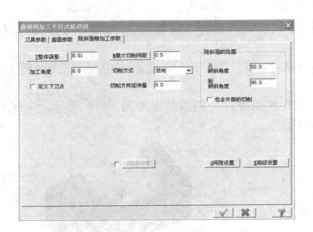

图6-91　设置陡斜面精加工参数　　　图6-92　"刀具路径的间隙设置"选项卡

单击"E高级设置"按钮，设置"高级设置"对话框，单击"确定"按钮✓返回。

⑦ 在"曲面精加工平行式陡斜面"对话框中单击"确定"按钮✓，系统根据设置的相关数据生成所需的平行式陡斜面精加工刀具路径如图6-93所示，实体验证结果如图6-94所示。

图6-93　平行式陡斜面精加工刀具路径　　图6-94　平行式陡斜面粗加工实体验证结果

4）曲面精加工残料清角铣削加工杯身与杯把手之间的曲面。

① 在菜单栏中选择"刀具路径"→"曲面精加工"→"残料加工"命令。

② 系统提示选择加工曲面，使用鼠标框选杯身与杯把手的曲面，按<Enter>键或者单击按钮 ◯ 确认结束。

③ 系统弹出"刀具路径的曲面选取"对话框，直接单击"确定"按钮 ☑。

④ 系统弹出"曲面精加工残料清角"对话框，在"刀具参数"选项卡中设置如图 6-95 所示的刀具参数，其中刀具选择 ϕ2mm 的球刀。

⑤ 切换至"曲面参数"选项卡，设置图 6-96 所示的曲面参数。

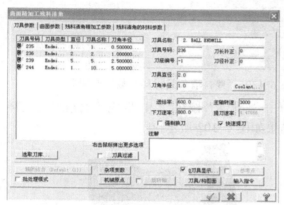

图 6-95　设置刀具参数

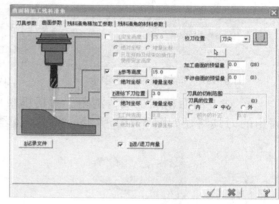

图 6-96　设置曲面参数

⑥ 切换至"残料清角精加工参数"选项卡，设置图 6-97 所示的残料清角精加工参数。

单击"G 间隙设置"按钮，弹出图 6-98 所示的"刀具路径的间隙设置"选项卡并设置参数，单击"确定"按钮 ☑ 返回。

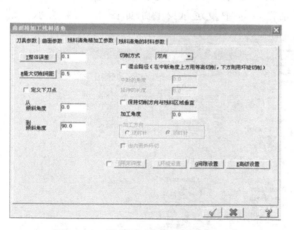

图 6-97　设置残料清角精加工参数

图 6-98　"刀具路径的间隙设置"选项卡

单击"E 高级设置"按钮，弹出图 6-99 所示的"高级设置"选项卡并设置参数，单击"确定"按钮 ☑ 返回。

⑦ 切换至"残料清角的材料参数"选项卡，设置图 6-100 所示的残料清角材料参数。

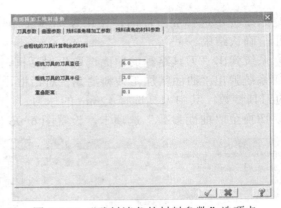

图 6-99 "高级设置"选项卡　　　　图 6-100 "残料清角的材料参数"选项卡

⑧ 在"曲面精加工残料清角"对话框中单击"确定"按钮 。生成曲面精加工残料清角的刀具路径如图 6-101 所示，实体验证结果如图 6-102 所示。

图 6-101 曲面精加工残料清角的刀具路径　　　图 6-102 曲面精加工残料清角实体验证结果

（3）实体验证茶杯模具型腔加工

1）在"刀具路径"选项卡中单击"选择所有的操作"按钮 。

2）在"刀具路径"选项卡中单击"验证已选择的操作"按钮 ，打开"实体验证"对话框，如图 6-103 所示，并设置相关选项及参数。在"实体验证"对话框中单击"选项"按钮 ，系统弹出"实体验证选项"对话框，选中复选项 排屑 如图 6-104 所示，然后单击"确定"按钮 。

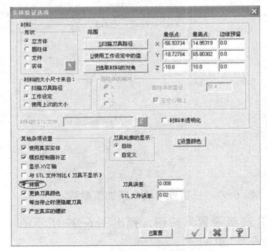

图 6-103 "实体验证"对话框　　　图 6-104 "实体验证选项"对话框

3）单击"机床开始执行加工模拟"按钮▶，系统开始实体验证加工模拟。每道工步的刀具路径被动态显示出来，图 6-105 所示为以等角视图显示的实体验证加工模拟最后结果。

4）单击"确定"按钮☑，结束实体验证加工模拟操作。

图 6-105　以等角视图显示的实体验证加工模拟最后结果（茶杯）

步骤四　执行后处理形成 NC 文件，通过 RS232 接口传输至机床储存

1）所有工步的自动编程完成后，选取所有自动编程操作，单击按钮 **G1**，系统弹出"后处理程式"对话框，分别设置"NC 文件"和"NCI 文件"选项，然后单击"确定"按钮☑。

2）系统弹出"另存为"对话框，从中指定保存位置、文件名及保存类型等，单击"确定"按钮☑。

3）保存"NC 文件"和"NCI 文件"后，系统弹出"Mastercam X 编辑器"对话框，在该对话框中显示生成的数控加工程序。

4）根据所使用数控机床的实际情况对程序进行检查、修改，包括 NC 代码、起刀点位置、换刀点位置和中间的空走刀程序。经过检查后的程序可减少空行程、节约加工时间、符合数控机床要求并能正常运行。

5）经过以上步骤，并通过 RS232 联系功能界面，打开机床传送功能，机床参数的设置参照机床说明书，点选软件菜单栏中的"传送"功能，传送前调整后处理程式的数控系统与数控机床的数控系统匹配。传送的程序即可在数控机床存储，调用此程序就可运行加工茶杯模具型腔。

参 考 文 献

[1]   华茂发. 数控机床加工工艺[M]. 2 版. 北京：机械工业出版社，2011.

[2]   梁炳文. 机械加工工艺与窍门精选[M]. 北京：机械工业出版社，2005.

[3]   数控加工技师手册编委会. 数控加工技师手册[M]. 北京：机械工业出版社，2005.

[4]   静恩鹤. 车削刀具技术及应用实例[M]. 北京：化学工业出版社，2006.

[5]   丛娟. 数控加工工艺与编程[M]. 北京：机械工业出版社，2007.

[6]   何满才. Mastercam X 基础教程[M]. 北京：人民邮电出版社，2006.

[7]   张思弟，贺曙新. 数控编程加工技术[M]. 2 版. 北京：化学工业出版社，2011.

[8]   刘蔡保. 数控车床编程与操作[M]. 北京：化学工业出版社，2009.

[9]   葛文军. 车削加工实用技巧[M]. 北京：机械工业出版社，2011.

[10]   顾雪艳. 数控加工编程操作技巧与禁忌[M]. 北京：机械工业出版社，2007.

[11]   严烈. 最新 Mastercam 8 车削加工实例宝典[M]. 北京：冶金工业出版社，2002.

[12]   吴长德. Master Cam 9.0 系统学习与实训[M]. 北京：机械工业出版社，2004.

[13]   钟日铭. Mastercam X3 三维造型与数控加工[M]. 北京：清华大学出版社，2009.

[14]   康亚鹏. 数控编程与加工——Mastercam X 基础教程[M]. 北京：人民邮电出版社，2007.

[15]   徐国胜. 数控车典型零件加工[M]. 北京：国防工业出版社，2012.

[16]   葛文军. 数控车削加工[M]. 北京：机械工业出版社，2013.